云原生测试实战

孙高飞◎著

人民邮电出版社

北京

图书在版编目（CIP）数据

云原生测试实战 / 孙高飞著. -- 北京 ：人民邮电
出版社，2023.10
ISBN 978-7-115-61873-3

Ⅰ．①云… Ⅱ．①孙… Ⅲ．①云计算 Ⅳ.
①TP393.027

中国国家版本馆CIP数据核字(2023)第101560号

内 容 提 要

本书用通俗易懂的语言介绍云原生理论基础，用丰富的实际案例还原云原生测试场景，是一本专注于讲述云原生测试的实战图书。本书共 9 章，第 1 章至第 3 章主要介绍云原生基础，包括云原生的概念和相关测试挑战，Docker 的核心能力和测试场景，Kubernetes 的集群搭建、常用对象和定制化开发等内容；第 4 章至第 6 章主要介绍云原生测试场景，包括在 Kubernetes 中实施混沌工程、性能测试、稳定性测试，使用 Prometheus 搭建监控系统等内容；第 7 章至第 9 章主要介绍云原生与其他领域相结合的测试场景，包括边缘计算、CI/CD 和大数据技术与 Kubernetes 结合的测试场景及对应的测试方案。

本书适合在云领域工作的测试人员学习与借鉴，也适合对云和容器技术感兴趣的人员阅读与参考。

◆ 著 孙高飞
　　责任编辑 孙喆思
　　责任印制 王 郁 马振武
◆ 人民邮电出版社出版发行 北京市丰台区成寿寺路 11 号
　　邮编 100164 电子邮件 315@ptpress.com.cn
　　网址 https://www.ptpress.com.cn
　　北京科印技术咨询服务有限公司数码印刷分部印刷
◆ 开本：800×1000 1/16
　　印张：16.5 2023 年 10 月第 1 版
　　字数：384 千字 2024 年 10 月北京第 2 次印刷

定价：79.80 元

读者服务热线：(010)81055410 印装质量热线：(010)81055316
反盗版热线：(010)81055315
广告经营许可证：京东市监广登字 20170147 号

对本书的赞誉

随着越来越多的企业开始应用云原生技术栈推动业务和架构的发展，Docker 和 Kubernetes 逐渐成为大多数 IT 从业人员必备的技能并在面向 B 端的领域大放光彩，它们被融入产品并提供给用户使用。因此，在云原生架构下开展测试已经成为质量保证行业中一个重要的细分领域。在本书中，作者结合自建测试平台的经验，详细地总结了云原生架构下的测试方案，帮助测试人员解决云原生架构下的测试难题。

——黄小明 腾讯云智能总监

容器技术相关的图书并不少，但大多都从开发和运维的视角进行科普和实践内容的讲解，很难指导测试人员在云原生背景下开展测试活动，建立质量保证体系。因此，业界急需从测试人员视角出发的侧重云原生架构和相关测试理论的图书，本书满足了行业需要。本书内容丰富，案例众多，包含容器基础技术、云原生架构特点、在云原生架构下开发对应的测试工具和各项测试实践的细节。本书通俗易懂且实用性强，适合相关领域的测试人员阅读。

——杨春晖 工业和信息化部电子第五研究所研究员、高级工程师

随着云计算和边缘计算的普及，云原生已经成为当今软件行业发展的核心元素。在云原生时代，如何在工业级产品应用中适配云平台的网络，以及存储、算力、调度等方面的难题，已经成为相关从业人员重点学习的内容。而测试人员还需探索如何保证云原生产品质量、如何研究各项测试活动，以及如何利用云原生的特性构建更有效的测试技术。本书深入研究和探讨这些问题，汇集业界的最新实践成果，从理论、方法和实践层面进行全面的分析和总结，为在云原生架构下工作的从业人员提供参考资料和学习指南，帮助读者快速入门容器技术并开展云原生测试。

——朱华亮 百度主任架构师

2016 年 4 月高飞在 TesterHome 写了第一篇文章，从此开始了篇篇精华之路。那时候我们还在移动测试方向"玩"得不亦乐乎，高飞已经开始研究容器、大数据、机器学习等领域了。我曾经有一个签名"和高飞学 Kubernetes"，虽然我一直没有用心学，但是高飞的精华文章从没有停止。高飞的容器相关的文章随着他工作经验的丰富，越来越成体系，并终于在 2023 年成书。我们可以在市面上搜到很多关于云原生、关于 Kubernetes 的开发和运维的图书，但是从测试角度切入，向大家介绍如何测试云原生产品的图书少之又少，即便书中有相关内容，也是粗浅地带过。通过本书的内容简介，可以看出这是一本有细节、有落地的图书。这得益于高飞在第四范式做测试工作的时候，对 Kubernetes 的专研和在日常业务迭代中的应用。随着越来越多的应用"生"在云上，"长"在云上，

云原生已经成为各大互联网公司技术发展的主要方向，Kubernetes 作为云原生的核心平台，无论是开发人员、测试人员，还是运维人员，都需要去了解、学习和掌握它。测试人员想要了解如何保障云原生产品的质量（如高可用性和稳定性），阅读真正有这方面经验的前辈写的书是很好的学习途径。正所谓"师傅领进门，还带你修行"，相信读者阅读本书会有所收获。

——张立华（恒温） 蚂蚁高级测试开发专家

目前云原生技术应用越来越广泛，而其测试技术却很缺乏。本书全面介绍了各种云原生场景，特别是故障注入、混沌工程和边缘计算等场景的测试方案，还介绍了我个人比较关注的云原生产品的性能测试和监控数据收集，这些内容都非常值得参考和借鉴。

——齐涛（道长） 南方基金网络金融部测试负责人，

《Robot Framework 自动化测试修炼宝典》作者

随着云计算和 DevOps 的广泛应用，容器技术及其应用成为当下软件行业非常热门的话题。在此背景下，从业人员发现传统的测试技能已经无法满足云原生时代的需要。测试人员需要面对在云原生架构下保证产品的质量，实践基于容器技术的自动化测试、性能测试、容量测试、混沌工程以及环境治理等一系列问题。这些问题或许可以从本书中找到答案，本书从 Docker 和 Kubernetes 技术出发，全面介绍了云原生架构的特点和测试活动的细节，非常适合在云原生架构下工作的测试人员以及对该领域有兴趣的从业人员阅读。

——陈振宇 南京大学软件学院教授、博导

本书是非常实用的技术图书，对在现代云原生环境下进行测试工作的读者来说非常有价值。本书深入介绍了云原生测试的概念、策略、工具和实践，涵盖了云原生应用、微服务、容器、Kubernetes 等相关技术，并且从性能、稳定性、持续集成、大数据等不同角度出发，讲解了云原生产品的各种测试场景以及测试场景的具体实现，读者可以通过本书循序渐进地学习和了解云原生测试。本书融合了理论和实践，让读者既能深入理解云原生测试的原理和策略，又能使用具体的工具和框架实践，非常值得推荐。本书不仅对测试人员有用，对在云原生环境下进行开发和部署的人员，也具有一定的参考价值。

——邓东汉 前平安银行测试专家

容器技术的出现带来了云技术的爆发式发展，随着相关云端应用数量和规模的增加，工业界急需一套自动部署、扩缩和管理容器的应用，Kubernetes 应运而生。当前介绍 Kubernetes 及其所赋能的领域的测试方面的图书很少，本书恰到好处地面世了。本书详细介绍的混沌工程、分布式压力测试以及与 Jenkins 结合的 CI/CD 等内容特别能体现质量保证的技术力和生产力，在我的互联网大厂工作经历中，这些专项的产物都是作为基础建设，在公司生产发布活动中发挥着重要的作用，这些内容值得重点学习和拓展研究。

——哈莫（Harmo） 前腾讯高级测试开发工程师

前　言

为什么写本书

其实一直以来我都没有写书的想法，我习惯将工作中的点点滴滴都记录在 TesterHome 社区，我那"随心所欲且跳脱"的行文风格非常适合社区，与社区伙伴的互动也让我收获良多。我复盘了这些年在社区中记录的点点滴滴，发现已经积累了差不多 150 篇技术文章，这些文章奠定了本书的基础，也是我编写本书的原因。在 2021 年末，我像往常一样在微信群中与朋友们聊天，当聊到行业中的某些图书的时候，恒温突然说："高飞，你都在社区写了这么多篇文章了，要不我帮你联系出版社，你也写本书出来吧。"就是这句话让我鬼使神差地开始了写书之旅。当天晚上，恒温给我介绍了人民邮电出版社的编辑，定下了写作的大致范围。直到几天后，我才反应过来自己到底接下了一件多大的事情。在我的印象中，写书是一件传道育人的大事情，书中的内容需要经得起考验，稍不严谨就会误人子弟，所以我反应过来后倍感压力，在这一年多我始终保持诚惶诚恐的态度在写作。

当思考书中内容应该围绕什么主题展开的时候，我回顾了一下自己的职业生涯，希望能表达出自己最为擅长且对测试同行有所帮助的东西。之所以最后选择了"云原生"这个主题，一是因为最近七八年我花费了非常多的精力在云原生领域，二是因为我认为云原生会在软件行业成为中流砥柱，甚至其中的某些技术（如 Docker 和 Kubernetes）在未来会成为从业人员的基本技能。从目前的行业发展来看，这是很有可能的。在国内，各种以云为主要业务的公司和以云为卖点的产品如雨后春笋般涌出，由此市场中产生了对相关测试人才的旺盛需求，尤其在早些年，容器技术并没有被测试行业重视，导致很多公司想招聘到合格的测试人员非常困难，所以作为测试人员，不论是否决定在云原生领域发展，都应该积极积累这方面的知识。当然，我希望能有更多的测试同行进入云原生领域，因为相比一些其他的一般领域，这个领域拥有较高的复杂度和深度，它的挑战性更大却可以为我们带来更多的机会。

如何阅读本书

因为本书介绍的技术复杂度较高，所以建议对云原生及其基础技术了解较浅的读者先仔细阅读前 3 章的内容，已经对云原生及其基础技术有较深理解的读者可以跳过此部分内容。下面对每章具体的内容进行介绍。

第 1 章主要介绍云原生的概念，通过容器、声明式 API 等关键技术来讲解云原生架构与传统架构的区别，同时介绍在云原生架构中都有哪些重点的测试挑战。

第 2 章主要讲解容器技术的基础，着重介绍 Linux 名字空间对容器隔离起到的重要作用，并探讨 Docker 的底层原理。本书后续章节的内容以第 2 章的知识为基础。

第 3 章主要讲解 Kubernetes 的基础，从对集群搭建的讲解到对各个常用对象的详细介绍，再到对定制化开发内容的讲述，都为后续的测试场景打下坚实的基础。

第 4 章主要讲解在 Kubernetes 中实施混沌工程的内容，详细介绍高可用测试的理论知识和实践方法，讲解 Chaos Mesh、jvm-sandbox 等开源工具的原理和使用方法，并且演示如何通过 Kubernetes 客户端定制化开发故障工具。

第 5 章主要讲解在 Kubernetes 中实施性能测试与使用 Prometheus 搭建监控系统的相关内容，分别介绍根据 PromQL（Prometheus 提供的查询语言）定制化开发监控系统，通过虚拟节点测试 Kubernetes 集群自身性能，以及分布式压力测试工具 JMeter，尤其详细地介绍容量测试在云原生领域的特殊之处。

第 6 章主要讲解在 Kubernetes 中实施稳定性测试的方法以及对应监控系统的开发，并且会介绍如何利用 Kubernetes 客户端开发一种与 Prometheus 完全不同的监控组件，该组件可以感知 Kubernetes 集群内的瞬时异常并抓取对应的错误信息。

第 7 章主要讲解 Kubernetes 与边缘计算相结合的测试场景，以开源项目 SuperEdge 为例详细讲解边缘计算的各种场景及其对应的测试方案。

第 8 章主要讲解 Kubernetes 与持续集成和持续部署相结合的各种测试场景，以 Jenkins 为例讲解各种场景的流水线设计。

第 9 章主要讲解 Kubernetes 与大数据技术相结合的测试场景，以 Spark 和 Flink 为例分别介绍批处理场景与流计算场景下的测试方案，并详细介绍如何开发一个支持多种数据源、数据规模、数据格式的大规模的造数工具。

本书的内容偏向场景实战而非理论研究，所以强烈建议大家阅读本书时，可以在一个真实的 Kubernetes 集群中反复练习，使用 minikube（入门学习场景下的简易单节点集群）这类非标准 Kubernetes 集群可能会遇到不可预知的问题。

致谢

本书虽然是个人创造的结晶，但在整个创作过程中离不开 TesterHome 社区以及人民邮电出版社的帮助，在这里特别感谢 TesterHome 的创始人张立华（恒温）和人民邮电出版社的编辑孙喆思。另外，本书参考了开源项目的相关文献资料，在此我对这些开源项目的资料提供者表示衷心感谢。

资源与支持

资源获取

本书提供如下资源：

- 本书源代码；
- 本书思维导图；
- 异步社区 7 天 VIP 会员。

要获得以上资源，您可以扫描下方二维码，根据指引领取。

提交勘误

作者和编辑尽最大努力来确保书中内容的准确性，但难免会存在疏漏。欢迎您将发现的问题反馈给我们，帮助我们提升图书的质量。

当您发现错误时，请登录异步社区（https://www.epubit.com/），按书名搜索，进入本书页面，点击“发表勘误”，输入勘误信息，点击“提交勘误”按钮即可（见下图）。本书的作者和编辑会对您提交的勘误进行审核，确认并接受后，您将获赠异步社区的 100 积分。积分可用于在异步社区兑换优惠券、样书或奖品。

图书勘误		发表勘误
页码: 1	页内位置（行数）: 1	勘误印次: 1
图书类型: ● 纸书 电子书		

添加勘误图片（最多可上传4张图片）

+

提交勘误

全部勘误　　我的勘误

与我们联系

我们的联系邮箱是 contact@epubit.com.cn。

如果您对本书有任何疑问或建议，请您发邮件给我们，并请在邮件标题中注明本书书名，以便我们更高效地做出反馈。

如果您有兴趣出版图书、录制教学视频，或者参与图书翻译、技术审校等工作，可以发邮件给本书的责任编辑（sunzhesi@ptpress.com.cn）。

如果您所在的学校、培训机构或企业，想批量购买本书或异步社区出版的其他图书，也可以发邮件给我们。

如果您在网上发现有针对异步社区出品图书的各种形式的盗版行为，包括对图书全部或部分内容的非授权传播，请您将怀疑有侵权行为的链接发邮件给我们。您的这一举动是对作者权益的保护，也是我们持续为您提供有价值的内容的动力之源。

关于异步社区和异步图书

"异步社区"（www.epubit.com）是由人民邮电出版社创办的 IT 专业图书社区，于 2015 年 8 月上线运营，致力于优质内容的出版和分享，为读者提供高品质的学习内容，为作译者提供专业的出版服务，实现作者与读者在线交流互动，以及传统出版与数字出版的融合发展。

"异步图书"是异步社区策划出版的精品 IT 图书的品牌，依托于人民邮电出版社在计算机图书领域多年的发展与积淀。异步图书面向 IT 行业以及各行业使用 IT 技术的用户。

目　　录

## 第 1 章

认识云原生

近几年，云原生（cloud native）成为一个非常热门的话题，在如今的软件行业，如果技术团队还没有投入云原生的"怀抱"，就会被贴上过时的标签。但云原生到底是什么？在已经使用云计算的情况下，云原生为我们带来了什么新的东西？把应用部署在云上就是云原生了吗？相信这些是每个初入云原生领域的人都会感到困惑的问题。在现有资料中，大多数针对云原生的介绍都让人云里雾里，或者不同的资料之间有较大的区别。这是因为云原生并没有确定的实现方式，每个人和组织对于云原生的定义也是不一样的，即使是相同的人随着时间的推移对于云原生也会有新的理解。在这里建议大家不要纠结云原生具体的实现方式，而要搞清楚使用云原生的目的是什么，清楚使用它的目的后，我们自然可以结合自身的工作环境来推导出云原生是什么了。

1.1　什么是云原生

"云原生"于 2010 年被提出，它表示一种架构，这种架构能让应用和中间件在云环境中保持良好的运行和迭代状态。在当时，提出云原生的概念以及云原生架构必须包含的属性，是为了能构建一种符合云计算特性的标准来指导云计算应用的编写，原文描述是："I've been thinking a lot about what it means for applications and middleware to work well in a cloud environment"（我一直在思考应用和中间件在云环境中良好工作意味着什么）。所以，**云原生本质上是为了能让程序在云环境中运行和迭代得更好而产生的一种设计思想**。理论上云原生没有固定的架构实现，因为云环境的设计是各不相同的，每种云环境都有适合它运行的设计思路。只不过在当今的软件行业，云领域应用最多的是容器技术，所以现在提到云原生往往都绕不开 Docker、containerd、Kubernetes（简称 K8s）等。本书也将聚焦容器领域，但这并不是说云原生只有容器这一条实现路径。比较正式的定义可以参考 CNCF（cloud native computing foundation，云原生计算基金会）的说法：云原生技术有利于各组织在公有云、私有云和混合云等新型动态环境中，构建和运行可弹性扩展的应用。云原生的关键技术包括容器、服务网格（service mesh）微服务、不可变基础设施和声明式 API（application program interface，应用程序接口）。这些技术能够构建容错性好、易于管理和便于观察的松耦合系统。结合可靠的自动化手段，云原生技术使工程师能够轻松地对系统做出频繁的重大变更和做出可预测的重大变更。

把程序部署在云中运行和让程序更好地在云中运行是两种完全不一样的设计，前者只需要把应用程序打包后放到云中运行即可，无法保证整个流程的高效和稳定，只是做到了软件的运行基于云，而不是云原生。**实现云原生的关键不是在哪里运行应用，而是如何构建应用**。这需要在设计之初就考虑到云的设计并最大程度地利用其特点完善整个系统。可以理解为，技术团队应把云环境当作应用的一部分，在最开始就思考如何对接云平台中的网络、存储、安全、通信、调度等特性，尽量利用云平台提供的特性来实现应用，并以此为背景总结出一套可以让产品高效迭代的流程和方法论。例如，在传统的设计中，应用是与服务器绑定的。即便设计了良好的高可用和负载均衡架构，也是把众多服务和数据分布在固定的几台服务器中，一旦服务器崩溃，其中的应用就会停止提供服务。而在云原生的思维方式里，应用是不依赖某个具体的服务器的，应用在部署时声明它需要的资源（内存、CPU、GPU、存储等），云平台会自动把它调度到符合条件的服务器中。而如果该服务器崩溃，云平台也可以把该服务器上所有的应用调度到其他符合条件的服务器中运行。如果应用依赖存储设备，云平台也会提供相应的分布式存储来完成数据的迁移。所以，在 CNCF 的定义中，云原生的关键技术包括容器（利用容器技术把应用程序都制作成镜像，才可以随意地在任何服务器中部署与运行）、微服务和声明式 API 等。

在云原生的演化路线中，技术栈中由云平台管理的部分越来越多，云平台接管了软件运行所需要的网络、存储、安全、通信、调度等设计，软件只需要按照规范进行对接就可以完成以前需要很高的成本才能完成的工作。随后，人们发现由开发人员管理的部分越来越少，开发人员只需要关心自己的业务实现，其他的部分都由云平台解决。这样是正确的，因为"云"这个概念被提出的目的就是减少开发团队的开发成本，把他们从复杂的基础设施中解放出来，这也是云原生的目的。

虽然云原生在不同公司的实现方式可能是不一样的，但在业界也确实存在一些常用的实践方法，具体如下。

- 容器化：容器是云原生非常关键的技术之一，通过把应用程序制作成镜像，使得应用与具体的服务器解耦。云平台可以自由地调度资源并充分利用容器的技术优势，如快速启动、更低的资源消耗、更灵活的超卖策略等。
- 微服务化：这是指应用采用微服务架构进行开发，即把应用拆分成一个个独立的微服务，微服务之间采用定义好的 API 进行通信，每个微服务可以独立开发、升级、扩展与演进，每个微服务还可以采用不同的技术进行开发。微服务也是云原生非常关键的技术之一，把整个系统拆分成众多小而简单的服务，有助于云平台系统实施更加有效的调度策略。
- 弹性能力：应用的性能可以根据实际的需要进行弹性伸缩，在系统负载较高时动态地进行扩容，在系统负载较低时通过缩容来回收资源。一般的云平台都会提供这样的弹性能力，这也得益于容器技术。例如，一个实现了负载均衡的服务拥有两个实例，这两个实例分布在不同的机器中，当业务高峰期来临时，系统发现这两个实例的负载较高后可以选择自动在另外的机器中创建一个新的实例，并把它加入负载均衡来共同承担压力，或者选择不添加新的实例，但动态地为原来的两个实例增加资源配额。

- DevOps：可以说云原生进一步推动了 DevOps 的发展，尤其是在持续集成与发布领域，利用云原生非常容易实现开发与部署的一体化运作。

云原生还有其他的关键技术，如服务网格、无服务器（serverless）等，只不过它们并不像上面的实践方法那样普及，所以这里就不详细介绍了。

1.2 云原生的测试挑战

云原生与传统的软件设计方式截然不同，这为测试人员带来了新的挑战，具体有以下几方面的挑战。

- 容器领域的知识储备：在国内，容器技术于 2015 年崛起，当年 Docker 成为每个相关领域的技术大会都在谈论的话题。但在当时，行业内更多是把容器技术看作运维领域要解决的问题，所以即便到现在，测试人员对于容器技术的知识积累也仍然有限，想在市面上招聘一名精通容器技术的测试人员仍然十分困难。但在云原生越来越流行的今天，很多测试活动都必须在容器环境下开展，知识储备的不足已经成为测试人员非常大的问题。
- 高可用测试：传统软件迁移到云原生架构中往往需要做出比较大的改造，这些改造对于软件功能的影响往往比较小，但很多潜在的高可用问题比较难发现。每种云平台都会为用户提供各种高可用的设计来帮助用户减少开发成本，而这些高可用的设计与传统软件的高可用设计也会"碰撞"出很多难以预测的"火花"。同时，云原生在为容器注入故障方面也与传统方式有着很大的不同，这些都为测试人员带来了更多的挑战。
- 性能测试与对应的监控系统：在传统的性能测试中，测试人员更关注服务的各项性能指标，基本不会关注服务的资源配额是否合理，或者说在有些传统的软件架构中，可能就没有"配额"这个概念。而在云原生领域，技术人员需要为每个服务设置对应的资源配额，而且设置资源配额有很多种策略。测试人员除了要保证服务的性能符合预期，还需要验证给服务设置的资源配额是否合理，这就出现了一种新的测试类型——容量测试。同时，云原生往往伴随微服务架构，这意味着一个系统中会存在大量的服务，测试人员熟悉的传统监控方式无法满足云原生的测试需求（想象一下，每次测试都需要收集几百个服务的所有资源的使用情况，将是一件多么恐怖的事）。所以，这需要测试人员学习云原生时代最流行的监控系统，并开发对应的性能数据自动收集组件。
- 稳定性测试与对应的监控系统：云平台一般有很强大的自愈能力，正是因为运用了容器技术，在服务崩溃后云平台可以立即发现并将该服务重新调度到可用节点。很多时候服务中断时间很短，测试人员可能根本感知不到服务曾经出现过问题。这对测试人员来说是不友好的，很多由软件设计引起的崩溃问题测试人员往往很难发现。尤其是在云平台上，大量的容器运行在同一台服务器中，很多团队会选择各种超卖策略来提升资源利用率，这也会导致服务互相影响，让系统变得不稳定。所以，能让测试人员感知到这种瞬时的异常事件，并把定位排查的信息收集到一起的监控系统十分重要。测试人员需要开发这样的监控系统并基于此来设计对应的稳定性测试场景。

- **边缘计算**：边缘计算在近些年也开始慢慢流行，并且目前许多互联网大厂都开始探索边缘计算与云原生的结合方式，开源社区中也有对应的开源项目。测试人员需要了解该领域的测试方法。
- **持续集成与发布**：持续集成与发布作为非常流行的软件实践活动，已经在许多公司有较为成熟的理念和实践方法。而在容器技术流行的今天，如何让容器与云平台更好地集成也是测试人员需要学习的。
- **云原生与大数据**：目前云领域早已脱离了早年间大家对它的认知，越来越多的大数据和人工智能（artificial intelligence，AI）项目开始与各个云平台集成，云平台也逐渐满足分布式计算程序运行所需要的条件。在大数据日益普及的今天，测试人员需要开始积累相关的知识。

1.3 本章总结

几年前，云这个概念还离测试行业较远，只有若干大厂才会建设云相关的基础设施，所以在测试行业中从事云领域工作的人还比较少。但是最近几年云计算和云原生越来越流行，行业内的各个公司纷纷开始了"迁云"计划。这一突然的变故在给测试行业带来挑战的同时也带来了机遇，希望大家能抓住机遇，尽早开始储备相关的知识并步入云原生领域。

## 第 2 章

容器技术基础

本章开始带领大家揭开容器技术底层原理的面纱，因篇幅所限，这里不会过多地从 Docker 最基本的概念和命令行进行全面的讲解，毕竟无论是 Docker 还是 K8s，它们本身的知识都达到一本书的体量了。所以，本书只会针对 Docker 和 K8s 的一些核心能力以及围绕这些能力的测试场景展开讲解。如果大家先去网络上翻看相关的入门资料再来看本书会有更好的体验。

2.1 构建浏览器集群

几乎所有测试人员在其职业生涯中都避免不了有一段时间在攻坚 UI 自动化项目，而在 UI 自动化领域一直有一个经典的浏览器集群的部署方案。下面就从这样一个场景来开始 Docker 的学习之旅。

2.1.1 Selenium Grid

先说明一下为什么需要浏览器集群。一般来说，大部分小型项目由于没有那么大的测试用例体量和对于用例执行时间的限制，是不需要使用浏览器集群来进行加速的。但是在中大型项目中，测试用例可以达到千级的数量，并且在诸如机器学习和大数据这样的特定领域的产品中，有很多大数据量的离线批处理计算场景，导致执行测试用例的时间很长。虽然在每种语言的测试框架中都有并发执行的机制存在，但大都局限在单机范围内，也就是说它们只能利用单机资源来驱动浏览器的运行，而单机总是会存在性能瓶颈的，尤其是在完成驱动浏览器这样一件非常消耗 CPU 资源的事情时。在这样的背景下，Selenium 官方团队推出了 Grid 架构（可以理解为一个浏览器集群）。测试程序不再通过 WebDriver 驱动本地的浏览器，而是构建一个叫作 RemoteWebdriver 的对象来连接远程的浏览器集群。浏览器集群如图 2-1 所示。

在图 2-1 中，浏览器集群中有两种角色：负责集群信息维护并接收测试请求调度到具体浏览器节点的 Hub（可以理解为整个浏览器集群的主节点），以及负责启动浏览器执行测试的 Node。

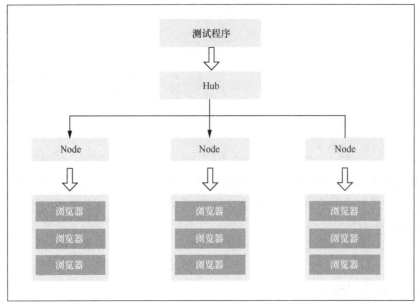

图 2-1 浏览器集群

2.1.2 Docker 部署 Selenium Grid

根据图 2-1 所示的架构，需要在一台服务器上部署 Hub 以及在多台服务器上部署 Node 来运行浏览器。使用 Docker 部署 Selenium Grid 的命令如代码清单 2-1 所示。

代码清单 2-1 部署 Selenium Grid

```
docker run --name hub -d -p 5442-5444:4442-4444  selenium/hub:4.0.0
          -rc-2-prerelease-20210923
docker run --name node -p 5902:5900  -d -e SE_EVENT_BUS_HOST = [Hub 的地址]
          -e SE_NODE_MAX_SESSIONS = 20 -e SE_NODE_OVERRIDE_MAX_SESSIONS = true
          -e SE_EVENT_BUS_PUBLISH_PORT = 5442 -e SE_EVENT_BUS_SUBSCRIBE_PORT = 5443
          -v /dev/shm:/dev/shm  selenium/node-chrome:4.0.0-rc-2-prerelease-20210923
(neutron)
```

我们针对代码清单 2-1 中的两个命令来讲解一下 Docker 的命令行。先讲解部署 Hub 的命令行，参数如下。

- --name 表示容器名称。
- -d 表示后台运行容器。如果不使用这个参数，容器的日志就会输出到当前的 shell 交互窗口中，并且当用户结束当前 shell 的时候，例如按 Ctrl + C，容器会退出运行，所以一般都需要在启动容器时使用这个参数。
- -p 表示端口映射。容器所处的网络是一个虚拟的局域网，默认是无法对外界暴露服务的，需要把宿主机作为跳板。把宿主机的某个端口映射到容器端口，这样宿主机接收到请求后便会将其转发给容器。

以上是部署 Hub 的细节。部署完毕，我们通过浏览器访问宿主机 IP 地址 + 5444 端口（我们把宿主机的 5444 端口映射到容器的 4444 端口）就可以访问用户界面了。接下来，我们看看部署 Node 的命令的细节。

- -p 用于端口映射，为容器的 5900 端口暴露服务。从图 2-1 中我们得知，测试程序并不连接 Node 服务，而是把请求发送到 Hub 统一处理，再由 Hub 把测试请求按照一定的负载均衡策略调度到某个 Node 中。既然测试程序不直接连接 Node，那么暴露这个端口号的作用是什么呢？因为现在浏览器运行在远程容器中，我们在本地无法看到浏览器。但是观察浏览器运行是我们在调试程序的过程中常见的需求之一。所以，Node 中专门为此安装了一个远程桌面服务，而 5900 就是这个服务的端口号。用户只需要下载一个名为 VNC Viewer 的客户端，就可以连接远程桌面了。
- -e 表示启动容器时为容器设置的环境变量，在容器的世界里环境变量就相当于参数。就像我们在编写代码的时候往往需要给函数定义几个参数留给调用者使用，镜像的开发者也会在制作镜像时指定几个环境变量来让用户使用。其中，SE_NODE_MAX_SESSIONS 表示在 Node 中可以同时运行浏览器的数量的上限，而 SE_EVENT_BUS_HOST、SE_EVENT_BUS_PUBLISH_PORT 和 SE_EVENT_BUS_SUBSCRIBE_PORT 分别指定了 Hub 的地址和通信需要的两个端口号。
- -v 表示将宿主机中的某个目录挂载到容器中，这通常用来实现数据持久化和达到跟宿主机或其他容器共享文件的目的。在云原生架构还没有流行起来的时候，Docker 就已经被引入项目使用了，当时在持续集成（continuous integration，CI）流水线中经常会让编译容器和部署容器共享宿主机的同一个目录，进而共享安装包。当然，后来 Docker 推出了 Dockerfile 的多阶段构建后就不需要这么做了。

我们在服务器中运行代码清单 2-1 中的命令后，就可以使用宿主机的 5444 端口来访问 Selenium Grid 的用户界面，如图 2-2 所示。

图 2-2　Selenium Grid 用户界面

下面用一段 Python 代码来演示 UI 自动化的实现，其中 UI 自动化框架选用了开源软件 Selene（GitHub 上的/yashaka/selene 项目），这是 Java 生态中很流行的 UI 自动化框架 Selenide 的 Python

版。当然，它的底层仍然是基于 WebDriver 实现的。之所以选择使用 Python 语言是因为测试领域大部分同行是使用 Python 作为主语言的。具体实现如代码清单 2-2 所示。

代码清单 2-2　UI 自动化的实现

```
if __name__ == '__main__':
    config.browser_name = 'chrome'
    config.base_url = "[被测系统]:5444"
    config.timeout = 10
    config.save_screenshot_on_failure = False

    option = selenium.webdriver.ChromeOptions()
    option.add_argument("--disable-infobars")
    option.add_argument("--disable-dev-shm-usage")
    option.add_argument("--no-sandbox")
    option.add_argument("--disable-extensions")
    option.add_argument("--ignore-ssl-errors")
    option.add_argument("--ignore-certificate-errors")
    option.add_argument('--disable-gpu')
    prefs = {'download.default_directory': '/home/seluser/Downloads/'}
    option.add_experimental_option('prefs', prefs)
    option.add_experimental_option('w3c', False)
    option.add_experimental_option('perfLoggingPrefs', {
        'enableNetwork': True,
        'enablePage': False,
          })
    caps = option.to_capabilities()
    caps['goog:loggingPrefs'] = {'performance': 'ALL'}
    config.driver = selenium.webdriver.Remote(
        command_executor = "[被测系统]:5444",
        desired_capabilities = caps,
        keep_alive = True,
        options = option)
    config.driver.set_page_load_timeout(10)

    browser.open('/')
    browser.driver.maximize_window()
```

　　运行代码清单 2-2 中的代码就可以通过 VNC Viewer 观察到远程浏览器启动并访问测试环境。大家可以尝试在多台服务器中分别启动 Node 来扩充自己的浏览器集群。一般一个团队的不同的项目都有对应的 UI 自动化需求，而浏览器集群可以作为团队的基础设施提供给所有人使用。

2.1.3　小结

　　这里用部署浏览器集群这个测试领域常用的案例来引出 Docker，想必大家已经能感受到 Docker 带来的便利。在以前搭建这样一个浏览器集群是比较麻烦的，需要在每台机器上安装 JDK、配置环境变量、下载部署包，以及编写对应的配置文件等。而 Docker 的魅力在于有镜像，这一切的复杂度用户都感知不到。用户可以在各大镜像仓库免费下载自己需要的镜像，这些镜像仓库包罗万象，可以满足不同用户的需求，而这正体现了开源社区力量的强大。Docker 的上手成本比较低，其常用的命令和参数不多，当前案例中使用到的知识已经可以满足很多场景的需求了。接下来直接开始深入探寻容器的奥秘。

2.2 容器隔离的原理

什么是容器？这是刚接触容器技术的新人常问的问题之一。通常的建议是暂时将容器当成虚拟机来看待并使用，因为实际上容器和虚拟机都是虚拟化解决方案，它们致力于解决的问题是相似的，只是它们使用了完全不同的虚拟化技术而已。所以，在没有相关背景知识的前提下将容器与虚拟机当成一样的东西有利于初学者理解它的使用场景，避免初学者产生一些不必要的困惑。当然，容器与虚拟机在本质上还是不一样的。随着容器技术使用程度的深入，我们也应该了解其本质以便于解决多种复杂的问题。所以，本节会从容器的底层原理开始揭开容器技术的神秘面纱。

2.2.1 隔离

在虚拟化领域，"隔离"是非常重要的研究课题之一。事实上，虚拟化技术就是围绕"隔离"二字进行的一系列活动。原则上虚拟机 A 和虚拟机 B 中运行的进程是不能互相影响的，甚至应该是互相不可见的。这样用户才能放心地在不同的虚拟机中构建各种应用而不必担心彼此冲突。而容器虽然也在原则上保持这样的机制，但是在特定情况下它可以打破"隔离边界"以构建更加灵活的应用场景。在说明这样的场景之前，先介绍一下虚拟机和容器在隔离机制上最大的不同。虚拟机和容器的区别如图 2-3 所示。

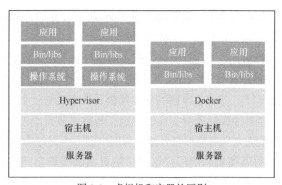

图 2-3　虚拟机和容器的区别

可以看到，虚拟机的虚拟化方案隔离得更彻底，每个虚拟机都拥有独立的内核（即操作系统）与应用，容器则专注虚拟化应用而没有独立的内核。也就是说，容器在内核上是不隔离的，所有的容器都共享宿主机的内核。这也是在一些对内核有要求的场景中必须使用虚拟机而不是容器的根本原因。在测试行业中有一道经典的面试题考察了这个知识点：在部署测试中是否可以使用容器进行测试。

这里介绍一下部署测试。部署测试常用于面向 B（business）端的产品。产品需要私有化部署在客户的机房内，而不同的客户拥有自己的运维标准和规范，使用的操作系统版本也各不相同，所以需要验证产品能否部署在各种不同的环境并正常运行。这也就催生了部署测试这样一种测试类型，测试人员需要在公司内部搭建各种不同的环境进行测试。这样的测试活动有点像客户端的兼容性测试但却复杂得多，不同于客户端的兼容性测试只需要验证客户端在各种设备上的兼容性即可，部署测试需要验证整个产品所有的模块在一个完全不受我们控制的机房内能否正常运作。

那么在这样的背景下，我们是否可以使用容器技术来完成这样的测试场景呢？假设我们从官方的镜像仓库中下载了一个名为 centos7 的镜像与一个名为 centos6.5 的镜像并将其启动成容器，在这两个容器内分别部署我们的产品并验证其是否可以正常运行，那么是否可以认为我们的产品已经通过了 centos7 与 centos6.5 的部署测试？答案是否定的。正如之前描述的，容器并没有自己独立的内核，所有容器都共享宿主机的内核。虽然我们下载的镜像名称是 centos7 与 centos6.5，但宿主机其实很可能是一个 Debian 版本的 Linux 操作系统，如图 2-4 所示。

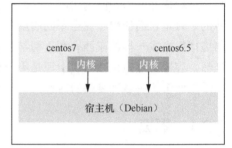

图 2-4 容器共享宿主机内核

我们可以把容器比喻成一个"骗子"，它使用各种手段来欺骗用户，让用户以为它在一个独立的操作系统中运行，但其实在本质上它与在宿主机中启动的普通进程并没有很大的区别。本章的后续内容会带大家了解它使用的"骗术"。

在了解到虚拟机与容器在隔离机制上最大的不同后，我们就要探究一下容器使用这样不彻底的隔离机制有什么目的。可以看出，这种不彻底的隔离机制导致一些场景中不能使用容器来完成任务，那么容器这样设计有什么好处呢？

- 在现实中的大部分使用场景中，虚拟化独立内核是不必要的。用户安装软件的时候基本不会在意操作系统的版本，市面上的软件一般兼容大多数内核，所以很多时候是使用宿主机的内核还是独立内核对用户来说没有区别。而节省内核的资源开销将会降低用户的运营成本，例如我们经常能看见在一台服务器上运行了数百个容器，但却看不到哪台服务器能支撑数百个虚拟机的运行。节省了内核的资源开销后带来的另一个好处是加快了容器的启动时间。网络上宣扬的容器秒级启动能实现的原因正是容器节省了内核的启动时间。这就好比用户需要先开机等待系统完全启动后打开 QQ 和用户在一个已经启动的系统上打开 QQ 的区别。
- 容器的这种不彻底的隔离机制给用户带来了更灵活的操作空间，用户可以随时选择是否打破容器现有的隔离边界以便让容器之间进行更好的合作，这应用到了 Linux 名字空间的隔离机制。

2.2.2 Linux 名字空间

在 Linux 操作系统中有一个特殊的机制叫作名字空间（namespace）。注意，它与 K8s 中的名字空间是完全不同的概念①。Linux 通过名字空间在不同的进程之间达到逻辑隔离的目的，而这正

① 需要注意的是，本书中介绍了两种名字空间：一个是 Linux 名字空间，用来隔离进程；一个是 K8s 的名字空间，用来隔离 Pod。

是容器技术实现隔离的主要手段。为了方便大家理解名字空间的作用，这里使用对讲机通话的场景来比喻。相信大家都知道，使用对讲机通话的一个前提是把两部对讲机都调整到相同的频道，只有这样双方才可以正常通话，否则双方无法通话。而名字空间的使用场景则与这个场景非常像，我们可以把进程当成对讲机，而名字空间就是对应的频道。两个进程想要互相感知并互相通信的前提是它们处于同一个频道，也就是同一个名字空间，否则这两个进程互相都感知不到对方的存在。事实上，在 Linux 中启动进程的时候都会要求传递对应的名字空间参数，我们可以简单地理解为在启动一个容器的时候其实就启动了一个进程，并为这个进程分配了独立的名字空间，而用户在容器内部再创建的任何进程其实就是使用了这个名字空间的普通进程。因此，容器中的进程之间是可以互相通信的，而不同容器的进程之间是互不感知的。在我们使用 docker inspect <容器名称>命令来查看容器的元信息的时候，可以看到相关的 PID 信息，这个 PID 就是容器这个进程本身的 PID。回到 2.2 节开头的那个问题，什么是容器？容器就是一个进程而已。

接下来看一些名字空间的细节内容。名字空间分为不同的类型，用来服务不同的隔离目标，一般我们常关注的有以下几种。

- Network：网络。
- PID：进程。
- IPC：信号量、消息队列等。
- Mount：文件系统挂载点。之所以用户在每个容器中看到的是不同的文件目录，是因为这个名字空间起了作用。
- User：用户和用户组。
- UTS：主机名与 NIS 域名。

在 2.2.1 节中提到容器技术的灵活性在于，用户可以根据自己的需要随时打破隔离边界以便让多个容器之间更好地配合，而打破隔离边界的方式就在于操作容器的名字空间。例如，现在运行了两个容器，它们分别是容器 A 和容器 B，默认情况下它们拥有完全独立的名字空间，包括Network、PID、IPC、Mount 和 UTS，这使容器 A 和 B 中运行的进程在各方面都是彼此隔离的状态。但是，如果用户希望容器 B 可以操控容器 A 的网络来实现一些特定的功能，如流量路由，那么用户可以在创建容器 B 的时候选择不分配独立的网络名字空间而是使用容器 A 的网络名字空间。这个时候容器 A 和容器 B 处于同样的网络环境内，它们可以互相通过 localhost 进行网络访问。而有意思的是，此时两个容器的其他名字空间仍然是不同的，除了网络，它们仍然无法通过其他方式进行通信或感知到对方。

上面介绍的这种操作方式被广泛应用在容器领域。在 Docker 中启动容器时，加入参数--net可以选择容器启动后使用的网络模式。用户使用--net=container:<容器名称>来启动容器，便可以在容器启动时使用另一个容器的网络名字空间了。而实际上在 K8s 中每个 Pod 中的所有容器都是使用这种模式进行部署的，这样保证了在 Pod 中所有的容器都可以很方便地互相配合。我们在后续内容中会详细介绍其中的细节。

为了能让大家更好地理解名字空间的概念以及相关的使用场景，让我们再从一个经典的面试题切入。面试官在面对容器领域的候选人时，几乎每次都会问一个问题：假如现在有一个 Docker 容器处于网络故障状态，而容器中没有任何相关的网络排查工具，你也无法在容器中通过网络或其他方式安装相关的工具，请问这种情况下要如何排查网络故障？这个问题考察的是候选人是否通晓名字空间的原理并能够实际使用名字空间。有两种思路可以解答这道题目，第一种，正如我们刚才所说，既然目标容器没有任何方法能够安装网络排查工具，我们只需要再启动一个新的容器，而这个新的容器中已经安装对应的工具并且在启动时设置了--net = container:<目标容器名称>来使用目标容器的网络名字空间，这样我们就可以在不进入目标容器的前提下操控它的网络，也就能顺利地排查网络故障了。一般来说，回答出第一种思路就基本可以过关了，但其实这个答案并非最优解，因此让我们来看一下第二种最优的思路（假设我们的容器运行在 K8s 集群中）。

（1）通过 K8s 的 kubectl describe <pod>命令查找出的信息找到该容器所在的具体服务器和对应的容器 ID。

（2）进入容器所在机器，通过 docker inspect <容器 ID>命令列出容器的元信息并在其中找到 PID 字段。

（3）Linux 操作系统的/proc/pid/ns 目录下记录了该容器进程的所有名字空间信息。我们可以在其中找到所有名字空间的 ID。

（4）Linux 发行版都自带 nsenter 命令，这是一个可以自由切换名字空间的工具。当我们知道目标容器的 PID，就可以通过 nsenter -t PID -n 命令进入目标容器的网络名字空间。

> **nsenter -t PID -n 命令**
>
> 命令中的 -t 参数用来指示目标容器的 PID，而 -n 则表示进入目标容器的网络名字空间。这个命令的具体使用方法和参数细节可以很方便地在网上找到，有兴趣的读者可以自行查阅。执行这个命令，会有神奇的事情发生，用户可以通过执行 ps 命令看到宿主机运行的进程，也可以通过 cd 命令切换到宿主机的任何一个目录中，但是执行 ip 命令或者 ifconfig 命令后会发现列出的网络设备和 IP 地址等信息已经完全不是宿主机的信息了，因为此时我们已经身在容器的网络名字空间内。

感兴趣的读者可以按照以上步骤验证，亲自执行整个过程有利于理解容器的运行原理。这种自由切换名字空间的"玩法"正是当今一种主流的容器设计模式，它准许多个容器之间通过共享名字空间来互相配合，以完成共同的服务目标。例如，容器 A 负责提供 API，容器 B 负责实现路由，容器 C 负责收集日志。这是一种分而治之的思想，它有利于软件设计、目标拆解、解耦与复用。一般路由和日志收集模块是可以复用的，如果我们把它们加入每个业务容器，那势必会污染业务模块从而带来非常多的问题，如果将这些公共组件拆分成单独的容器，那么问题将变得简单很多。

我们都知道容器领域有一个经典的原则就是一个容器中只运行一个任务，这种模式充分保证了这个原则的实现，即便是一个复杂到需要很多任务并行配合的服务依然可以依靠此模式进行部署。该模式有一个专有的名词：sidecar（边车）模式。这种通过自由切换名字空间等方式来打破容器隔离边界的做法非常重要，因为目前大量的云原生框架和开源项目都是此模式的使用场景，可以说 sidecar 模式是进入容器领域的一门必修课，是否掌握这门课也是相关从业人员水平的一道分水岭，这也是上文中的在容器中排查网络故障的问题成为经典的高频面试题的原因。本书后续内容中带大家开发的各种工具大多是基于此模式实现的。

在本节结束前留一道题供大家思考，请大家不要直接阅读后面的答案而是先自己思考。本节我们介绍了名字空间机制在容器技术中的作用，并且介绍了一个容器默认拥有完全独立的名字空间，包括 Network、PID、IPC、Mount 和 UTS，为什么这里没有提到用户名字空间（user namespace）？容器默认并不隔离用户与用户组，为什么要这样设计？

答案

容器之所以默认不使用独立的用户名字空间，是因为绝大多数场景下我们需要容器之间共享用户。例如，在 Docker 中启动容器的时候使用-v 参数可以将宿主机的某个目录挂载到容器中，从而实现数据持久化或者达到与其他容器进行文件交互的目的，这也是日志收集容器能工作的必要条件。因此，如果容器使用独立的用户名字空间并针对用户和用户组进行隔离，那么在进行文件交互的时候就会遇到没有权限的问题，毕竟交互双方使用的用户是不一样的。

2.2.3 小结

在虚拟化领域，"隔离"是非常重要的概念，而 Docker 通过 Linux 名字空间实现的隔离方案为后续各种灵活的架构方案打下了坚实的基础。事实上，业界非常多的开源软件都是基于切换名字空间的原理进行设计的。

2.3 网络模式

Docker 有多种网络模式可供用户选择，每种网络模式都对应解决了现实环境中的某种问题。本节主要介绍 3 种常用网络模式及它们的原理和使用场景。3 种常用网络模式为：

- bridge（桥接）网络模式；
- host（宿主机）网络模式；
- container（容器）网络模式。

2.3.1 bridge 网络模式

bridge 网络模式是 Docker 默认使用的网络模式，因为其原理是使用 Linux 网桥在宿主机内部构建一个虚拟的局域网，所以被命名为 bridge 网络模式。之所以最先介绍 bridge 网络模式，不仅是因为它是 Docker 默认使用的网络模式,更是因为它的原理在后续被广泛应用在容器领域的各个场景中。理解 bridge 网络模式对于后续深入学习容器技术是非常必要的,它也是 3 种常用网络模式中最复杂的。

下面接着从名字空间开始讲起,我们知道 Docker 创建容器时默认会为容器创建独立的名字空间,以保证不同的容器之间、容器与宿主机之间都是隔离的。但是在隔离的同时,我们仍然希望容器之间能够保持一定的网络通信能力,否则容器就变成了一个信息孤岛,对用户来说这样的容器是没有意义的。那怎么才能解决这个问题呢?在 Linux 中还有一种网络设备——虚拟网卡,它的特点是可以把两块虚拟网卡凑成一对,并且向其中任意一块网卡发送网络报文,它都会无条件地将其转发到另一块上。而这种通信机制可以"穿透"名字空间的隔离限制。例如,容器 A 和容器 B 想要进行网络通信,那么我们只需要将网卡 V1 放到容器 A 中,再将网卡 V2 放到容器 B 中,两个容器就可以顺利进行网络通信了。但是如果这时候出现了容器 C 想与容器 A 进行通信呢?我们就需要再创建虚拟网卡 V3 和 V4,并将它们分别放入容器 A 和容器 C,容器 B 与容器 C 的通信同理,如图 2-5 所示。

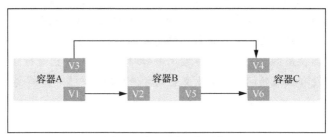

图 2-5 容器间的网络通信

显然这种架构是不合理的,随着容器数量的增长虚拟网卡的数量将会变得不可接受。为了解决这个问题,Docker 引入了网桥。而网桥值得我们关注的特点有两个:

- 网桥自身有很多的插槽,可以容纳多个网络设备;
- 网桥具备广播能力,它会把接收到的网络报文广播给每个网络设备。

基于网桥的特点,Docker 的做法是把虚拟网卡中的一块放到容器中,另一块放到网桥中,通过这样的形式构建出一个虚拟的局域网,如图 2-6 所示。

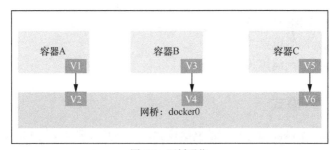

图 2-6 网桥通信

在这样的架构中，如果容器 A 需要和容器 C 进行通信的话，其通信过程描述如下：

（1）容器 A 知道了容器 C 的 IP 地址后向自身的网卡 V1 发出网络报文；

（2）由于虚拟网卡可穿透名字空间的隔离限制，因此 V1 将会把网络报文转发给在网桥上的 V2；

（3）由于网桥具有广播能力，这个网络报文同样会广播给 V4 和 V6；

（4）V4 收到报文后同样将其转发给容器 B 中的 V3，而容器 B 解析这段报文的目的地址，发现这并不是发送给自己的，所以容器 B 会丢掉这个报文；

（5）V6 收到报文后将其转发给容器 C 中的 V5，容器 C 解析报文的目的地址发现这是发送给自己的，于是正常处理，建立通信。

以上就是通过网桥来建立容器网络的步骤，有心的读者可以在自己的 Docker 服务器上通过使用 ip 命令或者 ifconfig 命令，看到一个名为 docker0 的网络设备，而这个设备就是上面提到的 Docker 用来构建容器网络使用的网桥。而除了 docker0，大家还可以看到很多以 veth 开头的网络设备，这些就是容器对应挂载在 docker0 上的虚拟网卡。大家还会发现这些虚拟网卡的数量和当前 Docker 服务器中的容器数量是相等的。也许有些读者会问一个容器应该配套两块网卡，那么网卡的数量应该是容器数量的两倍才对。为什么这里的数量对不上？希望大家能仔细思考一下再阅读下面的答案。

> **答案**
>
> 因为我们登录到 Docker 服务器后处于默认的网络名字空间内，而容器中的网卡处于容器自身独立的网络名字空间内，所以用户是没有办法查看到对应的网卡的。而挂载在 docker0 网桥上的网卡与我们处于同样的网络名字空间内，所以可以查看。

以上是容器网络内部通信的原理，现在来看一下如何让容器网络与外部进行通信。有 Docker 使用经验的人都知道在启动容器的时候为了暴露网络服务给外界，需要使用-p 参数进行端口映射，将宿主机的某个端口与容器的端口进行映射后，用户才可以访问容器提供的服务。这一点通常也让很多初学者感到疑惑，毕竟在虚拟机中并不需要这样的操作就可以暴露服务。需要进行端口映射是因为上面讲到的 bridge 网络是 Docker 在宿主机上构建的虚拟局域网，容器的 IP 地址都是不进入我们使用的路由表的。就像大家在公司是访问不了家里的计算机的，因为家里使用的也是虚拟的局域网。同样，如果不搭建 VPN（virtual private network，虚拟专用网络）的话在家中也是无法访问公司网络的。要解决这个问题，需要将宿主机作为"跳板"，先把请求发送到 Docker 服务器的某个端口上，然后宿主机将请求转发给容器，这样就可以建立网络连接了。而-p 参数就是用来实现连接的，具体的流程如下。

（1）宿主机需要先开启内核参数 ipv4_forward 和 ipv6_forward。开启这两个参数后宿主机就有了转发的能力，它收到不属于自己的网络报文后不会丢弃，而是将其转发。也就是说，开启了这两个参数后，宿主机就拥有了一定的路由能力。Docker 官方的安装手册上明确要求用户检查这两个参数是否开启。

（2）当用户使用 docker run 命令启动容器并使用-p 进行端口映射时，Docker 会在后台通过 iptables 命令创建规则。这条规则可以理解为"凡是发送到宿主机某个端口的网络请求全部转发到容器的某个端口上"，而容器回复用户请求的情况类似。

至此，bridge 网络的原理介绍完毕。如果大家可以对这部分内容做到了然于心，那么对后面理解 K8s 网络是非常有帮助的。在 K8s 中 Service 的 NodePort 跟 Docker 的端口映射本质上是一样的，都是利用 iptables 命令篡改网络请求实现的。

> **注意**
>
> 掌握 iptables 命令的使用对我们掌握容器技术来说非常必要。后续我们利用容器网络的特点有针对性地开发测试工具的时候，不少场景都需要通过利用 iptables 命令"劫持"目标容器的网络来完成，而 iptables 命令本身也是非常复杂的，本书中不过多讲解。后面讲到开发测试工具的时候会介绍一些具体案例。

2.3.2 host 网络模式

在学会 bridge 网络模式后再来学习另两种网络模式就非常简单了。图 2-7 所示的是 host 网络模式的架构。

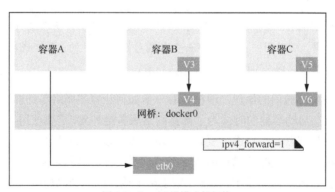

图 2-7 host 网络模式的架构

当用户在启动容器的时候，通过--net＝host 指定使用 host 网络模式后，Docker 将不再为容器创建独立的网络名字空间。这个时候可以理解为容器使用了宿主机默认的网络名字空间，就像图 2-7 中的容器 A 一样，它直接使用了宿主机的网卡 eth0。这个时候可以认为容器与宿主机是处于同一个网络中的，在容器中使用 ip 命令或者 ifconfig 命令看到的 IP 地址和网络设备与在宿主机上看到的一致。初学者通常很喜欢这种网络模式，因为他们终于可以不使用端口映射来启动容器了。但使用这种网络模式就必然无法在同一台宿主机上启动同样的服务了，因为会存在端口冲突。而使用 bridge 网络模式没有这个问题，即便使用同样的端口号的服务，也不会存在冲突，只需要在做端口映射的时候选择映射到宿主机的不同端口上即可，因为其拥有独立的网络名字空间。

host 网络模式被广泛应用于路由场景。K8s 中提供了一个 ingress 服务，它往往是通过 host 网络模式启动的。由于 K8s 网络组件的特性，使用这种网络模式启动的容器既可以访问外界网络，也可以访问容器网络，非常适合作为路由。除此之外，在任何容器需要依赖宿主机网络环境的场景（例如有些资源有安全限制，只有通过宿主机才能访问等）中都可以使用 host 网络模式启动容器。

在这里希望大家能再思考一下容器基于名字空间的隔离策略的优点。正如在 host 网络模式中体现的，容器与宿主机虽然处于同一个网络中，但是依然处于相互隔离的状态，用户在容器中是看不到宿主机的任何进程的。这是一种十分灵活的设计理念，用户可以根据自己的需要灵活选择隔离范围，这使得我们可以扩展出非常多的经典使用场景。后续章节也会介绍如何在 K8s 中通过共享进程名字空间来完成一些典型场景的应用。

2.3.3 container 网络模式

其实在 2.2.2 节中我们就已经了解 container 网络模式的细节了。如果说 host 网络模式是容器直接使用了宿主机的网络名字空间的话，那么 container 网络模式就是容器在启动时使用了另一个容器的网络名字空间，从而达到两个容器共享网络的目的。container 网络模式的架构如图 2-8 所示。

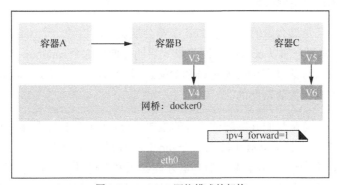

图 2-8　container 网络模式的架构

在容器技术发展的早期，扩展出像 K8s 这种容器集群的技术之前，container 网络模式是环境管理的常用手段，因为一般来说一个系统不会只有一个模块，即便是 10 年前的系统往往也会由多个模块共同提供服务。因此，在搭建测试环境的时候我们需要面对一个问题：虽然容器网络内部是可以通过 bridge 网络模式进行通信的，但是怎么让各个服务知晓它们依赖的服务的 IP 地址和端口号呢？也就是说，需要面对配置管理的问题。例如，有一个前端服务需要访问后端服务来获取对应的数据并将其展示给用户，那它怎么知道后端服务在哪里呢？同样，后端服务需要访问数据库来获取数据，那它怎么知道数据库在哪里呢？毕竟 Docker 在启动容器的时候 IP 地址是自动生成的，用户是无法事先知道相关信息的，那么用户在启动容器的时候如何在配置文件中填写依赖服务的 IP 地址与端口号呢？另外，容器会被经常删除、重建，每次重建其 IP 地址都会发生变化，这种填写具体的 IP 地址的行为明显也是不靠谱的。面对这些问题，通常有以下两种解决方案。

- 为所有的容器都配置端口映射，这样不管容器自身的 IP 地址如何变化，其他容器都使用宿主机的 IP 地址和端口号进行通信，用户只要事先规划好对应的端口即可。
- 创建一个空白容器，这个容器什么都不做只用来提供基础网络环境，其他的业务容器都以 container 网络模式启动来使用这个空白容器的网络名字空间。这样所有业务容器都处于相同的网络中，可以使用 localhost 来互相访问。用户也就不必操心配置管理的问题了。

两种方案的区别是显而易见的，端口映射的方案需要用户维护一个复杂的端口映射列表，这个列表的作用是提供配置管理的依据，并且防止当容器过多的时候不同容器使用宿主机相同端口号造成的端口冲突问题，当用户需要维护的容器数量越来越多的时候，这种方案会极大地增加用户的维护成本。而使用 container 网络模式则完全没有这种负担，也不需要像端口映射方案那样对不同的环境做不同的配置管理，取而代之的是所有环境都使用 localhost + 固定端口号。在 2016 年还没有将 K8s 引入测试环境的时候，我使用第二种方案维护了将近 50 套测试环境。这里可能有读者会问：为什么要在 container 网络模式中启动一个空白容器？这是因为提供基础网络的容器需要足够稳定，如果使用某个业务容器作为基础网络容器的话，一旦这个业务容器因为更新需要被删除并重新创建，那么整个环境的网络都会遭到破坏从而不得不全部重新创建。因此，我们需要创建一个稳定的容器来提供基础网络。

事实上，K8s 中正是这么做的，每个 Pod 中都会默认自动启动一个 sandbox 容器来提供基础网络，而用户定义的容器全部以 container 网络模式启动并使用这个 sandbox 容器的网络名字空间。这也是为什么在介绍 K8s 之前我们会着重讲解 Docker 相关的内容，练好 Docker 有关的基本功对于后续学习 K8s 是有非常大的帮助的。

container 网络模式将是我们开发测试工具的重要手段，例如在 K8s 中部署 mock 服务器（mock server）来辅助测试需要在目标 Pod 中注入一个 mock 服务器容器。因为一个 Pod 中的所有容器都是共享网络名字空间的，所以 mock 服务器容器才能够顺利劫持目标容器的网络请求。同理，在混沌工程项目中，我们希望向业务容器中注入一个故障来验证系统是否在发生故障时有一定的容错能力，保证系统依然可以稳定地向用户提供服务。这时候注入故障的方式往往也是向 Pod 中注入一个故障容器，通过共享名字空间来操控目标容器网络、进程以及文件。这些内容会在第 4 章中详细介绍。

2.3.4 小结

Docker 还拥有其他几种网络模式，但它们在真实的工作场景中使用得非常少，这里就不一一介绍了，感兴趣的读者可以在 Docker 官方网站搜索相关内容。希望大家能把本节讲解的网络模式熟记于心，在容器领域有很多场景都是基于这几种网络模式或者其变种实现的。

2.4　容器镜像

　　曾经有人问 Docker 为什么会在那么短的时间内就风靡世界，它到底有什么魔力让无数的软件从业人员"趋之若鹜"。要知道容器这个概念并不是 Docker 创造的，早在 Docker 出现之前容器技术就已经在行业中占有一席之地，并且 Cloud Foundry 项目的产品经理曾经在社区里做了一次报告，称 Docker 实际上也只是一个同样使用 Linux 名字空间实现的 sandbox 而已，在包括 Cloud Foundry 在内的很多项目中都有类似的能力，所以不需要过多关注 Docker。然而 Docker 在很短的时间内就迅速崛起，让人猝不及防。但在某种意义上当初的报告也并没有错，Docker 与 Cloud Foundry 中的容器技术在原理上是一样的，真正让 Docker 崛起的关键性因素是其镜像功能。

　　大家可能并没有经历过环境治理的"蛮荒时代"，但大家一定面对过或听说过"线上、线下环境不一致"带来的问题，明明在测试环境中正常运行的应用，到了线上环境总会出现莫名其妙的问题，有时候甚至根本启动不起来。究其根本就是线上和线下的环境是不一致的，虽然 Linux 的名字空间可以解决进程级别的隔离问题，但是它无法保证应用在不同的机器上运行所依赖的环境是完全相同的。而 Docker 的镜像解决了这个问题，实际上 Docker 的镜像是由一个完整的操作系统的所有文件和目录构成的，把应用程序制作成镜像后，就可以保证不论在哪台服务器上运行，应用面对的都是同样的文件、目录结构以及环境变量等，即一切它所依赖的内容都是相同的。当然这里不包括内核，2.2.1 节中就介绍过容器是不虚拟化内核的，所以只要应用依赖某个特定版本的内核，就不是很适合放到容器中运行，除非能保证服务器本身的内核版本与要求的是一样的。这样的机制保证了环境的高度一致。更棒的是，Docker 提供了 Dockerfile 这种构建镜像的杀手级应用，它让镜像的制作成本降低到了一个令人惊叹的程度。

　　从 1.20 版本开始，K8s 不再支持 Docker 作为容器运行，这一消息一时间引起轩然大波，很多人都在讨论这是否会使得 Docker 遭到淘汰。但了解细节的人都知道，K8s 的这一决定势必会影响 Docker 在容器领域的地位，但说 Docker 被淘汰就过于夸张了。事实上，只要还没有出现能够颠覆 Dockerfile 的技术，Docker 就永远在容器领域占有重要的地位。毕竟代替 Docker 作为 K8s 容器运行时的 containerd 技术本身就是脱胎于 Docker 的，原本 Docker 是包含 containerd 的，只是因为一些原因，现在 containerd 成为一个独立的项目，并且只负责容器运行，无法制作镜像，用户依旧需要安装 Docker 来对镜像进行维护。

2.4.1　镜像构建

　　镜像有两种构建方法：

- 使用 docker commit <容器名称>命令从一个容器中构建镜像；
- 使用 docker build 命令从 Dockerfile 中构建镜像。

　　上面两种方法都可以达到镜像构建的目的，但是我们推荐使用 Dockerfile 来完成。使用 docker

commit<容器名称>命令最大的问题在于整个制作镜像的过程是黑盒的、不可记录的。用户需要登录到一个已有的容器中，安装各种各样的软件后再执行这个命令构建镜像。这时除了构建镜像的用户，没有任何人知道这个镜像中到底做了什么，可能随着时间的流逝构建镜像的用户本人也忘记了这个镜像的实现细节。这种情况使得维护镜像变成一项很困难的工作，很多时候开发人员将不得不选择重新来过。而 Dockerfile 则完全解决了这样的问题，它把制作镜像的过程以一种类似脚本语言的形式表达出来。事实上，Dockerfile 的本质就是一个自动化脚本，大家完全可以认为使用 Dockerfile 就是使用 docker commit <容器名称>命令构建镜像的自动化版本。而只要拥有这个自动化脚本，用户就可以随时在任何一台安装了 Docker 的服务器上百分之百还原这个镜像。由于整个制作镜像的过程都以自动化脚本的形式记录了下来，因此用户可以很方便地查看镜像中都做了哪些操作，也可以随时修改 Dockerfile 的内容来更新、迭代镜像。下面让我们看一个简单的 Dockerfile，如代码清单 2-3 所示。

代码清单 2-3　Dockerfile

```
FROM selenium/node-chrome-debug:3.7.1-beryllium
USER root
RUN apt-get update \
    && apt-get -y install ttf-wqy-microhei ttf-wqy-zenhei \
    && apt-get clean
(neutron)
```

2.1 节介绍了使用 Docker 部署 Selenium 官方团队推出的 Grid 来完成浏览器集群的案例。而 Selenium 3.0 的镜像是没有安装中文字符集的。代码清单 2-3 的功能则是在官方镜像的基础上补全中文字符集。下面简单介绍一下这几个指令的含义。

- FROM 指令用来表示继承哪个基础镜像。镜像的制作过程就是基于某个已存在的镜像进行扩展的过程。
- USER 指令用来表示使用什么用户执行接下来的操作。注意，容器启动后也会使用这里指定的用户。
- RUN 指令中执行的是 shell 命令，通常用来安装软件，是 Dockerfile 中使用最多的指令。该指令可以有多个，Docker 会按顺序执行。

代码清单 2-3 中的 Dockerfile 可以说是最简单的演示案例了。用户执行 docker build -t <镜像名称> -f <Dockerfile 路径> <工作目录>命令，构建镜像的过程就开始了。参数说明具体如下。

- -f 参数表示 Dockerfile 的路径。这个参数可以省略，省略后，Docker 默认会使用工作目录下名为 Dockerfile 的文件进行镜像构建，所以通常我们编写的 Dockerfile 的名字就叫作 Dockerfile，这样我们就可以省略-f 参数。
- 工作目录表示执行 docker build 命令时需要加载的资源路径。在 Dockerfile 中通常会使用 COPY 指令或者 ADD 指令将外部文件打包进镜像，而这个外部文件就是从工作目录中加载的。这里需要注意的是，工作目录中的所有内容都会在构建镜像时加载。因此，这个目录需要设置为一个独立的目录，避免大量的文件在构建镜像时加载，导致耗费过多的资源与时间。

为了介绍 Dockerfile 中更多的指令，再看一个代码清单 2-4 中记录的 Java 镜像的案例。

代码清单 2-4　Dockerfile

```
FROM centos
ADD entrypoint.sh /root
ADD jdk /opt/java-1.8
WORKDIR /root
ENV M2_HOME = /usr/local/maven
ENV M2 = $M2_HOME/bin
ENV JAVA_HOME = /opt/java-1.8
ENV PATH = $JAVA_HOME:$M2:$PATH
RUN yum install -y wget openssh-server vim git openssh-clients \
    && /usr/bin/ssh-keygen -A \
    && wget [Maven 的下载地址] \
    && tar xvf apache-maven-3.0.5-bin.tar.gz \
    && mv apache-maven-3.0.5  /usr/local/maven \
    && ssh-keygen -t rsa -f /root/.ssh/id_rsa -N '' \
    && cat /root/.ssh/id_rsa.pub > /root/.ssh/authorized_keys \
    && chmod 600 /root/.ssh/authorized_keys \
    && echo "StrictHostKeyChecking no" > /root/.ssh/config \
    && echo "UserKnownHostsFile /dev/null" >> /root/.ssh/config \
    && echo 1qaz9ol.|passwd --stdin root \
    && echo "export M2_HOME = /usr/local/maven" >> /root/.bashrc \
    && echo "export M2 = $M2_HOME/bin" >> /root/.bashrc \
    && echo "export JAVA_HOME = /opt/java-1.8" >> /root/.bashrc \
    && echo "export PATH = $JAVA_HOME:$M2:$PATH" >> /root/.bashrc
ENTRYPOINT ["/bin/bash", "/root/entrypoint.sh"]
(neutron)
```

代码清单 2-4 中记录的是以 CentOS 为基础镜像并扩展安装了对应的 Java 镜像。这里解释一下代码清单 2-3 中没有出现的指令的含义。

- ADD 指令用来把外部文件加载到镜像中，注意这里的路径是与工作目录相关的。
- WORKDIR 指令表示接下来的指令在哪个目录中运行，同时也表示容器启动后默认的路径。
- ENV 指令用来指定环境变量。这里需要注意的是，在后面的 RUN 指令中把同样的环境变量又写进 bashrc 中，这是因为这个镜像安装并启动了 SSH（secure shell，安全外壳）服务。通过 SSH 远程登录的用户会读取 bashrc 中的内容，而不读取 ENV 指令中定义的环境变量。需要在容器中暴露 SSH 服务的读者需要留意这一点。
- ENTRYPOINT 指令表示容器的启动脚本，在代码清单 2-4 中我们通过 ADD 指令把外部的脚本加载到镜像中，然后在 ENTRYPOINT 指令中指定这个脚本为启动脚本。

至此我们已经学习了 Dockerfile 中常用的指令，掌握这些内容基本上可以解决大部分场景中的问题了。接下来我们需要回答一个问题，在讲解 RUN 指令的时候提到这个指令可以同时存在很多个，用户可以像代码清单 2-3 和代码清单 2-4 中在一个 RUN 指令里拼接所有的 shell 命令，也可以使用多个 RUN 指令并在每个 RUN 指令里只执行一个 shell 命令。那么这两种方式有什么区别呢？喜欢实践的读者可以分别执行 docker build 命令尝试一下两种方式编写的 Dockerfile 在构建过程中有什么不同。这里就直接给出答案了，Docker 的镜像系统采取的是分层设计，在图 2-9 中，使用 docker pull 命令下载一个 Jenkins 镜像到本地时，会发现整个下载过程是并行的。在图 2-9 中最后一行中可以看到 Pulling fs layer 这样的信息，从这里就可以知道一个镜像可能是由很多层组成的。Docker 在下载的过程中会将这些层并行地下载。而在 Dockerfile 中可以理解为每个 RUN 指令都会生成一个新的层，使用的 RUN 指令越多，层数越多。而层数越多在容器运行时就会造成越大的 I/O（Input/Output，输入/输出）损耗。所以，一个良好的 Dockerfile 是不能出现海量的 RUN 指令的，当然一个镜像如果只有 10 层或 20 层，其实可以不用太担心 I/O 损耗的问题。但是当镜像拥有几十层或上百层时我们就不能放之不管了。有心的读者可以在自己的环境中拉取一个镜像试试看。

```
[root@perf1-172-17-56-102 exec]# docker pull jenkins/jenkins
Using default tag: latest
latest: Pulling from jenkins/jenkins
5492f66d2700: Downloading [=>                                                 ]  1.616MB/54.92MB
e7c6a42bcdd9: Downloading [=>                                                 ]  1.081MB/52.75MB
687c370bd895: Download complete
176fd4c8e7d6: Downloading [===========>                                       ]  904.4kB/4.063MB
8733c83d7ea6: Download complete
c6fdd855b0ed: Download complete
971e8b890fc4: Download complete
c8258925da5b: Download complete
8fd3cdc3fe5c: Downloading [=========>                                         ]   17.7MB/91.02MB
9ade14043e20: Download complete
fb6b49a8f8c8: Downloading [===>                                               ]    376kB/5.679MB
9e05981cf9ac: Downloading [=>                                                 ]  2.149MB/76.44MB
91827431a2c6: Downloading [==================================================>]  1.928kB/1.928kB
317868f9821e: Download complete
f553cd413299: Download complete
f374cefd9fd3: Waiting
466e8b1d10a0: Pulling fs layer
```

图 2-9　下载镜像

回到刚才的问题，我们是否可以认为所有的 Dockerfile 都应该用非常少量的 RUN 指令甚至只用一个 RUN 指令来完成工作呢？答案是否定的。如果我们针对拥有多个 RUN 指令的 Dockerfile 反复执行 docker build 命令就会发现一件有趣的事，如图 2-10 所示。

```
[root@perf1-172-17-56-102 dockerfile]# docker build -t tmp .
Sending build context to Docker daemon  4.608kB
Step 1/10 : FROM centos:7
 ---> 8652b9f0cb4c
Step 2/10 : ADD entrypoint.sh /root
 ---> Using cache
 ---> 77404b59585d
Step 3/10 : RUN yum install -y wget vim
 ---> Using cache
 ---> 60f4a8f35e5f
Step 4/10 : RUN yum install -y vim wget
 ---> Using cache
 ---> d098ed0cce7e
Step 5/10 : RUN yum install -y wget vim git
 ---> Using cache
 ---> f77b57feab7f
Step 6/10 : RUN yum install -y wget
 ---> Using cache
 ---> e8be4014a65f
Step 7/10 : RUN yum install -y openssh-server openssl
 ---> Using cache
 ---> 262622423251
Step 8/10 : RUN yum install git wget
 ---> Using cache
 ---> b1b9649607ab
Step 9/10 : RUN yum install vim
 ---> Using cache
 ---> 7ec809be4933
Step 10/10 : ENTRYPOINT ["/bin/bash", "/root/entrypoint.sh"]
 ---> Using cache
 ---> 2c8a2cbb199d
Successfully built 2c8a2cbb199d
Successfully tagged tmp:latest
```

图 2-10　多个 RUN 指令的构建过程

从图 2-10 中可以清晰地看到 Using cache 的提示出现在每一步的构建过程中。这意味着 Docker 并没有真正执行这些指令，而是从缓存中直接获取了结果。这是 Dockerfile 很重要的一个能力，善用这个能力能极大地加快镜像开发的速度。用户只需要在多个 RUN 指令中分别执行 shell 命令，就可实现一种边开发边测试的实践效果。一旦某个 RUN 指令出现了 bug 需要用户修改，用户只需修改这个 RUN 指令并重新构建即可，而在这个 RUN 指令之前的所有步骤都会由于有缓存的存在而不必重新执行，这种方式极大地节省了用户的调试时间。如果用户把所有的命令都放在同一个 RUN 指令中，那么他将面对的是任何修改都会重新执行所有步骤的"尴尬"境地。所以，我们通常会在开发镜像的过程中尽量把步骤拆分得很细再放到多个 RUN 指令当中，而在测试结束后如果 RUN 指令过多再根据业务需要对 RUN 指令进行一定程度的合并。

2.4.2 联合文件系统

我们已经了解构建镜像的相关实践内容，接下来就需要深入探索底层原理并开展对应的测试场景。在 2.4.1 节中阐述了 Docker 的镜像是分层的，那么这其中的原理以及为什么要这么设计是大家需要掌握的。

Docker 的分层镜像系统到底是怎么设计的呢？让我们先从一个小需求开始讲起。假设当前有一台文件服务器，其中有两个目录，分别是 X 和 Y。在 X 和 Y 中又分别有两个文件 A 和 B。管理员要管理这两个文件的话就需要知道这两个文件的路径，并在必要的时候切换到这两个文件的路径上去。这种做法本身没有什么问题，但如果文件的数量变成了数万个，那么维护这些文件所在的路径并在操作时切换路径就非常让人崩溃了。为了解决这样的问题，联合文件系统（union file system，UFS）就诞生了。它可以将存在于多个目录下的多个文件进行联合并提供给用户一个统一的视图。也就是说，现在用户在一个目录里就能看到所有的文件了，如图 2-11 所示。

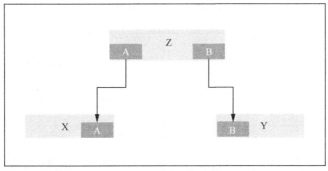

图 2-11　联合文件系统

视图目录 Z 就是联合文件系统提供给用户的视图，如果用户在视图目录 Z 中向文件 A 追加了一个单词"Hello"，就会发现在目录 X 的源文件 A 中也被追加了单词"Hello"。这样的特性方便用户对文件进行统一的管理。如果用户向视图目录 Z 中的文件 B 添加一个单词"World"，目录 Y 的源文件 B 中也被追加这个单词的情况会出现吗？答案是否定的。用户会发现目录 Y 的源文件 B

中并没有改变，取而代之的是在目录 X 中多了份文件，而这份文件记录的是针对源文件 B 的更改内容。为什么会发生这样的事情呢？联合文件系统的一个特性是用户可以设置联合目录的权限，而 Docker 的做法是只给予第一个联合的目录读写权限，后续的目录全部被赋予只读权限。所以，针对文件 B 的更改内容是不会被保存到拥有只读权限的目录 Y 中的。取而代之的是在可写的目录 X 中添加了一个针对文件 B 的更改日志，这样最终展现给用户的是源文件 B 和这个更改文件合并后的结果。

讲到这里大家是否联想到镜像分层的设计了呢？事实上拥有只读权限的目录 Y 就是镜像层，可读可写的目录 X 是容器层，而用户实际操作的是目录 Z 提供的视图层。这就解释了为什么用户登录到容器后看不到宿主机的任何文件，因为 Docker 利用联合文件系统模拟了一个操作系统所有的目录和文件并展现给用户，而展现给用户的形式就是我们在 2.2.2 节中介绍的众多名字空间中的 Mount。Mount 是负责挂载点的名字空间，容器启动时 Docker 会把联合文件系统制作出来的目录挂载到容器的根目录上，这样用户进入容器后看到的就不是宿主机的文件目录，而是我们制作的镜像的目录。Docker 的"骗术"让用户相信自己正在一个独立的操作系统中工作，但是实际上容器中的进程与宿主机上的进程在本质上并无区别。这些骗术包括但不限于 Linux 的名字空间、联合文件系统和 Cgroups，其中前两个技术我们已经讲到了，还没有讲的 Cgroups 负责资源隔离，这部分内容我们将在第 3 章讲解 K8s 资源管理机制的时候详细说明。

回到联合文件系统上来，在分层镜像系统的前提下当用户执行 docker commit 命令或者通过 Dockerfile 来构建镜像的时候都发生了什么事呢？大家可以理解为 Docker 会把图 2-11 中的容器层也就是目录 X 复制一份作为新的镜像层，并且这个新的镜像层是指向目录 Y 的，如图 2-12 所示。

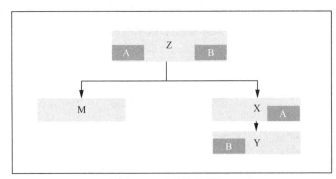

图 2-12　分层镜像系统

此时我们就构建出了一个 2 层的镜像，如果使用这个 2 层的镜像启动容器的话，实际上就是再创建一个空的容器层 M 并使之与镜像层 X 和 Y 进行联合。用户通过视图层保存的新的文件其实是保存在容器层 M 上，当用户删除容器时，视图层 Z 和容器层 M 也会被删除，但镜像层是不会被删除和更改的。这就解释了为什么用户删除容器时会连带删除用户保存的一切文件，而如果把这些文件放到镜像里就可以永久保存下来。想要在删除容器时数据依然能够被保存，唯一的方法就是在启动容器时通过使用-v 参数把宿主机中的某个目录挂载到容器中，这样删除容器时就不会删除这部分内容。回到图 2-12，当用户再一次选择构建一个新的镜像的时候实际上也是对容器层 M 进行复制，将复制结果放到镜像层中并指向目录 X，这样就构建了一个 3 层的镜像，之后以此类推，用户可以根据需要构建任意层次的镜像。

联合文件系统是 Docker 的第一代文件系统，它最致命的缺点是没有进入内核主干，所以只能在 Ubuntu 这样的操作系统中使用。Docker 由此采用 Device Mapper 来重新实现镜像分层，但由于 Device Mapper 的性能和稳定性实在不过关，后续 Docker 又将实现迁移到了 OverlayFS 上，但是由于 OverlayFS 在实现上有关于目录复制的缺陷，非常容易导致 inode 耗尽，所以最终 Docker 的默认实现选择了 OverlayFS 的升级版 Overlay 2。大家把 Overlay 2 当成联合文件系统的升级版就可以了。我在过去的几年内分别在这 4 种文件系统上部署并长期测试过，Overlay 2 已经是比较稳定的实现了，其他 3 种文件系统都存在着致命的问题。

2.4.3 镜像分层的优势

了解镜像分层的原理后，再来思考一下 Docker 为什么要这样设计？它的优势在哪里？用最简单的两个字来描述就是"复用"。在镜像的层级中，任何一层都可被多个上层复用。例如用户最先制作了一个最基础的名为 centos:7 的镜像，为了能够运行 Java 相关的软件又在这个镜像的基础上编写 Dockerfile 安装 JDK、Maven 扩展出了第二层镜像。同样，为了能够运行 Python 的软件，用户仍然可以以 centos:7 为基础编写 Dockerfile 来安装 Python 需要的依赖包再扩展一个第二层镜像。在第二层镜像上可以继续扩展，例如虽然我们已经有了 Java 环境和 Python 环境的镜像，但每个软件都需要根据自己的部署包扩展成第三层镜像（即应用），以此类推。这样最后我们的镜像系统就像一棵树一样，如图 2-13 所示。

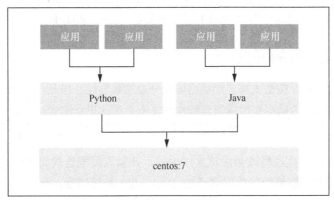

图 2-13　镜像分层设计

分层复用最直观的优点就是节省了磁盘的开销，在当今微服务架构"大行其道"的背景下，一个企业级系统可以拥有成百上千的镜像。如果不采用这种分层复用的设计，那么磁盘占用的大小将是一个不可接受的数字。这也要求开发团队的架构师需要针对镜像做出规范，设计系统的镜像分层，最大程度地减少磁盘开销。这是非常考验一个团队工程能力的事情，架构师需要协调大量的模块开发人员来优化他们的 Dockerfile，规定所有人都必须使用指定的基础镜像进行扩展，禁止自定义镜像的出现。

除了节省磁盘开销，镜像分层还对保证系统稳定性有着至关重要的作用。在一个容器集群中一般都有高可用架构来保证在服务出现故障时系统仍然能稳定地向用户提供服务。针对高可用架构还发展出了一种独立的测试类型：高可用测试。而今天互联网中有一个新的概念叫混沌工程——通过向系统中注入不同的故障验证高可用架构是否确实有效保证了在故障下系统依然可以稳定提供服务。关于这部分内容会在第 4 章详细讲解。可以说混沌工程是高可用测试的子集，因为针对高可用架构的测试不是只有故障注入这一种方式，我们还需要根据系统的设计原理来针对性地进行扫描，分析系统当前是否符合高可用架构的设计。例如，这里讲到的镜像设计，为什么会在一开始说明镜像的设计关乎系统的稳定性呢？让我们假设这样一个场景，一个容器集群的基本能力之一是在集群中某个节点宕机后，容器集群的调度系统能够自动把故障节点上的容器迁移到健康的节点上重新部署。这样在不需要人工干预的情况下系统可以自动进行恢复。而在监控节点上恢复服务的前提是这个节点下载了对应的镜像。这里我们想象一下，如果镜像没有像图 2-13 那样进行分层设计的话，那么 Docker 需要把动辄以 GB 为单位进行计算的镜像完完整整地重新下载一遍，这是一个既耗时又耗资源的行为。如果网络状况不太好的话，服务可能会中断数十分钟才能恢复。更糟糕的情况是，当某个节点宕机后，这个节点上运行的所有容器都会迁移到其他节点，届时节点上因为大量的镜像下载会产生巨大的 I/O。这可能会导致一个健康节点也被巨大的负载压垮从而引起雪崩效应——由一个节点的宕机引起的迁移行为导致整个集群全部被压垮。所以，镜像分层是否合理关系着整个系统的稳定性，如果分层合理的话，大部分应用使用的基础镜像都是相同的（见图 2-13），只有最上层的应用是不同的，而这部分代码包实际上非常小。当一个容器被迁移到新节点上时，很有可能这个节点已经部署了其他的服务，所以基础镜像早已存在于节点上。这时系统只需要下载这个容器中最上层应用的那一层镜像即可。

2.4.4　镜像扫描工具的开发

经过 2.4.3 节的讲解，想必大家已经明白镜像分层的重要性。但是作为测试人员，我们如何在这个过程中去验证镜像是否确实按照规范进行构建了呢？在这里我们测试人员能够做什么呢？这里提供两种确实可行的方法。这两种方法对应着 Docker 的两个命令。接下来就详细讲解相关的场景。

通常镜像的构建是发生在持续集成流水线中的，开发人员推送代码到特定的分支后就会触发一次流水线，流水线会获取最新的代码并通过 Dockerfile 构建镜像，而这个步骤往往会发生在固定的机器上。即便是在比较大的团队中，用来构建镜像的机器也不会很多。所以，测试人员可以通过编写扫描节点镜像的脚本，在对应的机器上分析所有的镜像是否符合规范。扫描脚本实现的原理也很简单，Docker 提供了一个命令用来分析镜像的层次，这个命令是 docker history <镜像名称或容器名称>。这个命令可以列出镜像或者容器的每一层的信息，包括 ID、创建时间、这一层执行的操作、磁盘空间大小和构建镜像时的备注，如图 2-14 所示。

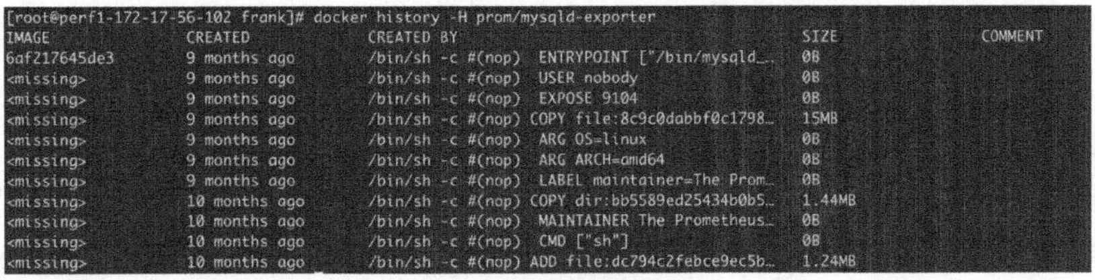

```
[root@perf1-172-17-56-102 frank]# docker history -H prom/mysqld-exporter
IMAGE          CREATED         CREATED BY                                      SIZE      COMMENT
6af217645de3   9 months ago    /bin/sh -c #(nop)  ENTRYPOINT ["/bin/mysqld_…   0B
<missing>      9 months ago    /bin/sh -c #(nop)  USER nobody                  0B
<missing>      9 months ago    /bin/sh -c #(nop)  EXPOSE 9104                  0B
<missing>      9 months ago    /bin/sh -c #(nop) COPY file:8c9c0dabbf0c1798…   15MB
<missing>      9 months ago    /bin/sh -c #(nop)  ARG OS=linux                 0B
<missing>      9 months ago    /bin/sh -c #(nop)  ARG ARCH=amd64               0B
<missing>      9 months ago    /bin/sh -c #(nop)  LABEL maintainer=The Prom…   0B
<missing>      10 months ago   /bin/sh -c #(nop) COPY dir:bb5589ed25434b0b5…   1.44MB
<missing>      10 months ago   /bin/sh -c #(nop)  MAINTAINER The Prometheus…   0B
<missing>      10 months ago   /bin/sh -c #(nop)  CMD ["sh"]                   0B
<missing>      10 months ago   /bin/sh -c #(nop) ADD file:dc794c2febce9ec5b…   1.24MB
```

图 2-14 镜像分析命令

通过这个命令我们可以扫描出镜像的分层细节。我们可以从层数、每层的大小做出限制。一旦不符合要求就进行告警。例如某个镜像的层数超过了 100，那这一般就是一个设计缺陷；或者某一层的大小超过了 5 GB，这一般可能也是一个设计缺陷。这些都是值得我们去分析的地方。而如果在公司中并没有这样固定构建镜像的机器，那么也可以把这些脚本放到测试环境中去，在测试环境中肯定有整个产品全量的镜像，甚至可以利用 K8s 的能力把脚本容器调度到所有机器上一次性执行，并将分析的结果上报（我使用的就是这种方法）。这样我们就提供了一种通用扫描工具，任何团队在有 K8s 的环境中都可以使用该工具对镜像进行分析，而提供通用的测试工具不正是测试开发人员的价值吗？

接下来我们再看 Docker 的另一个命令 docker system df。这是 Docker 提供给用户用以分析磁盘占用的命令。我们可以先看一下它的执行结果，如图 2-15 所示。

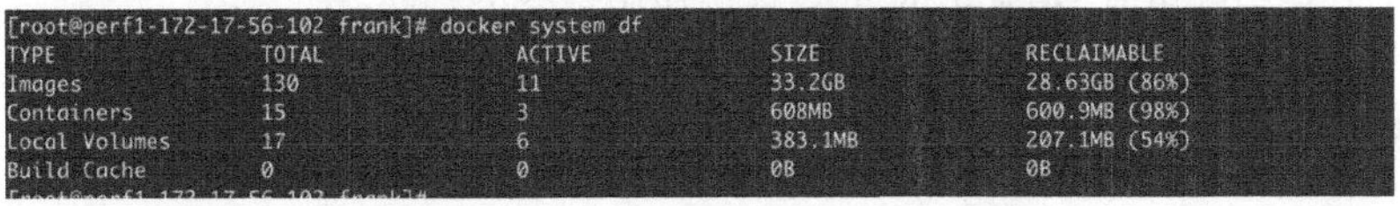

```
[root@perf1-172-17-56-102 frank]# docker system df
TYPE            TOTAL     ACTIVE    SIZE      RECLAIMABLE
Images          130       11        33.2GB    28.63GB (86%)
Containers      15        3         608MB     600.9MB (98%)
Local Volumes   17        6         383.1MB   207.1MB (54%)
Build Cache     0         0         0B        0B
```

图 2-15 docker system df 命令的执行结果

这个命令会列出当前机器中所有镜像、容器和卷的相关信息。可以从图 2-15 中的运行结果看出，当前机器有很多镜像和容器处于未使用状态。RECLAIMABLE 这个字段表示可以回收的磁盘空间大小，在图 2-15 中 Images 这一行信息（即镜像占用磁盘空间）中有 28.63 GB 的可回收空间，这表示这部分镜像并没有容器在实际使用，处于可以回收的状态。当然这样的信息并没有多么大的作用，但只要我们添加一个参数-v，一切就都不一样了，如图 2-16 所示。

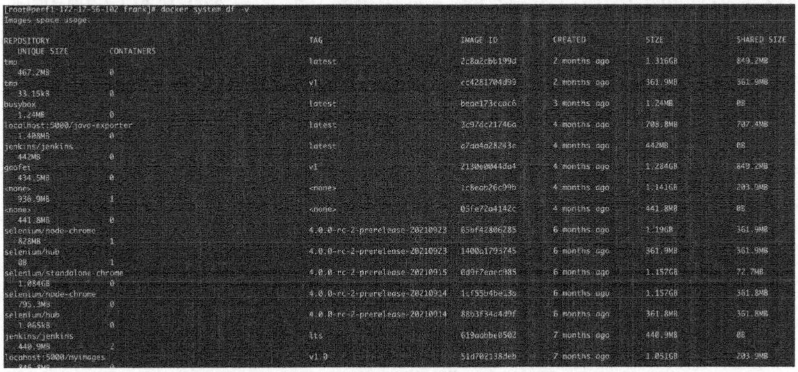

```
[root@perf1-172-17-56-102 frank]# docker system df -v
Images space usage:

REPOSITORY                              TAG                               IMAGE ID       CREATED        SIZE      SHARED SIZE
   UNIQUE SIZE      CONTAINERS
tmp                                     latest                            2c8a2cbb199d   2 months ago   1.316GB   849.2MB
   467.2MB          0
tmp                                     v1                                cc4281704d99   2 months ago   361.9MB   361.9MB
   33.15kB          0
busybox                                 latest                            beae173ccac6   3 months ago   1.24MB    0B
   1.24MB           0
localhost:5000/java-exporter            latest                            3c97dc21746a   4 months ago   708.8MB   707.4MB
   1.408MB          0
jenkins/jenkins                         latest                            a7aa4a28243e   4 months ago   442MB     0B
   442MB            0
goofei                                  v1                                2130e0044da4   4 months ago   1.284GB   849.2MB
   434.5MB          0
<none>                                  <none>                            1c8eab26c99b   4 months ago   1.141GB   203.9MB
   936.9MB          1
<none>                                  <none>                            05fe72a4142c   4 months ago   441.8MB   0B
   441.8MB          0
selenium/node-chrome                    4.0.0-rc-2-prerelease-20210923    65bf42806285   6 months ago   1.19GB    361.9MB
   828MB            1
selenium/hub                            4.0.0-rc-2-prerelease-20210923    1400a1793745   6 months ago   361.9MB   361.9MB
   0B               1
selenium/standalone-chrome              4.0.0-rc-2-prerelease-20210915    0d9f7eaec985   6 months ago   1.157GB   72.7MB
   1.084GB          0
selenium/node-chrome                    4.0.0-rc-2-prerelease-20210914    1cf55b4be13a   6 months ago   1.157GB   361.8MB
   795.3MB          0
selenium/hub                            4.0.0-rc-2-prerelease-20210914    88b3f34a4d9f   6 months ago   361.8MB   361.8MB
   1.065kB          0
jenkins/jenkins                         lts                               619aabbe0502   7 months ago   440.9MB   0B
   440.9MB          2
locahost:5000/myimages                  v1.0                              51d702138deb   7 months ago   1.051GB   203.9MB
```

图 2-16 执行 docker system df 命令的详细结果

可以看到当用户添加了 -v 参数后 Docker 会显示每个镜像更详细的信息。这里我们需要关注的是 SHARED SIZE 和 UNIQUE SIZE 两个字段。SHARED SIZE 表示共享空间的大小，意思是该镜像与其他镜像是否使用了相同的层，这些层占用的磁盘大小是多少。其含义还是比较容易理解的，毕竟刚才我们讲解了镜像是分层的，并且每一层都是可以复用的。良好的镜像设计就是需要不同的镜像尽可能地去复用相同的层以节省磁盘开销。所以，SHARED SIZE 的值越大，表示层的复用度越高，而 SHARED SIZE 的值为 0 则表示在这台机器上当前镜像的任何一层都没有其他的镜像使用，这也就说明我们的镜像分层设计可能是存在缺陷的。而 UNIQUE SIZE 的含义与 SHARED SIZE 的相反，它表示这个镜像独占的磁盘空间。如果 UNIQUE SIZE 过大则也表示我们的镜像分层设计可能是存在缺陷的。

大家在实践镜像扫描工具的时候需要辩证地去分析这些指标的值，前文讲解 SHARED SIZE 和 UNIQUE SIZE 的时候使用了"可能是存在缺陷的"来描述也是因为不能简单从指标值来判断镜像的分层设计一定存在问题。因为在真实的场景中，产品都是部署在一个比较大的容器集群中的，所以即便某个节点上有镜像的 SHARED SIZE 为 0 也不百分百表示这个镜像分层设计存在问题。因为这也可能是与它使用了相同的层的容器恰巧没有调度到这个节点上而已。虽然这样的概率比较小，但不是不可能的。或者这个镜像出于某些特殊原因必须设计成这样。所以，本节介绍的扫描工具只是提供一个"嫌犯"列表，大家需要根据自己团队的情况定制扫描规则去生成这个"嫌犯"列表，并在实际审查 Dockerfile 的设计后做出最终的判断。

2.4.5 小结

当初 Docker 凭借独特的镜像设计与简单易用的 Dockerfile 迅速在整个行业中"杀"出了一条血路并占据了行业"龙头"的位置。它的出现确实为从业人员带来了曙光，很多人认为是 Docker 的出现让云原生与微服务成为现实。

2.5 本章总结

关于容器技术基础的讲解到这里就结束了。在本章，我们针对 Docker 的底层原理进行了深入的探讨，并在最后提供了一种测试工具的开发思路，为后续讲解 K8s 以及相关的测试场景打下了基础。在下一章，我们将介绍 K8s 的相关内容。

Kubernetes 基础

在容器编排领域曾经有 3 位"巨头",分别是 Apache 的 Mesos、Docker 的 Swarm 和谷歌的 Kubernetes（K8s），我有幸使用过这 3 种容器编排系统，了解它们各自的设计理念。它们曾经竞争得非常激烈，而最终 K8s 取得了胜利，赢得了大多数软件从业者的青睐。截至本书定稿，K8s 已成为容器编排领域的事实标准并发布了 1.21 版本。K8s 发展到现在已经建立了非常庞大且复杂的生态。近些年，Spark on K8s 和 Flink on K8s 这样的项目让 K8s"入侵"大数据领域，Kubeflow 的出现让 K8s 在 AI 领域有所建树，而 Istio 让服务网格变成热门技术。可以说在未来可预见的 10 年内，K8s 将会成为各领域的主流技术。本章不会讲解 K8s 的方方面面，而是专注于测试人员要面对的场景进行深入的探讨，用最简洁的方式讲解需要关注的核心能力。在后续的章节中，我们会根据本章讲解的知识去开发相关的测试工具以及设计相关的测试场景。

还不是很了解 K8s 的读者可以把 K8s 当成一个容器集群，它用来把容器按一定策略在不同的节点进行调度和管理。事实上，大多数人刚接触 K8s 时用到的也就是容器集群管理的能力。

3.1 深入解析 Pod

Pod 是所有 K8s 初学者最先接触的概念，也是最重要的概念。在 K8s 中，所有的资源对象几乎都是为 Pod 服务的。例如，Service 用来控制 Pod 网络，Deployment 用来维护 Pod 的运行状态，服务账户（即 ServiceAccount）和基于角色的权限控制（role-based access control，RBAC）用来管理 Pod 的运行权限，等等。Pod 是唯一真正容纳并运行容器的载体，理解 Pod 的运行机制至关重要。

3.1.1 Pod 的架构

Pod 是 K8s 调度的最小单位，它由多个容器共同组成。这些容器之间共享一定限度的资源配置以便互相协作。第 2 章讲解名字空间的时候曾经介绍过，容器技术的灵活性在于可以根据用户的需要打破隔离边界。在容器的世界里奉行"一个容器只运行一个进程"，这是非常重要且有效的原则。但是在现实中很多服务都相当复杂，需要多个进程互相配合才能完成，也就是说需要多个容器相互配合。所以，K8s 为这些容器的配合提供了场所，即 Pod 对象，它的内部结构如图 3-1 所示。

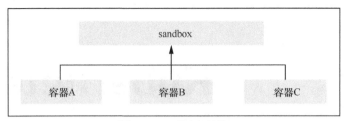

图 3-1　Pod 的内部结构

K8s 会在每个 Pod 中默认启动一个 sandbox 容器，这个容器不受用户控制，无论用户同意与否 K8s 都会默认启动这样一个容器。而这个容器的作用与我们在第 2 章中介绍网络名字空间和 container 网络模式时所讲的一致，它主要为其他容器提供基础环境。用户定义的容器都会以 container 网络模式启动并使用 sandbox 容器的网络。这也就意味着，对同一个 Pod 中的容器来说：

- 它们可以通过 localhost 互相访问；
- 它们看到的网络设备都是 sandbox 容器的网络设备；
- 一个 Pod 只有一个 IP 地址，也就是 sandbox 容器的 IP 地址；
- 一个 Pod 中的所有网络资源都是被所有容器共享的。

通过这样的一个结构，Pod 中所有容器的网络流量都是经过 sandbox 容器的。希望大家可以牢牢记住这一点，并且始终在大脑中形成一种思维：针对网络名字空间来思考问题，而不是针对某个容器的网络进行思考。这一点非常重要。

感兴趣的读者可以在任何一个 K8s 节点上执行 docker ps 命令查看当前节点上运行的所有容器，一定可以看到很多使用了名字中带有 pause 字段的镜像的容器，这些就是 sandbox 容器。在很多时候我们要特别小心这些容器，尤其是在开发带有统计分析功能的模块的时候。例如，目前比较流行的监控软件 Prometheus 中就经常能看到 promql:sum(irate(container_cpu_usage_seconds_total{container! = " ",container! = " POD ", pod = " test-pod " }[2m]))这样的语句，其中 container! = " POD " 就是为了排除 sandbox 容器的影响。毕竟很多场景下我们只想统计产品自身包含的容器的数据。

解决了容器间的网络协作后让我们再来看一下文件的协作。Pod 内的众多容器并不只有网络间的交互。例如，经常能看到 Pod 内的容器 A 负责提供服务并产生日志，而容器 B 是一个 filebeat 容器，它负责收集日志并将日志写入 Elasticsearch 服务。Pod 中可以设置不同类型的卷（volume）来保证文件交互的需要。例如，用户可以选择创建一个 Empty 类型的卷来满足同一个 Pod 中容器间进行文件交互的需要，这往往是日志收集类的需求所选择的方案。同样，用户可以设置 hostPath 类型的卷，让容器可以与宿主机进行文件交互，甚至可以在不同的 Pod 之间进行文件交互，这一点类似 Docker 的-v 参数的功能。例如，部署浏览器集群的案例中一般就会选择使用一个 hostPath 类型的卷来保存下载的文件。这是因为当 UI 自动化程序想要测试文件下载功能的时候，只能对确实读取到的下载的文件进行验证，而浏览器是在 Node 容器中启动的，下载的文件也必然保存在这个容器中。所以，这个时候比较好的方案就是把浏览器集群和运行 UI 自动化程序的容器都部署在

K8s 集群中,然后两个 Pod 都使用 hostPath 类型的卷挂载在宿主机相同的路径(这个路径下一般都是分布式存储的挂载路径,如 nfs 或者 ceph)上。这样 UI 自动化程序就能顺利读取到下载的文件了。具体配置如代码清单 3-1 所示。

代码清单 3-1　Pod 的文件交互

```
containers:
  ...
    volumeMounts:
      - mountPath: /home/seluser/Downloads
        name: chromedownload
volumes:
  - name: chromedownload
    hostPath:
      path: /data/chromedownload
      type: DirectoryOrCreate
```

代码清单 3-1 中的/data/chromedownload 目录是一个分布式存储的挂载目录,我们需要在 K8s 的每个节点中都挂载相同的目录,这样不论 Pod 被调度到哪个节点上都能读取到相同的文件。

由于 Pod 的结构是这样设计的,因此要求一个 Pod 中所有的容器都必须调度到同一个节点上。这也是为什么本节开头会说 Pod 是 K8s 调度的最小单位。当集群中没有任何一个节点满足 Pod 中所有容器的资源要求时,Pod 就会处于 Pending(挂起)状态,等待资源释放后再进行调度。并且一旦 Pod 被调度到某个节点后,这个 Pod 的生命周期就跟这个节点绑定了。虽然 K8s 有很强大的高可用设计,但是不论 Pod 中的容器失败多少次,都不会触发这个 Pod 的重新调度,K8s 只会尝试在当前节点重新启动失败的容器。只有当 K8s 判断整个节点都不可用时,它才会把 Pod 删除并在其他节点上创建一个新的 Pod。关于高可用的设计和相关测试方案我们会在第 4 章详细讲解。这里大家只要明白 Pod 这一对象的概念即可。

3.1.2　Pod 的调度

我们希望运行在 K8s 中的容器是无状态的,没有任何外部依赖的。这样 Pod 可以调度到集群中的任意节点上进行部署。但现实情况是很复杂的,很多服务都有一些复杂的调度需求或者外部依赖,所以用户往往希望 Pod 能被调度到固定的某个节点或者某几个节点上。例如,用户需要执行一些 I/O 密集型的分布式计算任务,它们可能是 Spark 的批处理程序也可能是某个机器学习框架中的训练任务,而集群中有一批节点是拥有 SSD(solid state disk,固态硬盘)的,所以用户理所当然地希望这些 I/O 密集型的计算任务可以调度到这些节点上使用 SSD 加速任务进程。在 Pod 中我们可以使用多种调度方式来解决这个难题,其中最简单的方式是使用 nodeSelector 字段来指定 Pod 必须调度到哪些节点上,如代码清单 3-2 所示。

代码清单 3-2　节点选择器

```
apiVersion: v1
kind: Pod
```

```
...
spec:
  nodeSelector:
    disk: ssd
```

代码清单 3-2 中使用 nodeSelector 把 Pod 绑定到某一类节点中。这类节点都必须拥有 disk: ssd 的标签（label）。在 K8s 中标签是对象定位最主要的手段，任何 K8s 对象都可以在它的 metadata 中定义标签，以方便后续可以通过标签查询到该对象。不仅是在调度中控制 Pod 部署到哪些节点 的场景会用标签来定位节点，还有许多其他场景会用到标签，例如在网络控制中 Service 对象要接管哪些 Pod 的网络也是根据 Pod 上的标签去匹配的。在当前的案例中，我们只需要在每个拥有 SSD 的节点上执行 kubectl label nodes <节点名称> disk = ssd 就可以为节点设置标签。之后使用 kubectl create 命令创建 Pod 就会将 Pod 调度到该节点上。而如果当前集群中不存在拥有该标签的节点会 发生什么事呢？Pod 会被标记为 Pending 状态，直到集群中出现满足调度要求的节点，才会触发调 度操作。当用户使用 kubectl describe pod <Pod 名称> 来查看处于 Pending 状态的 Pod 时，会在 events（K8s 中用于保存对象特定事件的特殊对象，一般重要的事件都保存在 events 中）中看到当前没有 节点满足 nodeSelector 的提示信息。

> **注意**
>
> 标签以键值对的形式存在，用来标记 K8s 对象的类别。例如在本案例中节点标签的键是 disk，值是 ssd，表示该节点是一个拥有 SSD 的节点。而其他的节点可以将标签设置为 disk:sata，表示这是一个使用 SATA（Serial Advanced Technology Attachment，串行先进技术总线）磁盘的节点。可以理解为标签用于对 K8s 对象进行分类，以便于后续查询和定位。

代码清单 3-2 使用的 nodeSelector 是最简单的一种调度策略，它并不是很灵活，无法满足用户 更为复杂的需求。例如，还是在 SSD 的场景下，使用 nodeSelector 的缺点是一旦没有节点满足 nodeSelector 的要求，Pod 就会处于 Pending 状态。但用户往往更希望的是：如果有 SSD 节点就向 该节点调度，但如果没有节点而拥有 SSD，那么也可以往普通节点上调度。毕竟不使用 SSD 也只 是运行得慢一点，总比让 Pod 处于 Pending 状态要好得多。为了满足类似的需求，K8s 又推出了节 点亲和性和反亲和性。节点亲和性案例如代码清单 3-3 所示。

代码清单 3-3　节点亲和性

```
apiVersion: v1
kind: Pod
...
spec:
  affinity:
    nodeAffinity:
      preferredDuringSchedulingIgnoredDuringExecution:
      - weight: 1
        preference:
          matchExpressions:
```

```
    - key: disk
      operator: In
      values:
      - ssd
```

　　节点亲和性中有 preferredDuringSchedulingIgnoredDuringExecution 和 requiredDuringScheduling
IgnoredDuringExecution 两种约束。大家可以把它们理解为"软需求"和"硬需求"，前者指定将
Pod 优先调度到拥有标签为 disk=ssd 的节点上，但如果集群中不存在这样的节点，或者由于其他
原因无法调度到这样的节点上，那么调度到其他节点上也是可以接受的。后者则类似 nodeSelector，
是一种强需求，如果没有满足要求的节点，Pod 就会处于 Pending 状态。节点反亲和性也是类似的，
只不过其调度行为与节点亲和性是完全相反的，即集群中存在没有该标签的节点才满足调度条件。
例如，GPU 资源是很宝贵的，用户不希望普通的任务调度到 GPU 节点上却挤占 CPU 和内存资源，
导致 GPU 节点上 GPU 资源是空闲的但是 CPU 和内存资源不足，而真正需要使用 GPU 的任务调
度不上去的情况出现。

　　当解决了 Pod 与节点的绑定关系后，再来看看另一种需求。在第 2 章的使用 Docker 部署浏览器
集群的案例中，用户需要在不同的节点中部署 Node 服务来注册浏览器。注意，这里要求这些 Node 服
务是分布在不同的节点上的，这样才能利用多台机器的资源进行加速。当然，将其部署在同一个节点
上也可以，但没有意义。在 Docker 中用户需要手动登录到不同的节点中部署服务，而在 K8s 中则可
以一次性把所有服务都调度起来。这里的问题就在于：如何保证一个节点中最多只有一个 Node 服务
启动呢？这个需求不论是 nodeSelector 还是节点亲和性或反亲和性都无法做到，我们需要的是另一种
调度机制：Pod 反亲和性。以部署浏览器集群的场景来举例，我们看代码清单 3-4 中的配置。

代码清单 3-4　Pod 反亲和性

```
...
    metadata:
      labels:
        name: selenium-node-chrome
    spec:
      affinity:
        podAntiAffinity:
          requiredDuringSchedulingIgnoredDuringExecution:
          - topologyKey: kubernetes.××/hostname
            labelSelector:
              matchLabels:
                name: selenium-node-chrome
```

　　代码清单 3-4 中省略了其他无关的部分，只展示了跟调度相关的内容。这份配置中需要注意
的内容具体如下。

- 需要在 metadata 中为 Pod 定义一个标签。这样才能通过标签选择器（labelSelector）定位
  到 Pod。

- topologyKey 可以理解为节点的拓扑级别，其后需要填写的是节点的某个标签的键。在 Pod 反亲和性中，topologyKey 的作用是在拥有相同标签值的节点上，保证只有一个相关 Pod 存在。当前案例中使用的是 K8s 自动给节点设置的 kubernetes.××/hostname 标签。每个节点上这个标签的值都是当前节点的 hostname，所以可以保证每个节点的这个标签的值是不同的，也就可以保证在一个节点中最多只有一个相关 Pod 存在。topologyKey 算是一个比较难理解的概念，这里延伸一下场景：假设一个自定义的名为 kubernetes.××/zone 的标签，它表示该节点属于哪个区域或者机房，将机房 A 中的所有节点都标记为 kubernetes.××/zone＝A，而将机房 B 中的所有节点都标记为 kubernetes.××/zone＝B。这样就能保证同一个机房内最多只部署一个相关的 Pod 了。这就是在 K8s 中实现双机房高可用的标准方案。
- labelSelector 用来匹配相关 Pod，在本案例中拥有相同标签的 Pod 是不能调度到同一个节点上的（因为 topologyKey 指定的是 kubernetes.××/hostname）。

Pod 亲和性和反亲和性应该算是 Pod 调度策略中比较难理解的了，尤其是 topologyKey，可能会让初学者很困惑。不过只要我们理解了标签真正的含义，各种调度策略就不那么晦涩难懂了。在代码清单 3-4 中，我们展示了 Pod 反亲和性的使用场景，其与 Pod 亲和性的使用场景是一样的，只是调度策略完全相反，Pod 亲和性的出现是希望相关的 Pod 尽量都调度到同一个拓扑级别上（即使用 topologyKey），因为它们可能需要频繁并大量地进行交互，所以把它们都部署在同一个拓扑级别上会更好。例如在边缘计算中，用户希望把需要频繁交互的服务都调度到相同的边缘节点上以减少网络开销。

希望大家能将这些调度策略牢记于心，它们对后续测试高可用性和稳定性有非常重要的作用。我们必须保证一个服务的相关 Pod 不被调度到同一个节点上，否则节点一旦宕机，其服务的所有 Pod 都将处于不可用状态，也就失去了高可用性。K8s 原生提供了很多高可用机制，可以用这些机制低成本地实现高可用架构。接下来会讲解更多的机制，而测试人员在测试高可用性时最先需要验证的就是所有的服务是否都正确使用了这些机制。所以，在第 4 章讲解混沌工程时最先做的事就是开发并配置扫描工具，用它来扫描服务是否使用了这些高可用设计。

3.1.3　Pod 的资源管理

在第 2 章讲解容器隔离技术的时候提到除了名字空间和联合文件系统，还有一个用来隔离容器使用的资源的关键技术 Cgroups。Cgroups 的全称是 Control Group，它最主要的作用就是限制一个进程组能够使用的资源，包括 CPU、内存、磁盘、网络带宽等。而在 Linux 中，Cgroups 暴露给用户的操作接口是文件系统，即它以文件和目录的方式组织在操作系统的/sys/fs/cgroup 路径下，如代码清单 3-5 所示。

代码清单 3-5　Cgroups

```
[root@VM-25-134-tlinux ~/gaofei/chaos]# ll /sys/fs/cgroup/
总用量 0
```

```
dr-xr-xr-x 6 root root  0 2月  18 16:17 blkio
lrwxrwxrwx 1 root root 11 2月  18 16:17 cpu -> cpu,cpuacct
lrwxrwxrwx 1 root root 11 2月  18 16:17 cpuacct -> cpu,cpuacct
dr-xr-xr-x 8 root root  0 2月  18 16:17 cpu,cpuacct
dr-xr-xr-x 4 root root  0 2月  18 16:17 cpuset
dr-xr-xr-x 6 root root  0 2月  18 16:17 devices
dr-xr-xr-x 4 root root  0 2月  18 16:17 freezer
dr-xr-xr-x 4 root root  0 2月  18 16:17 hugetlb
dr-xr-xr-x 8 root root  0 2月  18 16:17 memory
dr-xr-xr-x 4 root root  0 2月  18 16:17 net_cls
dr-xr-xr-x 4 root root  0 2月  18 16:17 perf_event
dr-xr-xr-x 6 root root  0 2月  18 16:17 pids
dr-xr-xr-x 2 root root  0 2月  18 16:17 rdma
dr-xr-xr-x 6 root root  0 2月  18 16:17 systemd
```

从代码清单 3-5 中可以看到在这个目录下有很多控制不同资源的目录。如果想要限制一个进程或者一组进程的 CPU，就需要在相应的目录下进行操作。下面模拟一下整个进程资源限制的操作流程。

- 进入/sys/fs/cgroup/cpu 目录下执行 mkdir container 命令来创建一个目录，这个目录就称为"控制组"。用户会发现，操作系统在 container 目录下自动生成了资源限制文件。
- 运行一个死循环脚本来模拟一个进程，命令是 while : ; do : ; done &。如果使用 top 命令查看 CPU 的使用率，会发现它的使用率为 100%。
- 向 container 目录下的 cfs_quota 文件写入 20 ms（20000 μs），命令是$echo 20000 > /sys/fs/cgroup/cpu/container/cpu.cfs_quota_us。
- 把被限制的进程的 PID 写入 container 目录下的 tasks 文件，上面的设置就会对该进程生效了，命令是$echo 1028 > /sys/fs/cgroup/cpu/container/tasks。之后通过 top 命令进行查看，发现这时 CPU 的使用率降到了 20%。

以上便是 Cgroups 限制资源的操作流程。而 K8s 默认只支持 CPU 和内存的隔离，如果用户需要隔离其他类型的资源，例如 GPU 资源，就需要使用 K8s 的 device plugin 来扩展相应的能力。这属于另外的范畴了，此处不展开介绍。用户在定义 Pod 时可以针对 Pod 中的每个容器申请对应的资源，具体实现如代码清单 3-6 所示。

代码清单 3-6　Cgroups

```
...
resources:
  requests:
    cpu: 2.5
    memory: "40Mi"
  limits:
    cpu: 4.0
    memory: "100Mi"
```

大家需要注意 request 与 limit 的区别，隐藏在它们背后的逻辑影响了 K8s 的调度策略，如果设置不当，将会为 K8s 埋下很大的运行隐患。

大家可以把 request 理解为 K8s 为容器预留的资源。即便容器没有实际使用这些资源，K8s 也会为容器预留这些资源，其他容器无法申请这部分资源，并且 **K8s 在调度时是使用 requests 字段计算资源的**。让我们看以下两个具体的案例。

- 如果 K8s 集群中有 10 个 CPU 的资源，其中 Pod A 申请 request 的值为 5，limit 的值为 10；Pod B 申请 request 的值为 5，limit 的值为 10。这样的申请是可以调度成功的，因为两个 Pod 的 request 总和并没有超过集群 CPU 的总和，limit 的值不论设置为多大都不会影响调度。而如果用户再启动一个 Pod C 申请 request 的值为 5，limit 的值为 10 就会失败（Pod 将处于 Pending 状态，等待资源释放）。

- 如果 K8s 集群中有两个节点，其中节点 A 中运行了 10 个 Pod，CPU 使用率已经达到了 80%，所有 Pod 的 CPU request 总和为 2；节点 B 中运行了 1 个 Pod，CPU 使用率只有 10%，但是所有 Pod 的 CPU request 的总和为 10。这时 K8s 会因为节点 A 中所有 Pod 的 request 的总和低于节点 B 的就认为节点 A 的负载比节点 B 的要低，所以优先把 Pod 调度到 A 节点上以平衡负载。可以看出，K8s 的负载均衡算法中计算的不是节点的实际使用量，而是 request 的总和。

上面两个案例可以充分说明 request 在 K8s 的调度系统中起着重要的作用，尤其是对于负载均衡策略的影响至关重要。系统中的各个服务没有合理设置 request 的值，会导致 K8s 集群的**负载失衡**。事实上在容量测试中，测试人员做的第一件事就是扫描系统中所有 Pod 的资源参数并对其进行分析。这一点我们会在第 5 章详细讲解。

limit 可理解为 K8s 限制容器使用资源的上限，也就是限制容器在实际运行的时候不能超过的资源数值（这个限制机制使用的就是 Cgroups）。如果容器使用的资源超过了 limit 的值，就会触发后续的应对操作。而 Linux 会根据资源是可压缩资源还是不可压缩资源来选择应对反应。

- 可压缩资源。这种资源只会影响服务对外的性能，例如 CPU 就是一种非常典型的可压缩资源。如果容器的 CPU 使用超过了申请的上限，Linux 会通过公平调度算法和 Cgroups 对这个容器进行限速。限速行为并不会影响容器的运行，只是申请不到更多的 CPU 会让服务性能跟不上去。

- 不可压缩资源。这种资源的紧缺有可能导致服务对外不可用，例如内存就是一种非常典型的不可压缩资源。内存的使用超过了限制，就会触发 OOMKilled。如果容器触发了这种事件，用户就可以在 K8s 中看到这个容器的终止原因（即 Terminated Reason）为 OOMKilled。

可以通过设置 request 和 limit 实现很多灵活的资源策略，例如最常见的**超卖**策略。超卖的意思是如果系统只有 10 个 CPU 资源，但是容器 A、容器 B、容器 C、容器 D 都各自需要申请 5 个 CPU 资源，这样 CPU 资源明显不够用。而我们又知道容器 A、容器 B、容器 C、容器 D 不可能在同一时刻都占满 5 个 CPU 资源，因为每个服务都有业务的高峰期和平稳期。高峰期的时候服务可能会占用大部分 CPU 资源，但服务大部分时间都是处于平稳期的，可能只占用一两个 CPU 资源。所以，如果直接申请 request 的值为 5 的话，很多时候资源是浪费的（前文提到即便容器没有使用到那么多资源，K8s 也会为容器预留 request 字段设置的资源）。所以，大家可以为容器申请 request 的值为 2，limit 的值为 5。这样上面 4 个容器加起来只申请了 8 个 CPU 资源，这是完全可以申请到的。而每个容器的 limit 设置成 5，所以每个容器最多可以使用 5 个 CPU 资源来满足其业务高峰期的需求。

超卖策略赌的是大多数容器不会在同一时刻处于业务高峰期，这也确实符合客观规律，所以利用超卖来提高资源利用率是大多数产品的绝佳选择。只是这种选择比较危险，K8s 的负载均衡调度是根据节点中所有 Pod 的 request 总和进行计算的，所以如果用户过度超卖，也就是将 Pod 的 request 值设置得很小，limit 的值设置得很大，导致过多的 Pod 被调度在同一个节点中，那么这个节点就很容易在业务高峰期因为资源不足而崩溃。所以，在超卖场景中，对于 request 和 limit 具体设置什么值是合理的，需要通过完善的压力测试进行验证。之前提到，request 的值如果设置得不合理会发生严重的负载失衡，给系统的运行埋下隐患。在这样的场景下，测试团队需要提出并开展资源配额的专项测试。结合压力测试、监控平台、扫描工具以及 rebalance（重平衡）等工具，分析出各个服务最合适的资源配额。这些测试和工具的实现细节会在第 5 章详细说明。

3.1.4 小结

本节讲解了 Pod 的架构、调度和资源管理这 3 个核心内容，这些是在测试中最需要关注的知识点。Pod 还有很多其他的概念，如 RBAC，这涉及我们开发的测试工具是否能以 Pod 的形式运行在 K8s 集群中并有权限访问其他的 K8s 对象。这一点会在本章最后演示使用 client-go 开发工具时详细讲解。还有基于探针的健康检查机制，这涉及运行在 K8s 中服务的高可用与负载均衡设计，也是我们在高可用相关测试中，最先扫描并检查的配置项，这一点会在 3.2 节中介绍 Service 对象时详细介绍。

3.2 服务高可用设计

K8s 是一个强大的容器编排系统，它通过为用户设计非常多开箱即用的能力来降低用户的开发成本，而高可用便是其中一项最为常用的能力。利用 K8s 提供的一系列能力，用户可以在最短的时间内构建出可靠性比较高的应用软件。当然 K8s 并不能帮助用户解决高可用相关的一切问题，即只利用 K8s 自身的特性设计出来的软件仍然会存在高可用相关的问题，所以用户需要在 K8s 提供的方案的基础上进一步开发自身的高可用架构。

目前测试行业针对软件高可用测试的呼声越来越高，这体现了测试行业的正向发展。测试人员不再只关注明面上的业务方向的质量，而开始关注在看不见的地方软件是否存在未知的隐患。这也就要求测试人员对系统的相关架构有足够的了解。对还未接触过相关工作的人来说，容易把高可用测试简单地理解为故障注入，即向系统中注入各种不同的故障来验证系统是否有足够的容错能力，他们认为只要拥有了故障注入的工具这种测试就是非常简单的。但事实上这是一种相当有难度的测试类型，因为在哪里注入故障、注入什么故障、什么时候注入故障、注入故障后怎么评估故障影响等都是在对系统高可用架构有深刻理解的前提下才能操作的，并非拿着工具胡乱注入故障便可敷衍了事。况且除了故障注入，测试人员还需要开发出不同的扫描工具来检查服务的设计是否符合高可用设计的规范，这在对高可用架构的高度理解下才能实现。这也是本节专门讲解高可用设计相关知识的原因。

3.2.1　高可用的常见设计

从字面上看，大家应该能猜到高可用架构所要解决的问题是什么。在现实中，没有任何软硬件能保证 100%的稳定可靠。即便软件自身没有任何问题，但硬件损坏、网络故障甚至网络上流传的施工队一铲子把电缆挖断的这种极端情况也会出现，我都是经历过的。所以，软件从业者们开始思考如果出现了这些突发事故，系统如何保持一定程度的可用性呢？这样的思考延伸出了系统高可用架构的设计。而最顺理成章的想法是：既然突发的故障不可避免，并且系统服务一定会被波及，那么只需要在不同的地点部署同样的服务，当其中一个地点的服务不可用时，其他地点的服务进行补位并继续工作就可以了。而这也是当前最常见的高可用架构了，如图 3-2 所示。

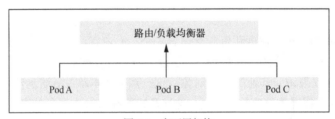

图 3-2　高可用架构

在这样的高可用架构下，存在一个路由或者负载均衡器，它负责接收用户的请求并把这些请求按照负载均衡策略转发到下面的服务中。在平时没有故障的场景中，负载均衡器会平均地对请求进行分发。而当其中某个服务故障时，系统能够探测到其故障状态并通知负载均衡器，这样负载均衡器就会把故障服务的 IP 地址从服务列表中移除，保证用户的请求发送到健康服务上。同时系统会使用不同的策略尝试恢复故障服务，这些策略包括重新启动该服务或者把该服务调度到其他机器上进行部署。

以上便是最基础的高可用设计了，当然仅有这些还是不够的，我们还需要更多复杂的机制来兼容更加极端的故障。但图 3-2 中的高可用架构是所有复杂的高可用架构的前提，不管后续的高可用架构如何设计，都需要先实现图 3-2 中的设计。而 K8s 已经提供了图 3-2 中的所有能力，用户只需要简单配置就可以完成高可用架构的构建。下面就围绕高可用设计讲解 K8s 中相关的能力。

3.2.2　服务副本与水平扩展

想要完成图 3-2 中的设计，先要将服务设计成可以多副本部署并支持水平扩展的形态，在 K8s

中 Deployment 对象是专门为此而设计的。代码清单 3-7 所示的是 Deployment 的核心字段。

代码清单 3-7 Deployment 的核心字段

```
apiVersion: apps/v1
kind: Deployment
...
spec:
  replicas: 2
  selector:
    matchLabels:
      name: selenium-node-chrome
  template:
    metadata:
      labels:
        name: selenium-node-chrome
    spec:
      containers:
        - name: selenium-node-chrome
          image: selenium/node-chrome:4.0.0-rc-2-prerelease-20210923
```

代码清单 3-7 中需要注意以下 3 点。

- spec 字段中的 replicas 表示需要维护的 Pod 的数量。Deployment 会尝试保证不论任何时刻在集群中都会存在 replicas 个 Pod 处于 Running（运行）状态。
- spec 字段中的 selector 是通过标签来匹配 Pod 的，这个字段中指定的标签需要跟 Pod 中 metadata 字段中定义的标签一致。这样 Deployment 才能知道自己接管了哪些 Pod 的生命周期。
- spec 字段中的 template 表示启动 Pod 的模板，在这个字段中用户需要填写 Pod 的完整定义，因为 Deployment 负责维护 Pod 的运行状态，可以说 Pod 的整个生命周期都由 Deployment 接管，所以 Deployment 需要知道 Pod 的完整定义。这样的形式也让用户不用自己去写 Pod 的配置文件，而是在 Deployment 中定义并创建 Pod。

当用户提交定义的 Deployment 后就会发现集群中有 2 个 Pod 被创建出来，并且如果用户删除了其中任意一个 Pod，会发现有一个新的 Pod 被重新创建。正如前文所说，这是因为 Deployment 会始终保持集群中有 replicas 个 Pod 处于 Running 状态。所以，Deployment 如果发现集群中的 Pod 的数量或者状态不符合预期，就会触发一系列应对措施。而这样的应对措施保证了当 Pod 处于异常状态时，K8s 会触发一系列机制来尝试恢复 Pod，保证业务正常运行。例如，最常见的场景就是当某个节点宕机后，K8s 会把这个节点上的 Pod 调度到其他健康节点上进行恢复，这利用的就是 Deployment 的特性。

Deployment 还有另一个关键的特性——滚动更新，它主要用于解决用户在更新服务时有可能造成的服务不可用问题。例如，目前 Deployment 维护了 3 个 Pod 的运行状态，而用户希望使用新的镜像更新服务，此时如果将所有 Pod 全部删除再重新创建，势必会造成一段时间内服务不可用，所以 Deployment 提供的滚动更新会先使用新的镜像启动一个新的 Pod，待新 Pod 处于可用状态后再删除一个旧的 Pod，之后再创建一个新的 Pod，待新的 Pod 处于可用状态后继续删除一个旧的 Pod，以此类推，直到所有旧的 Pod 都被替换成新的 Pod。这种逐步替换的更新方式是为了保证不论何时 K8s 都能有一定数量的 Pod 在提供服务，不至于出现在业务更新期间服务不可用的情况。滚动更新有一个副作用，就是这种始终等待新的 Pod 完全可用后再删除旧的 Pod 的形式会要求系统一定要预留出一定的资源。因为如果当前系统中的资源已经无法满足新的 Pod 的需求了，那么这个新的 Pod 就会一直处于 Pending 状态。这样滚动更新就会因新的 Pod 没有处于可用状态而一直阻塞在这里。所以，在资源配额的测试中，也需要针对更新操作需要的资源进行评估。这一点大家需要留意，因为这个测试场景是比较容易遗漏的。当然用户也可以根据需要禁用滚动更新的功能（只需要在 Deployment 的定义中修改相应的参数即可），也可以根据自身需要修改滚动更新的策略，如代码清单 3-8 所示。

代码清单 3-8　滚动更新策略

```
apiVersion: apps/v1
kind: Deployment
spec:
...
  strategy:
    type: RollingUpdate
    rollingUpdate:
      maxSurge: 1
      maxUnavailable: 1
```

为了方便理解，针对上面描述的整个流程这里其实做了简化处理。在实际情况中，Deployment 并不是直接控制 Pod 的生命周期的，而是通过名为 ReplicaSet 的对象进行控制的。Deployment、ReplicaSet 和 Pod 的关系如图 3-3 所示。

Deployment 通过操作 ReplicaSet 间接地对 Pod 的生命周期进行管理，而上面描述的滚动更新流程实际上是 Deployment 会先创建一个新的 ReplicaSet 对象，这个 ReplicaSet 的初始副本数是 0。然后 Deployment 将新 ReplicaSet 的副本数修改为 1，即水平扩展出一个副本。待新 Pod 可用时，将旧 ReplicaSet 的副本数减 1。如此交替执行，完成该服务整体的滚动更新流程，如图 3-4 所示。

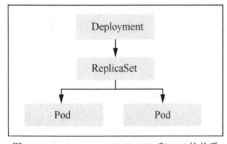

图 3-3　Deployment、ReplicaSet 和 Pod 的关系

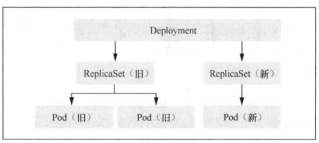

图 3-4　滚动更新流程

基于 Deployment 的特性 K8s 可以很好地维护 Pod 的运行状态，即便是发生诸如节点宕机等故障导致 Pod 不可用也不必担心。K8s 会自动地尝试在健康节点重新创建一个新的 Pod。这为在 K8s 中运行的服务提供了良好的高可用支持。当然，Deployment 无法保证其管理的所有 Pod 部署在不同节点上。如果所有 Pod 都很巧合地部署在同一个节点上，那么会存在很大的风险，所以用户一定要配合在 3.1.2 节中讲解的 Pod 反亲和性，保证 Pod 一定是在不同节点上进行调度的，这样才能最大可能地规避风险。

大家是否还记得在浏览器集群的案例中，我们需要在 K8s 集群不同的节点上部署 Node 服务。本节介绍的 Deployment 与 Pod 反亲和性可以达成这个目标，其中 Deployment 维护特定数量的 Pod 的运行状态，而 Pod 反亲和性则保证一个节点中最多只部署一个 Pod。希望大家可以通过之前的学习亲自完成这样的部署实践。

> **注意**
>
> 在 K8s 中和 Deployment 有相同能力的对象还有 StatefulSet。该对象主要为部署有状态服务而设计，通常与 Headless Service（无头服务）配合使用。但由于其在高可用上的能力包括滚动更新都与 Deployment 没有差别，测试人员也确实很少会用到 StatefulSet，因此这里不详细讲解。大家把 StatefulSet 理解为一种特殊的 Deployment 就好。

3.2.3　基于 Service 的负载均衡网络

3.2.2 节中介绍的 Deployment 维护了 Pod 的运行状态，为服务高可用打下了坚实的基础。接下来，介绍高可用架构中至关重要的负载均衡器。在 K8s 中 Service 对象就扮演这样的一个角色，代码清单 3-9 所示是 Service 的定义。

代码清单 3-9　Service 的定义

```
apiVersion: v1
kind: Service
metadata:
  name: selenium-hub
  labels:
    name: selenium-hub
spec:
  type: NodePort
  ports:
    - name: port1
      protocol: TCP
      port: 4442
      targetPort: 4442
    - name: port2
      protocol: TCP
      port: 4443
      targetPort: 4443
    - name: port3
      protocol: TCP
      port: 5557
```

```
        targetPort: 5557
      - port: 4444
        targetPort: 4444
        name: port0
        nodePort: 32757
  selector:
    name: selenium-hub
```

代码清单 3-9 中定义的正是部署浏览器集群时 Hub 使用的 Service。在 K8s 中，Service 负责接管一组 Pod 的网络。在代码清单 3-9 中需要注意以下配置。

- spec 字段中的 type 表示 Service 的类型。由于我们需要暴露一个端口给用户访问，因此这里使用的是 NodePort 类型，这一点的原理跟使用 Docker 的 -p 参数的原理是一样的。只不过 K8s 会通知部署在每个节点上的 kube proxy 服务，在每个节点上都使用 iptables 命令设置端口映射规则，并将请求转发到容器中。也就是说，用户使用任何一个节点的 "IP 地址 + NodePort" 都可以访问到服务。

- spec 字段中的 ports 表示 Service 与 Pod 的端口映射规则。在 ports 字段中，name 表示端口的名称，port 表示 Service 的端口号，targetPort 表示目标 Pod 的端口号。如果某端口需要暴露给集群外部的用户访问，则可以使用 nodePort 字段来指定宿主机的端口号。这 3 个端口号对应的含义需要牢记在心。

- spec 字段中的 selector 是通过标签来匹配 Pod 的，这个字段中指定的标签需要跟 Pod 中 metadata 字段中定义的标签一致。这样 Service 才能知道自己都接管了哪些 Pod 的网络。

经过上面的配置该 Service 就可以完全接管这一组 Pod 的网络了。集群外部的用户可以直接通过任意一个节点的 "IP 地址 + NodePort" 的形式访问服务。而集群内部的请求则直接发送到 Service 的虚拟 IP 地址（VIP）上来间接地与 Pod 建立通信。同时，每个节点上的 kube proxy 服务也会使用 iptables 命令建立一系列负载均衡的规则，防止出现大部分请求都集中在某个 Pod 上而其他 Pod 比较空闲的情况，该规则基本可以保证每个 Pod 的负载是相对均衡的。

Service 在 K8s 集群内部暴露了一个 VIP 来供其他模块访问，但是如何得知这个 VIP 呢？每当 Service 重新建立时 VIP 都会变化，那么其他模块又怎么相应地修改配置呢？对于这种**服务发现**问题，K8s 早已为用户想好了解决方案。在集群中的 kube-system 名字空间中存在一个 CoreDNS，这是 K8s 集群内部的 DNS（domain name service，域名服务），所有的 Service 都会在 DNS 中留下以 Service 名称为主的记录。在集群内部只需要使用<Service 名称>.<名字空间>.svc:<端口>作为访问地址即可，CoreDNS 会将这个域名解析为 Service 的 VIP。所以，不论 Service 如何被删除、创建，VIP 如何变化，它在 CoreDNS 中的这条记录是不会变的。

为了方便大家理解，这里针对上面的 Service 流程做了一定程度的简化处理。同 Deployment 对象一样，Service 并不是直接管理 Pod 网络的，而是通过一个名为 Endpoints 的对象进行间接的管理。Service 的架构如图 3-5 所示。

Service 所接管的所有 Pod 的 IP 地址列表维护在 Endpoints 对象中。当用户查看 Endpoints 对象的信息时可以看到图 3-6 中显示的 Pod 的 IP 地址信息。

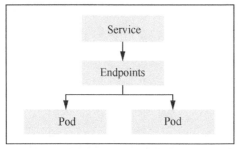

图 3-5　Service 的架构　　　　　　　　　　图 3-6　Endpoints 对象

从图 3-6 中可以看到 Endpoints 对象中维护了 Addresses 和 NotReadyAddresses 两个字段。其中，Addresses 字段维护的是当前所有可用 Pod 的 IP 地址，一旦有 Pod 被判断处于故障状态，该对象就会把这个 Pod 的 IP 地址从 Addresses 字段中移除并放到 NotReadyAddresses 字段中，等到后续该 Pod 恢复后再将其 IP 地址重新移动到 Addresses 字段中。而 Service 只会把收到的请求转发到 Addresses 字段维护的健康的 Pod 中去。这两个字段是编写监控工具的重要字段。在稳定性测试中测试人员需要编写对应的监控工具来抓取在整个测试过程中 K8s 集群出现的异常事件，而抓取这两个字段是其中一种主要的手段。第 5 章中会针对这种场景进行详细的讲解。

3.2.4　基于探针的健康检查

现在大家已经知晓 Service 只会把请求转发给健康的 Pod，但是在 K8s 中如何鉴别一个 Pod 是否处于健康状态呢？可能部分读者会简单地认为当容器崩溃的时候不就说明 Pod 已经不健康了吗？确实如此，但在真实的场景下用户还会遇到大量的即便容器没有崩溃，但容器中的进程已经无法提供服务的情况，例如 CPU 满载后由于性能下降导致服务无法正常运行。所以，我们不能仅从容器的状态进行简单粗暴的判断。

K8s 为用户提供了两种探针来解决健康检查的问题，接下来将详细介绍。在 Pod 的定义中，用户可以针对每个容器都设置相应的探针来检查容器是否处于健康状态。探针有很多种形式，但最常用的还是 HTTP（hypertext transfer protocol，超文本传送协议）类型的探针，其定义如代码清单 3-10 所示。

代码清单 3-10　探针的定义

```
apiVersion: apps/v1
kind: Deployment
spec:
...
        livenessProbe:
          httpGet:
            path: /grid/console
```

```
        port: 4444
      initialDelaySeconds: 30
      timeoutSeconds: 1
      periodSeconds: 5
      failureThreshold: 1
  readinessProbe:
    httpGet:
      path: /grid/console
      port: 4444
    initialDelaySeconds: 30
    timeoutSeconds: 1
    periodSeconds: 5
    failureThreshold: 1
```

在 K8s 中负责健康检查的探针主要有 readiness 探针（即 readinessProbe）和 liveness 探针（即 livenessProbe）。这两种探针的参数都是一样的，它们的区别具体如下。

- readiness 探针又名就绪探针，只有通过 readiness 探针检查的 Pod，才会被 Endpoints 对象加入可用 IP 地址列表，也就是 Endpoints 对象中的 Addresses 字段。而在 Pod 运行的过程中如果探针判断服务异常，该 Pod 的 IP 地址就会在 Endpoints 对象中从 Addresses 字段中移动到 NotReadyAddresses 字段中，而在此期间探针会持续运行，等到探针判断 Pod 恢复健康时，便会把 Pod 的 IP 地址恢复到 Addresses 字段中。Service 通过这种机制保证用户的请求被转发到健康的 Pod 中。这里需要注意的是，readiness 探针并不影响 Pod 的生存状态，这一点跟 liveness 探针有本质上的区别。从 readiness 探针的名字就可以猜到它的作用，Service 以该探针来判断 Pod 是否做好了接收用户请求的准备。而除了 readiness 探针，容器因为各种原因导致的崩溃或者容器被删除也会触发 Endpoints 对象的改变。

- liveness 探针又名生存探针，与 readiness 探针不同的是，如果 liveness 探针判断容器处于异常状态，K8s 会强行删除异常的容器并尝试重新创建。这一特性从 liveness 探针这个名字中也能猜得到，liveness 探针可谓掌握着容器的“生杀大权”。大量的实践表明，很多故障可以通过重建容器来解决，而事实也证明了这一招确实很管用，所以 K8s 便赋予了 liveness 探针对应的能力。这里需要注意的是，如果 liveness 探针失败，同样会因容器被删除导致 Pod 的 IP 地址从 Endpoints 对象中的 Addresses 字段中被移除。

注意

K8s 在被通知 liveness 探针失败时会删除容器并在当前节点上尝试按照 Pod 的重启策略进行重启，而不会将 Pod 删除并重新调度。

用户通过 liveness 探针和 readiness 探针的灵活应用可以很方便地在系统中达到健康检查的目的。但是探针的设置是十分讲究的，稍有不慎就会为系统带来潜在的隐患。这里先从探针中的参数说起。

- initialDelaySeconds 表示容器启动后多久开始进行探测，毕竟很多容器中的服务需要一定的初始化时间。

- timeoutSeconds 表示探测的超时时间，如果超过这个时间则本次探测失败。
- periodSeconds 表示每次探测的时间间隔。
- failureThreshold 表示探测阈值，即连续多少次探测失败后便把 Pod 标记为异常状态。这里需要注意的是，必须是连续的失败后才会进行标记。

根据这些参数可以得出一个计算公式：

探测服务异常需要的最长时间（以下简称为故障探测时间）= (periodSeconds + timeoutSeconds) × failureThreshold

也就是说，即便有探针这样的健康检查机制存在，K8s 也无法在 Pod 发生异常时立即做出反应。在最长(periodSeconds + timeoutSeconds) × failureThreshold 的时间里，系统必须面对用户的部分请求依然会转发到异常 Pod 的现实情况。而这也是为什么在 3.2 节一开始会提到虽然 K8s 为用户提供了强大的高可用能力，但是仅依靠 K8s 自身的能力是不足以让系统实现真正的高可用的。用户需要在其基础上扩展自身的高可用架构。这里往往也是测试人员与开发人员分歧最大的地方。很多开发人员认为高可用做到这里已经可以了，我们应该准许系统在这段时间内不可用，但测试人员往往不以为然。所以，做高可用相关的测试之前优先级最高的事情便是在整个团队内对高可用的目标达成一致。毕竟这世界上没有百分之百的高可用，再严密的防守也会出现裂缝，团队内所有相关人员应该对系统的高可用能力保持相同的预期，并针对此预期做出相关的架构与测试方案设计。而这些细节会在第 4 章详细讲解。

虽然 K8s 提供的探针无法完全满足用户针对高可用的需求，但它确实解决了大部分的问题。用户只需要在其基础上进行相应扩展便可让整个系统拥有良好的高可用性。当然除了上面提到的问题，我们目前所讲到的探针实践依然存在风险，那便是 liveness 探针有可能引起无限重启问题。与readiness 探针不影响容器的生存状态不同，liveness 探针探测失败意味着 K8s 会将容器删除并尝试重新创建。这样的机制存在一定程度的风险，以至于很多开发人员呼吁不要随便使用 liveness 探针。为什么会这样呢？让我们看一下探针的参数 initialDelaySeconds。这个参数表示需要给容器一段初始化时间再开始进行探针的探测。有一些容器在启动时可能需要读取一段大的数据或者一个大的模型，导致它的启动时间是比较漫长的，如果在容器中的服务还没有启动完全时就开始进行探测，那么它很快就会因探针连续的失败而被标记为异常状态，K8s 会删除当前容器并进行重启，重启的容器依然会读取数据或者模型，探针依然会连续失败，这样容器就陷入了一个无限重启的死循环中。所以，K8s 才提供了 initialDelaySeconds 这样的参数来让用户设置一个容器初始化的时间。

但是这样就够了吗？虽然用户可以通过设置 initialDelaySeconds 来在一定程度上解决这个问题，但是 initialDelaySeconds 的设置其实是相当困难的。因为用户很难预估出在各种不同的场景下服务启动的速度，例如从远端读取一段比较大的数据和一个大的模型的时间会受到很多因素的影响，如当时的网络带宽、网络繁忙程度、磁盘 I/O 的性能等，所以用户是很难预估出 100%没有问题的数值的。也许有读者会提出，那我们把 initialDelaySeconds 的值设置得非常大不就好了。这当然不是一个好的做法，只要 liveness 探针没有通过，容器就不会被标记为 Running 状态。这会大大延长容器的启动时间，势必会带来副作用。那如果把 failureThreshold 和 periodSeconds 的值调整得比较大呢？同样，这也不是一个好的方案，这会增加故障探测时间，让服务不可用的时间更长了。

为了解决这个问题，K8s 在其 1.16 版本引入 startup 探针，这个探针又名启动探针，它专门用来探测服务是否已经启动，在 startup 探针判断容器启动完毕之前，readiness 探针和 liveness 探针都会处于禁用状态，所以 startup 探针和 liveness 探针通常会配合使用，如代码清单 3-11 所示。

代码清单 3-11　startup 探针

```
apiVersion: apps/v1
kind: Deployment
spec:
...
        livenessProbe:
          httpGet:
            path: /grid/console
            prot: 4444
          failureThreshold: 3
          initialDelay: 10
          periodSeconds: 10

        startupProbe:
          httpGet:
            path: /grid/console
            prot: 4444
          failureThreshold: 10
          initialDelay: 10
          periodSeconds: 10
```

当 startup 探针探测到容器已经启动后，startup 探针会立即停止运行，liveness 探针开始工作。所以，我们可以给 startup 探针的 failureThreshold 和 periodSeconds 参数设置更大的值来探测容器的启动状态。这样就可以在一定程度上解决 liveness 探针在单独使用时遇到的无限重启问题。

经过上面的讲解可以得知在 K8s 中为了保证服务的高可用性，这 3 种探针是必不可少的。但由于种种原因，在项目中很多服务可能并没有配置这 3 种探针。这可能是因为开发人员没有这样的意识，也可能是因为在 K8s 过低的版本中不支持 startup 探针，还可能是因为担心 liveness 探针带来的无限重启问题。这些都为系统的高可用带来了隐患，而测试人员有责任开发相应的工具扫描出这些有隐患的服务并让开发人员进行优化。

3.2.5　小结

3.2.1 节至 3.2.4 节讲述了 K8s 为用户提供了哪些高可用的能力，这里简单地回顾一下：

- 使用 Deployment 或者 StatefulSet 接管 Pod 的生命周期，保持多个 Pod 在集群中处于存活状态；

- 配置 Pod 反亲和性，保证 Pod 分布在不同的节点中，防止单点部署的情况出现；
- 使用 Service 接管 Pod 网络，让服务拥有负载均衡和故障转移的能力；
- 为 Pod 配置 3 种探针，让 K8s 能够及时感知 Pod 的异常状态。

以上也是在 K8s 中设计一个高可用的服务需要做的，希望大家能将上面的知识点融会贯通，在第 4 章中我们将利用这些知识点介绍相关的测试场景。最后，我们使用浏览器集群部署的案例来结束本节的内容，希望大家可以在该案例中复习之前讲解的内容（尤其是高可用相关内容），如代码清单 3-12 所示。

代码清单 3-12　浏览器集群部署

```
apiVersion: apps/v1
kind: Deployment
metadata:
  name: selenium-hub
  labels:
    name: selenium-hub
spec:
  replicas: 1
  selector:
    matchLabels:
      name: selenium-hub
  template:
    metadata:
      labels:
        name: selenium-hub
    spec:
      containers:
      - name: selenium-hub
        image: selenium/hub:4.0.0-rc-2-prerelease-20210923
        imagePullPolicy: IfNotPresent
        ports:
          - containerPort: 4444
          - containerPort: 4442
          - containerPort: 4443
          - containerPort: 5557
        env:
          - name: TZ
            value: "Asia/Shanghai"
        volumeMounts:
          - mountPath: "/etc/localtime"
            name: "host-time"
        livenessProbe:
          httpGet:
            path: /grid/console
            port: 4444
          initialDelaySeconds: 30
          timeoutSeconds: 1
          periodSeconds: 5
          failureThreshold: 3
        readinessProbe:
          httpGet:
```

```
                    path: /grid/console
                    port: 4444
                initialDelaySeconds: 30
                timeoutSeconds: 1
                periodSeconds: 5
                failureThreshold: 3
              startupProbe:
                httpGet:
                  path: /grid/console
                  port: 4444
                failureThreshold: 10
                timeoutSeconds: 1
                initialDelay: 10
                periodSeconds: 10

      volumes:
        - name: "host-time"
          hostPath:
            path: "/etc/localtime"

---
apiVersion: v1
kind: Service
metadata:
  name: selenium-hub
  labels:
    name: selenium-hub
spec:
  type: NodePort
  ports:
    - name: port1
      protocol: TCP
      port: 4442
      targetPort: 4442
    - name: port2
      protocol: TCP
      port: 4443
      targetPort: 4443
    - name: port3
      protocol: TCP
      port: 5557
      targetPort: 5557
    - port: 4444
      targetPort: 4444
      name: port0
      nodePort: 32757
  selector:
    name: selenium-hub
  sessionAffinity: None
---
apiVersion: apps/v1
kind: Deployment
metadata:
  name: selenium-node-chrome
  labels:
    name: selenium-node-chrome
```

```
spec:
  replicas: 2
  selector:
    matchLabels:
      name: selenium-node-chrome
  template:
    metadata:
      labels:
        name: selenium-node-chrome
    spec:
      affinity:
        podAntiAffinity:
          requiredDuringSchedulingIgnoredDuringExecution:
            - topologyKey: kubernetes.××/hostname
              labelSelector:
                matchLabels:
                  name: selenium-node-chrome
      containers:
        - name: selenium-node-chrome
          image: selenium/node-chrome:4.0.0-rc-2-prerelease-20210923
          imagePullPolicy: IfNotPresent
          ports:
            - containerPort: 5900
            - containerPort: 5553
          env:
            - name: SE_EVENT_BUS_HOST
              value: "selenium-hub"
            - name: SE_EVENT_BUS_PUBLISH_PORT
              value: "4442"
            - name: SE_EVENT_BUS_SUBSCRIBE_PORT
              value: "4443"
            - name: SE_NODE_MAX_SESSIONS
              value: "20"
            - name: SE_NODE_OVERRIDE_MAX_SESSIONS
              value: "true"
            - name: TZ
              value: "Asia/Shanghai"
          resources:
            requests:
              memory: "500Mi"
          volumeMounts:
            - mountPath: "/dev/shm"
              name: "dshm"
            - mountPath: /home/seluser/Downloads
              name: chromedownload
            - mountPath: "/etc/localtime"
              name: "host-time"
      volumes:
        - name: "dshm"
          hostPath:
            path: "/dev/shm"
        - name: "host-time"
          hostPath:
            path: "/etc/localtime"
        - hostPath:
            path: /data/chromedownload
```

```
        type: DirectoryOrCreate
        name: chromedownload
---
apiVersion: v1
kind: Service
metadata:
  name: selenium-node-chrome
  labels:
    name: selenium-node-chrome
spec:
  type: NodePort
  ports:
    - port: 5900
      targetPort: 5900
      name: port0
      nodePort: 31002
  selector:
    name: selenium-node-chrome
  sessionAffinity: None
```

3.3 再谈镜像扫描工具

2.4.4 节介绍的镜像扫描工具如果需要部署到 K8s 集群中运行，都需要做什么样的改造呢？本节就围绕这个话题展开来讲解 K8s 中各种能力的使用。

3.3.1 DaemonSet 定义

对于集群类的系统，类似监控这样的硬性需求是不可缺少的，用户需要知道每个节点的资源用量信息，所以在集群的每个节点中安装对应的软件来抓取监控信息是非常必要的。例如 Prometheus 这个监控软件就需要在 K8s 的每个节点中部署 Node Exporter 来收集节点数据。而对测试人员来说，使用镜像扫描工具时也需要把工具部署到集群中的每个节点上进行扫描。所以，K8s 针对这类需求推出了 DaemonSet 对象。

DaemonSet 的绝大部分字段与 Deployment 的是一样的，二者唯一的区别是用户不需要为 DaemonSet 对象设置 replicas 参数，也就是不需要指定启动 Pod 的数量，因为 DaemonSet 在集群中的每个节点上都会启动且仅启动一个 Pod。在 3.2.5 节中使用的是 "Deployment + Pod 反亲和性" 来部署浏览器集群，以保证一个节点最多只能有一个 Pod 部署，其实用户也可以使用 DaemonSet 来达到这个目的，只不过 Deployment 可以控制 Pod 的数量而 DaemonSet 不能。DaemonSet 的定义如代码清单 3-13 所示。

代码清单 3-13 DaemonSet 的定义

```
apiVersion: apps/v1
kind: DaemonSet
metadata:
  name: selenium-node-chrome
  labels:
    name: selenium-node-chrome
```

```
spec:
  selector:
    matchLabels:
      name: selenium-node-chrome
  template:
    metadata:
      labels:
        name: selenium-node-chrome
    spec:
      containers:
        - name: selenium-node-chrome
          image: selenium/node-chrome:4.0.0-rc-2-prerelease-20210923
          imagePullPolicy: IfNotPresent

    ...
```

DaemonSet 的配置与 Deployment 的配置基本是一致的，除了没有 replicas 参数。

3.3.2 DaemonSet 与 Headless Service

Headless Service 最常见的就是与 StatefulSet 或 DaemonSet 一起使用。Headless Service 的定义如代码清单 3-14 所示。

代码清单 3-14　Headless Service 的定义

```
apiVersion: v1
kind: Service
metadata:
  name: nginx
  labels:
    app: nginx
spec:
  ports:
  - port: 80
    name: web
  clusterIP: None
  selector:
    app: nginx
```

Headless Service 最关键的是 clusterIP: None 这个配置项，我们之前了解到，普通的 Service 都会有一个 VIP 来供集群内部访问，而使用 clusterIP: None 这个配置后，Service 就不再拥有一个 VIP 了，而是会以 DNS 记录的方式暴露它所代理的 Pod。这时通过与之前一样的方式访问 Service，DNS 会返回该 Service 接管的所有 Pod 的地址信息，用户可以根据需要请求某个或者所有 Pod 以获取对应的信息。它弥补了访问普通的 Service 只能随机访问到某一个 Pod 的不足，这在监控系统中需要收集每个节点的数据时非常有用。而如果用户使用 StatefulSet 来管理 Pod，那么所有 Pod 的名称都是根据序号固定的（不管如何重建，Pod 的名称都是固定的），用户可以选择使用<Pod 名称>.<Service 名称>.<名字空间>.svc 来直接与某个具体的 Pod 进行通信，因为 CoreDNS 会为 Headless Service 接管的每个 Pod 都建立一条记录。这样做的原因是有些时候用户希望指定某个具体的 Pod 来响应自己的请求，而不是让 Service 随机指定一个 Pod。这便是"Headless"的由来。

同样，当我们的镜像扫描工具发展成一个实时的服务时，也就是当用户可以实时查询某个节点上的镜像以及容器的相关信息时，就需要使用上述方法提供服务了。

3.3.3 在容器中调用 Docker

把镜像扫描工具在 K8s 中部署并运行还需要面对一个问题，就是如何在容器内部调用 Docker 相关的接口，毕竟该工具的原理是使用 docker history 和 docker system df 命令来检查当前节点的镜像信息。那么如何能在 Docker 容器中调用宿主机的 Docker 呢？这就是本节要讨论的问题。

我们先要明确在容器中操作 Docker 常用的 3 种方法。

- 启动容器时挂载/var/run/docker.sock 和/usr/bin/docker 这两个文件，容器启动后可直接使用 docker 命令进行操作。
- 使用 curl --unix-socket /var/run/docker.sock http://localhost/version 这样的形式进行访问。该请求会返回一个 JSON 格式的 Docker 的版本信息。这一方法同样需要在启动容器时挂载/var/run/docker.sock 文件。推荐使用官方镜像或在此镜像下进行扩展：docker run -v /var/run/docker.sock:/var/run/docker.sock -ti docker。
- 启动 Docker 时加上-H，命令为 unix://var/run/docker.sock -H tcp://0.0.0.0:2375。这样为 Docker 开启 HTTP 服务，用户就可以使用 Docker 的 HTTP 接口了。

以上 3 种方法都可以达到目的，大家可以选择自己喜欢的方法。

3.3.4 小结

本节主要通过镜像扫描工具的案例来介绍 K8s 中 DaemonSet 与 Headless Service 的使用方式。

3.4 离线业务

不论是 Deployment、StatefulSet 还是 DaemonSet，它们主要都是用来编排**在线业务**的，也就是编排需要长期运行并且向外提供了一定服务的业务。还有一类并不与用户直接交互的**离线业务**，例如大数据产品中用户提交的计算任务，或者机器学习类型的产品提交的建模任务。它们在一段并不长的运行时间后就完成了计算任务并退出了执行状态，这样的业务并不适合使用类似 Deployment 这样的对象。因此，K8s 提供了 Job 和 CronJob 两种对象来供用户"撬动"离线业务，事实上测试人员会大量使用到这两种对象来完成自动化测试任务或其他辅助工具的构建与运行。

3.4.1 Job

Job 是在 K8s 中运行批处理任务的对象，被很多人称为 Batch Job。它的定义非常简单，下面就用一个在稳定性测试案例中使用的 Job 的定义来进行演示，如代码清单 3-15 所示。

代码清单 3-15　Job 的定义

```
apiVersion: batch/v1
kind: Job
metadata:
  name: stable-test
spec:
  template:
    spec:
      containers:
      - name: stable
        image: xxx/stable_test
        imagePullPolicy: Always
        volumeMounts:
        - name: stableconfig
          mountPath: "/home/work/configs"
          readOnly: false
      restartPolicy: Never
      volumes:
      - name: "stableconfig"
        configMap:
          name: stableconfig
  backoffLimit: 4
  parallelism: 1
  completions: 100
```

在 Job 中同样使用 template 字段来填写 Pod 的定义，事实上现在很少有运行单纯 Pod 的场景了，都是使用 Job 和 Deployment 这样的高级对象来创建并接管 Pod。当 Job 接管 Pod 后就会通过一些特定的参数来设置运行条件。

- backoffLimit 表示容器运行失败后的重试次数。毕竟任务总有可能会因为一些因素偶发地失败，所以设置重试次数有助于保持业务的稳定。这里需要注意的是，Pod 的 restartPolicy 需要设置为 Never，这是用来设置 Pod 重启策略的字段，在离线业务中，Pod 不应该被重启，否则如果 Pod 因异常而失败的话，就会永远不停地重启。相对地，Job 通过设置 backoffLimit 来达到失败重试的目的，如果 Pod 中的任务运行失败，Job 会创建一个新的 Pod 进行计算。
- parallelism 表示并行度。任务如果需要并发执行，那么可设置此参数。例如，用户设置此参数为 2，那么 Job 会保持同时有两个 Pod 在执行任务。
- completions 表示 Job 成功结束的条件。当运行成功的 Pod 的总数达到了这个值后，Job 就会被标记为结束状态。

从代码清单 3-15 中可以看到，我们希望运行一个稳定性测试任务，即通过持续地运行自动化测试任务来验证系统在长时间的运行中是否始终处于稳定状态，而为了能达到持续运行的目的，我们使用 Job 来运行任务并把 completions 设置成 100，这样就可以把普通的自动化测试任务重复执行 100 次。因为在该稳定性测试任务的实际背景下，我的自动化用例集合非常庞大，即便用 80 个线程运行也需要 3 小时才能运行完毕，所以重复 100 次的执行完全可以满足模拟系统长期运行的需求。

3.4.2 CronJob

CronJob 的含义与它的名字所透露的一样，其实它就是一个可以定时运行的 Job。事实上，我们是将离线业务的 Pod 交给 Job 接管，而 Job 也可以交给 CronJob 接管。当满足在 CronJob 中设置的定时策略时，CronJob 就会创建相应的 Job 对象来启动任务。一个简单的 CronJob 的定义如代码清单 3-16 所示。

代码清单 3-16 CronJob 的定义

```
apiVersion: batch/v1
kind: CronJob
metadata:
  name: k8scleaner
spec:
  schedule: "0 * */1 * *"
  jobTemplate:
    spec:
      template:
        spec:
          containers:
          - name: k8scleaner
            image: ×××/qa/k8s-cleaner:v2
            imagePullPolicy: Always
          restartPolicy: Never
          serviceAccountName: qa-job
```

代码清单 3-16 中定义的是一个用于资源清理的 CronJob，它是在每个测试用的 K8s 集群中都会部署的定时任务，因为很多产品都会动态地启动一些服务（例如在 AI 产品中会为用户开放动态启动模型推理服务），这些服务通常是以 Deployment 或者 StatefulSet 的形式创建的，它们都非常消耗资源。而测试人员往往会忘掉在测试结束后删除这些服务，导致这些服务根本没有人使用却占用了集群大量资源。所以，从测试环境治理的角度来说，我们需要一个能够定时清理这些"过期"服务的工具。关于这个工具的开发会在后续进行详细的讲解，其实其原理也很简单。

回到代码清单 3-16 中，CronJob 的定义非常简单，我们可以看到其中有一个 jobTemplate 字段和一个用来填写 cron 表达式的 schedule 字段，它们还是非常好理解的。

一般来说，在产品中会有大量的离线业务依赖 Job 对象，尤其是在大数据和机器学习这类强烈依赖数据计算的产品中。而 CronJob 更多用于完成类似日志清理这样的任务。

3.4.3 小结

Job 与 CronJob 是 K8s 中主要的批处理作业机制，很多团队会使用它们来处理较为简单的批处理作业。因为它们的控制能力较弱，所以对于一些大型的分布式计算项目，开发团队会开发自己的批处理控制工具。

3.5 K8s 开发基础

从本节开始我们将进入 K8s 的开发领域，从这里开始本书内容的难度可能会陡然提升一个等级，尤其是对不熟悉 Go 语言的读者来说，可能理解起来会更加困难。毕竟在测试行业中 Go 语言还是相对小众的，我曾考虑过使用 Python 语言的客户端来代替 client-go 进行讲解，但思考再三，我还是决定将 client-go 的相关内容加入本书。这是因为在云原生这条道路上，K8s 相关场景的开发是绕不开的，从第 4 章开始的各种测试策略都需要通过开发一些辅助工具来展开，甚至这些工具是测试策略的核心内容。选择 client-go 是因为云原生领域是 Go 语言的天下，虽然 K8s 发布了 Python 和 Java 版本的客户端，但是大部分从业人员都在使用 Go 语言进行开发和交流。一方面，不懂 Go 语言无法与同行进行交流，无法针对开源项目进行二次开发；另一方面，想找到 Python 和 Java 版本客户端的详细使用文档是很困难的，官方的文档不足以支撑用户常见的使用场景。所以，大家如果想在云原生领域走得更远，Go 语言是必修课。当然为了照顾还不熟悉 Go 语言的读者，我会在讲解中尽量提供 Python 版本的客户端演示案例来进行说明，讲解场景时也会尽量规避 Go 语言的特性，这样不了解 Go 语言的读者也可以放心阅读。但是本书仍然会以 Go 语言为主，并在必要时展示 Python 相关的 API 代码。

3.5.1 客户端的初始化

在讲解客户端的初始化之前需要先介绍一下 kubeconfig 文件，大家可以把它理解为用户访问 K8s 集群的配置文件，其中记录了集群的相关信息、用户和鉴权信息等。找到它最快的方式是直接登录一个可以使用 kubectl 命令的账户，kubeconfig 文件就保存在~/.kube/config 路径下。一个 kubeconfig 文件如代码清单 3-17 所示。

代码清单 3-17 kubeconfig 文件

```
apiVersion: v1
clusters:
- cluster:
    certificate-authority-data: LS0tLS1CRUdJTiBDRVJUSUZ...
    server: https://172.27.128.8:6443
  name: kubernetes
contexts:
- context:
    cluster: kubernetes
    user: admin
  name: kubernetes
current-context: kubernetes
kind: Config
preferences: {}
users:
- name: admin
  user:
    client-certificate-data: LS0tLS1CRUdJTiBD...
    client-key-data: LS0tLS1CRUdJ...
```

代码清单 3-17 中删除了一些需要 Base64 编码的内容。通常当用户拿到 kubeconfig 文件后，他就可以在任何一台机器中安装 kubectl 命令或者使用 K8s 为各种编程语言开发的客户端与 K8s 集群进行通信了。kubectl 默认读取用户家目录下的.kube/config 文件，所以用户只需要复制服务器中的 kubeconfig 文件并将其放到这个路径下就可以使用 kubectl 命令了。而对于 client-go，也只需要在代码中指定一下 kubeconfig 的路径，其初始化如代码清单 3-18 所示。

代码清单 3-18　client-go 的初始化

```
kubeConfig, err := clientcmd.BuildConfigFromFlags("", "/root/.kube/config")
if err != nil {
    log.Error("cannot init the kubeconfig")
    panic(err)
}
k8s, err = kubernetes.NewForConfig(kubeConfig)
if err != nil {
    log.Error("cannot init the k8s client")
    panic(err)
}
log.Info("init the k8sclient done, now begin to monitor the k8s")
```

对应的 Python 代码如代码清单 3-19 所示。

代码清单 3-19　用 Python 实现客户端的初始化

```
from kubernetes.client import V1Deployment, V1Service, V1ConfigMap, V1Secret
from kubernetes import client, config

class K8SClient(object):
    def __init__(self, kube_config_path):
        self.kube_config_path = kube_config_path
        config.load_kube_config(kube_config_path)
        self.corev1 = client.CoreV1Api()
        self.appsv1 = client.AppsV1Api()
...
```

3.5.2　基本 API 的使用

细心的读者应该已经发现了一个细节，在 K8s 中编写对象的定义时都会要求填写几个固定的字段。

- apiVersion 表示该对象所属的 group 和 version。例如，在 Job 对象的该字段中填写的内容为 batch/v1，这表示 Job 对象在 K8s 中是属于 batch 这个 group 的，并且我们使用的版本是 v1。
- kind 表示对象的类型。例如在 Job 对象的该字段中填写的内容为 Job。

K8s 内部通过 group、version 和 kind 来定位一个对象的 API，行业中通常称为 GVK。所以，我们在使用 K8s 客户端时，也需要根据这个原则来定位调用的 API。以 Job 为例，如果要查询某个名字空间下的所有 Job，就需要按代码清单 3-20 进行编写。

代码清单 3-20　查询 Job

```
...

jobList, err := k8sClient.BatchV1().Jobs("default").List(metav1.ListOptions{})
for _, job := range jobList.Items{
    fmt.Println(job.Name)
}
```

从代码清单 3-20 中可以看到，使用 K8s 客户端操作对象之前先要指定对象的 group 和 version，然后才能执行具体的接口操作。可能有些读者会问，一个对象可能会有不同的 group 和 version 吗？答案是肯定的，由于 K8s 存在大量的版本迭代，可能会出现同一个版本中某个对象属于不同的 group 和 version 的情况。例如，Deployment 对象在 1.16 版本之前使用的是 extensions/v1beta1，从 1.16 版本开始，Deployment 被迁移到了 apps/v1，而 K8s 为了兼容老版本，留下了一个参数给用户选择，让高版本的 K8s 集群可以继续兼容 extensions/v1beta1 下的 Deployment。所以，初学者在调用 K8s 客户端操作对象的时候，往往会困惑于到底应该调用哪个 group 下的哪个 version 的对象才是正确的。不过大家不用担心，大多数时候 K8s 还是会兼容老版本的 API 的，即便遇到不兼容的情况，也会在错误信息中明确说明，届时用户只需要换成正确的 API 即可。

对 Python 的 API 来说也是一样的，这一点在代码清单 3-19 中我们也可以看出来。在 Python 中查询对象十分方便，如代码清单 3-21 所示。

代码清单 3-21　在 Python 中查询对象

```python
from kubernetes.client import V1Deployment, V1Service, V1ConfigMap, V1Secret
from kubernetes import client, config

class K8SClient(object):
    def __init__(self, kube_config_path):
        self.kube_config_patch = kube_config_path
        config.load_kube_config(kube_config_path)
        self.corev1 = client.CoreV1Api()
        self.appsv1 = client.AppsV1Api()

    def get_deployment_info(self, deployment_name, namespace) -> V1Deployment:
        deployment_list = self.appsv1.list_namespaced_deployment(namespace)
        for d in deployment_list.items:
            if deployment_name in d.metadata.name:
                return d

    def get_service_into(self, service_name, namespace) -> V1Service:
        return self.corev1.read_namespaced_service(service_name, namespace,
                                                    pretty = True)

    def get_configmap_info(self, configmap_name, namespace) -> V1ConfigMap:
```

```
            return self.corev1.read_namespaced_config_map(name = configmap_name,
                                  namespace= namespace, pretty = True)

        def get_secret_info(self, secret_name, namespace) -> V1Secret:
            return self.corev1.read_namespaced_secret(secret_name, namespace, pretty
                                          = True)
...
```

代码清单 3-21 所示的是在 Python 中针对 K8s 客户端封装的工具类。可以看出，Python 的 API
设计得更简单一些。使用这些 API 的用户可以根据自己的需要进行增、删、查、改相关的操作。
大家可以通过官方文档熟悉这些 API 的使用方式，也可以自己在 IDE（integrated development
environment，集成开发环境）中通过代码提示来查看都有哪些相关接口。理论上用户可以通过调
用客户端 API 的方式获得 K8s 集群全部的控制权，本书后续的工具开发大多基于这种方式实现。
接下来我们通过 K8s 客户端来实现一个资源回收工具。

3.5.3 资源回收工具的开发

有使用云原生相关经验的读者应该有过类似这样的经历：某些平台类型的产品总会为用户提
供一些动态部署服务的能力，所以往往会在产品运行的过程中动态地启动一些 Pod。这些 Pod 可
能是用来做大数据计算的 Job，也可能是为用户提供模型推理的 Deployment 或 StatefulSet。这些都
很符合云原生的设计理念，并且这样设计本身也没什么问题。问题出现在测试人员为了保证这部
分功能的质量，会在测试的过程中创建大量的 Pod，并且不会有任何一个人能保证每次测试完后
还记得把这些 Pod 删除。长此以往 K8s 集群中就会堆积大量的没有人使用的 Pod，而放任不管的
最终结果一定是集群资源耗尽，甚至是整个集群的崩溃。根据经验，需要一个工具帮助我们去清
理这些"过期"的 Pod。基于这个场景，需要根据我们的实际情况定制化开发这样一个工具。这
里给出一个思路，Pod 清理工具具体实现如代码清单 3-22 所示。

代码清单 3-22 Pod 清理工具

```
var (
    liveTime = 24
)

func main() {
    flag.IntVar(&liveTime, "-time", 24, "存活时间，以小时为单位")
    log.Info("init the kubeconfig")
    kubeConfig, err := clientcmd.BuildConfigFromFlags("", "/root/.kube/config")
    if err != nil {
        log.Error("cannot init the kubeconfig")
        panic(err)
    }
    k8s, err = kubernetes.NewForConfig(kubeConfig)
    if err != nil {
        log.Error("cannot init the k8s client")
        panic(err)
    }
    namespaces, err := k8s.CoreV1().Namespaces().List(metav1.ListOptions{})
    if err != nil {
```

```
        PrintErrAndExit(err)
    }

    // 过滤名字空间，只扫描动态启动的服务所在的名字空间，毕竟固定、长期的服务是不能被清理的。这里假
设所有动态启动的服务所在的名字空间都带有 resource 关键字
    var filterNS []string
    for _, ns := range namespaces.Items {
        if strings.Contains(ns.Name, "resource") {
            filterNS = append(filterNS, ns.Name)
        }
    }

    // 取出所有的 Deployment
    var deployments []appsv1.Deployment
    for _, ns := range filterNS {
        deploys, err := k8s.AppsV1().Deployments(ns).List(metav1.ListOptions{})
        if err != nil {
            PrintErrAndExit(err)
        }
        deployments = append(deployments, deploys.Items...)
    }
    for _, deploy := range deployments {
        creationTime := deploy.ObjectMeta.CreationTimestamp.Time
        now := time.Now()
        f := false
        // 如果有服务是不想删除的，可以根据服务的标签进行过滤。这里假设所有不希望被回收的 Pod 都设
置了 qa.cluster.clean 这个标签
        for key, value := range deploy.Labels {
            if key == "qa.cluster.clean" {
                log.Infof("deployment[%s] 有 label %s:%s 所以不予删除", deploy.
                    Name, key, value)
                f = true
                break
            }
        }

        if f {
            continue
        }

        if now.Sub(creationTime) > time.Hour*time.Duration(liveTime) {
        // 把满足条件的 Deployment 的 rs 修改为 0，这样就达到了回收 Pod 的目的
        rs := int32(0)
        if *deploy.Spec.Replicas != rs {
            deploy.Spec.Replicas = &rs
        }
        _, err = k8s.AppsV1().Deployments(deploy.Namespace).Update(&deploy)
        if err != nil {
            fmt.Println(err.Error())
        }
        log.Infof("deployment[%s] 距离 createTime 已经超过 1 天，Replicas 设为 0,
                namespace[%s]", deploy.Name, deploy.Namespace)
        }
    }
    }
    }
}
...
```

为了不让代码过多影响大家的阅读体验，代码清单 3-22 中仅列出了这个 Pod 清理工具的核心代码，清理对象也仅包括 Deployment，大家可以根据自己的实际情况进行扩展。代码注释中已经使用中文介绍了一些关键逻辑，这里针对整个工具的设计逻辑进行梳理。

- 定义一个 liveTime 参数供用户设置。它表示超时时间，如果 Deployment 或者 Job 的存活时间超过了这个值，则开始进行资源回收。
- 需要过滤一下要清理的名字空间，因为我们只想清理那些动态启动的 Pod，而不是这些产品中固定的需要长时间运行的 Pod。而一般在设计上，动态启动的服务和固定、长期的服务是分别部署在不同的名字空间下的，所以可以设置名字空间的列表参数让用户决定清理哪些名字空间下的 Pod。如果这些名字空间中有 resource 关键字，则可以不设置参数，而是直接按关键字过滤。
- 循环名字空间的列表，针对每个名字空间查询出所有的 Deployment 和 Job。
- 也许有些 Pod 是用户不想清理的，那么在 K8s 中常用的方法仍然是使用标签进行标记，一般来说，产品中不同的 Pod 都会设置不同的标签，所以清理工具中使用对应的标签来判断是否要清理该 Pod 也是一种常见的做法。当然测试人员想保留某些 Pod 的话，也可以手动设置一个特定的标签。所以，工具的开发人员可以对团队发布一条规则：默认清理所有过期的 Pod，而想要保留的 Pod 需要设置对应的标签。基于这条规则，在代码清单 3-22 中才会需要专门去遍历 Deployment 列表并获取 Pod 的标签以对其进行判断。
- 针对 Deployment 的回收方法也很简单，deploy.ObjectMeta.CreationTimestamp.Time 表示 Deployment 的创建时间，通过这个字段可以计算出这个 Deployment 的存活时间是否超过了 liveTime 的限制。如果超过了，需要把 deploy.Spec.Replicas 这个表示副本数量的参数设置为 0，这样对应 Deployment 所有的 Pod 都会被回收掉。之所以没有直接删除 Deployment 而使用这种方式，是因为这样可以给用户提供一个恢复 Pod 的渠道。届时只需要把 Replicas 调整回原来的值，Pod 就可以恢复了。

该工具的设计逻辑还是比较简单的，它要做的其实就是一件事：把超过时间限制的 Deployment 的 Replicas 参数调整成 0。大家可以把代码清单 3-22 中的代码当成一个模板应用到自己的项目中，当然需要补齐 Deployment 以外的其他类型对象的清理逻辑。如果用 Python 来实现的话逻辑是完全一样的，主要用的就是针对 Deployment 的查询和更新接口。Python 版本的客户端针对更新接口的设计如代码清单 3-23 所示。

代码清单 3-23　Python 版本的更新接口

```
def update_deployment(k8s_client, deployment):
    deployment.spec.replicas = 0
    # 更新 Deployment
    api_response = k8s_client.patch_namespaced_deployment(
        name = DEPLOYMENT_NAME,
        namespace = "default",
        body = deployment)
    print("Deployment updated. status = '%s'" % str(api_response.status))
...
```

3.5.4　让工具在集群中运行——InCluster 模式和 RBAC

目前我们的工具还需要解决一个问题，那就是如何才能让工具低成本地运行在 K8s 集群中。可能有读者会问，难道现在的模式无法以 Pod 的形式运行在 K8s 集群中吗？其实也可以，不过当前客户端的初始化依赖集群的 kubeconfig 文件。这样的依赖在很多场景中会存在局限性，例如某些集群有特定的运维和安全规范，它不希望提供 kubeconfig 文件给用户，毕竟 kubeconfig 文件往往包含非常高的权限。另外，即便提供了 kubeconfig 文件，用户要怎么把这个文件动态地传递给我们的工具也是一个问题。它可能需要用户自己编辑 ConfigMap 来为工具 Pod 提供 kubeconfig 文件。所以，我们是否能将工具设计为不依赖外部文件并且可以开箱即用的形态呢？这就需要使用接下来讲解的 K8s 客户端的 InCluster 模式和 RBAC 了。

K8s 客户端的 InCluster 模式是专门为让代码运行在集群内部而设计的，它是完全脱离 kubeconfig 文件的。毕竟代码本身就运行在集群中的 Pod 上，它不需要 kubeconfig 文件也能获取到 API Server 的相关信息并进行连接。那么唯一需要解决的就是权限问题了，毕竟通过 K8s 客户端可以随意控制 K8s 中所有的东西，如果没有权限系统加以限制的话会有非常大的安全隐患。而在集群中运行的 Pod 默认是没有权限访问集群中其他对象的。所以，如果我们希望工具能以 Pod 的形式运行在集群中，就需要用 RBAC 来赋予 Pod 相应的权限。

RBAC 本身的概念有些复杂，在 K8s 中的实现也挺复杂，但它的使用过程可以简单分成 3 步。

（1）在集群中创建一些角色，并为这些角色赋予相应的权限。

（2）将创建的角色绑定到某个账号上。

（3）将账号赋予 Pod 使用。

在 K8s 中控制角色的对象是 Role 和 ClusterRole，账号是 ServiceAccount，而负责将角色和账号进行绑定的动作定义就用到了 RoleBinding 和 ClusterRoleBinding 对象。Role 和 ClusterRole 的区别在于 Role 对象只在某个名字空间下生效而 ClusterRole 对象在整个集群范围内生效。RoleBinding 和 ClusterRoleBinding 也是这样的。那么让我们看一下创建一个 ClusterRole 对象是如何定义的，如代码清单 3-24 所示。

代码清单 3-24　ClusterRole 对象的定义

```
apiVersion: rbac.authorization.k8s.××/v1
kind: ClusterRole
metadata:
  name: pod-reader
rules:
- apiGroups: [""] # "" 标明 core API 组
  resources: ["pods"]
  verbs: ["get", "watch", "list"]
```

针对代码清单 3-24 中的定义需要注意以下几点。

- Role 对象一定要在 metadata 中声明名字空间，ClusterRole 不必，因为 ClusterRole 的作用域是整个集群。
- apiGroups 中需要填写对象所属的 group，例如想赋予操作 Job 对象的权限，就需要填写 batch。
- resources 中填写具体的对象。
- verbs 中填写具体的操作权限，代码清单 3-24 中赋予这个角色操作 Pod 的权限，并且仅限于 get、watch 和 list 这 3 种操作。

大家也可以采用比较取巧的方法来定义，如代码清单 3-25 所示。

代码清单 3-25　取巧的定义方法

```
apiVersion: rbac.authorization.k8s.××/v1
kind: ClusterRole
metadata:
  name: pod-reader
rules:
  - apiGroups: [ "", "apps", "autoscaling", "batch" ]
    resources: [ "*" ]
    verbs: [ "*" ]
```

在代码清单 3-25 中定义 resources 和 verbs 的时候可以用*来表示全部。

接下来，需要创建一个账号，在 K8s 中 ServiceAccount 就表示账号。ServiceAccount 对象的定义如代码清单 3-26 所示。

代码清单 3-26　ServiceAccount 对象的定义

```
apiVersion: v1
kind: ServiceAccount
metadata:
  name: pod-reader
  namespace: default
```

ServiceAccount 的定义比较简单，唯一需要注意的是，它与 Role 对象一样需要指定名字空间。准备好 ClusterRole 和 ServiceAccount 后，就可以使用 ClusterRoleBinding 来绑定它们，如代码清单 3-27 所示。

代码清单 3-27　ClusterRoleBinding 对象的定义

```
apiVersion: rbac.authorization.k8s.××/v1
kind: ClusterRoleBinding
metadata:
  name: pod-reader
roleRef:
  apiGroup: rbac.authorization.k8s.××
```

```
    kind: ClusterRole
    name: pod-reader
subjects:
  - kind: ServiceAccount
    name: pod-reader
    namespace: default
```

ClusterRoleBinding 的主要工作就是在 roleRef 字段中填写之前创建的 ClusterRole 对象的信息，以及在 subjects 字段中填写之前创建的 ServiceAccount 对象的信息。这样就可以绑定角色和账号了。接下来，用户只需要在创建 Pod 的时候使用 serviceAccountName 字段指定使用哪个 ServiceAccount 即可，如代码清单 3-28 所示。

代码清单 3-28　为 Pod 指定 ServiceAccount

```
apiVersion: apps/v1
kind: Deployment
...
spec:
  ...
  template:
    ...
    spec:
      serviceAccountName: pod-reader
```

ServiceAccount 的鉴权方式其实是基于令牌（token）的，当用户查看创建好的 ServiceAccount 对象时会发现在它下面有一个令牌字段。K8s 会专门创建一个 Secret 对象来保存这个令牌。我们可以看一下这个 Secret 对象中除了令牌还保存了什么数据，如图 3-7 所示。

图 3-7　Secret 对象

可以看到，这个 Secret 对象里分别保存了 CA（certification authority，认证机构）根证书、名字空间和令牌。这样认证身份需要的信息就都有了。而事实上，这 3 个文件会被挂载在 Pod 的 /run/secrets/kubernetes.××/serviceaccount 目录下。每个 Pod 启动的时候都会有这些文件，当我们使用客户端的 InCluster 模式时，客户端会默认读取这里面的内容来完成初始化。最后，客户端的 InCluster 模式代码如代码清单 3-29 所示。

代码清单 3-29　Go 的 InCluster 模式

```
var kubeConfig *rest.Config
if isExist, err := utils.PathExists("/root/.kube/config "); err != nil {
        panic(err)
} else {
    if isExist {
        log.Info("now out of k8s cluster")
        kubeConfig, err = clientcmd.BuildConfigFromFlags("", "kubeconfig_ziyuan")
    } else {
        log.Info("now in k8s cluster")
        kubeConfig, err = rest.InClusterConfig()
    }
    if err != nil {
        log.Error("cannot init the kubeconfig")
        panic(err.Error())
    }
}
k8s, err := kubernetes.NewForConfig(kubeConfig)
if err != nil {
    log.Error("cannot init the k8s client")
    panic(err.Error())
}
```

在代码清单 3-29 中我们先判断 kubeconfig 文件是否存在，如果存在则读取 kubeconfig 文件并使用它进行初始化，如果不存在则使用 InCluster 模式初始化客户端。这样不论是在本地使用 kubeconfig 还是在集群中使用 InCluster 模式都可以初始化了。对应地，在 Python 中使用 InCluster 模式也非常简单，如代码清单 3-30 所示。

代码清单 3-30　Python 的 InCluster 模式

```
from kubernetes import client, config
def main():
    config.load_incluster_config()
    v1 = client.CoreV1Api()
    print("Listing pods with their IPs:")
    ret = v1.list_pod_for_all_namespaces(watch = False)
    for i in ret.items:
        print("%s\t%s\t%s" %
            (i.status.pod_ip, i.metadata.namespace, i.metadata.name))
if __name__ == '__main__':
    main()
```

3.5.5　解决容器时区问题

当代码部分准备完毕后，我们就可以为工具编写 Dockerfile 了，这里补充一个 Dockerfile 的特殊用法。我们可以使用 Dockerfile 解决容器内时区与我们的服务器的时区不一致的问题。有过开发经验的读者都知道，在系统中如果出现时区不一致的情况将可能导致各种 bug 出现，尤其是在代码中针对时间做了各种逻辑处理的情况下。这时候我们需要编写类似代码清单 3-31 中定义的 Dockerfile。

代码清单 3-31　Dockerfile

```
FROM golang:alpine as build
RUN apk --no-cache add tzdata

FROM alpine:latest as final
COPY --from = build /usr/share/zoneinfo /usr/share/zoneinfo
ENV TZ = Asia/Shanghai

ADD k8s-cleaner /k8s-cleaner
ENTRYPOINT ["./k8s-cleaner"]
```

在代码清单 3-31 中我们利用了 Dockefile 的多阶段构建特性。该特性准许在一个 Dockerfile 中出现多个 FROM 指令，当然最终仍然只会产生一个镜像。该特性可以让用户选择在构建镜像时生成若干临时镜像，这些临时镜像中保存着最终镜像需要的文件。该 Dockerfile 的逻辑如下：

- 第一个 FROM 指令主要用来安装时区相关文件并生成临时镜像，取名为 build；
- 在第二个 FROM 指令下使用 COPY 指令将临时镜像 build 中的时区文件复制到当前镜像中；
- ENV 指定使用的时区信息；
- ADD 指令把已经编译好的工具打包到镜像中；
- ENTRYPOINT 指令定义容器的启动脚本，也就是直接运行我们的清理工具。

由于 alpine 镜像并没有 Go 程序需要读取的时区文件，因此才要使用第一个 FROM 指令来生成相关的文件。可能有读者会问，为什么不直接使用 golang:alpine 镜像来运行工具呢？因为我们应该让镜像尽量地精简化，这样可以节省磁盘空间，并且减少部署服务时镜像下载的时长。镜像的精简化在服务升级或故障迁移时起到了至关重要的作用，它让服务不可用的时间变得更短（试想一下，一个 10GB 大小的镜像，在服务升级或故障迁移时需要花费多少时间来下载它）。这对保证服务稳定性也是至关重要的。所以，要养成不向镜像里放多余的东西的习惯，这也是在外部把 Go 程序编译成一个二进制文件后再通过 ADD 指令将其打包到镜像中的原因之一，这样工具的运行就不用依赖 Go 语言环境了。

3.5.6　小结

至此，K8s 开发相关的基础知识就已经讲解完了，在现实场景中几乎 K8s 的所有的工具都是使用 K8s 客户端进行开发并运行在 K8s 集群中的。后续大家只需要学习客户端更多的 API 使用方法便可以开发出更多、更强大的工具。我们会在后续章节中为大家展示更多的工具开发方法。此处用清理工具最终的配置文件结束本节，如代码清单 3-32 所示。

代码清单 3-32　清理工具最终的配置文件

```
apiVersion: v1
kind: ServiceAccount
metadata:
```

```
    name: qa-job
    namespace: default


---
kind: ClusterRole
apiVersion: rbac.authorization.k8s.××/v1
metadata:
    name: qa-job
rules:
- apiGroups: ["", "apps", "autoscaling", "batch"]
    resources: ["*"]
    verbs: ["*"]


---
apiVersion: rbac.authorization.k8s.××/v1
kind: ClusterRoleBinding
metadata:
    name: qa-job
roleRef:
    apiGroup: rbac.authorization.k8s.××
    kind: ClusterRole
    name: qa-job
subjects:
- kind: ServiceAccount
    name: qa-job
    namespace: default


---
apiVersion: batch/v1
kind: CronJob
metadata:
    name: k8scleaner
spec:
    schedule: "0 * */1 * *"
    jobTemplate:
        spec:
            template:
                spec:
                    containers:
                    - name: k8scleaner
                        image: ××××/k8s-cleaner:v1
                        imagePullPolicy: Always
                    restartPolicy: Never
                    serviceAccountName: qa-job
```

3.6　本章总结

至此，本章已经介绍完了读者需要了解的 K8s 的基础知识，从第 4 章开始，我们将针对具体的测试策略进行详细的讨论。K8s 是一个非常复杂的系统，它的内容绝不止一章。我们在讲解具体的测试策略时还会陆续引入 K8s 的新的概念，本章只是为以后的讲解打下基础。

混沌工程

在"混沌工程"这个词出现之前,这种思路的测试活动已经被实践了很久。近两年,混沌工程突然流行起来,这是微服务和分布式系统的崛起带来的效应。毕竟越是复杂的系统,其稳定性就越容易受到挑战。本章将讨论如何在 K8s 中实践混沌工程。

4.1 什么是混沌工程

混沌工程的概念在业界颇受争议,很多人认为混沌工程就是以前实践的故障演练,即通过向系统中注入不同的故障来验证系统是否有足够的容错能力,混沌工程只不过是旧的技术套上一个新的名词而已。也有很多人提出,混沌工程绝不仅是简单的故障演练,而是一种有策略的、借助故障演练来完成的对系统未知 bug 的探索过程。本章不对混沌工程下定义,而是透过现象看本质,即探讨为什么会出现混沌工程?混沌工程的出现是为了验证系统的哪方面能力?只要能找出这两个问题的答案,混沌工程的定义就不重要了。

混沌工程主要是用来验证系统高可用能力的。测试人员需要通过它来验证高可用架构是否能切实、有效地发挥作用,所以我们的测试方案是围绕高可用架构开展的,只要是能验证系统高可用能力的手段都可以使用,至于这样的手段符不符合混沌工程的定义,这并不重要。这也是为什么在第 3 章花费很大的篇幅去讲解在 K8s 中设计高可用架构的细节。只有了解其设计细节,测试人员才能对应设计出有效的测试场景。任何系统的高可用设计都是非常复杂且巧妙的,而不是随便使用一个工具进行故障注入就能够完成的测试类型。在这里,建议大家不要纠结混沌工程的具体概念,而是把精力集中在高可用上。

也许有读者会提出监控系统的问题,如果单纯地根据故障注入的使用场景来讨论,在现实场景中,故障注入这种手段也常用于测试产品自身的监控系统是否能按照预期发现环境中的异常情况。而事实上在测试产品高可用能力的时候,监控系统是在高可用的测试范围内的。因为在很多高可用场景中,如果监控系统监控不到异常的发生,那么后续的故障转移设计就无从谈起,所以监控能力本身也是产品高可用能力非常重要的组成部分。

4.2 高可用测试的理论

第 3 章介绍过利用 K8s 提供的功能快速设计高可用架构的细节,用户只需要一些简单的配置便可完成高可用架构的设计。但是因为基于探针的健康检查一定会有延迟，在延迟期间业务仍然会受到故障的影响，并且这只是众多高可用架构中非常简单的一种设计，它并没有涉及状态管理和数据一致性，所以这样的设计并不完美。本章会详细介绍高可用设计的核心内容，以及我们应该如何设计对应的测试场景。

4.2.1　幂等与重试

让我们回顾一下在 K8s 中设计一个高可用的服务都需要做些什么：

- 使用 Deployment 或者 StatefulSet 接管 Pod 的生命周期，保持多个 Pod 在集群中处于存活状态；
- 配置 Pod 反亲和性，保证 Pod 分布在不同的节点中，防止单点部署的情况出现；
- 使用 Service 接管 Pod 网络，让服务拥有负载均衡和故障转移的能力；
- 为 Pod 配置 3 种探针，让 K8s 能够及时感知 Pod 的异常状态。

就如之前所说，这并不是一个完美的设计，因为从故障开始到探针判定 Pod 处于非健康状态是需要花费一定时间的，而在这段时间内用户的请求仍然会发送到异常 Pod 中，所以仅仅依靠 K8s 自身的能力是不够的，我们的软件也需要设计自身的高可用架构。

善于思考的读者也许已经想到了一种解决方案。Service 是一种负载均衡器，它会把用户请求随机发送到它所管辖 Pod 中，所以在探针延迟的这段时间内，用户请求有可能发送到异常 Pod 中，也有可能发送到健康 Pod 中。那么用户只需要在请求失败时进行重试就好了，只要多重试几次，总会把请求发送到健康 Pod 中的。事实上这确实是一个很有效的思路，只要保证足够的 Pod 数量与重试次数，用户请求失败的概率是很低的。当然，请求连续分配到异常 Pod 的概率也是有的，所以世界上没有 100% 的高可用，我们也没有必要追求 100% 的高可用。但是这个方案仍然有所不足，因为它只针对读操作生效，写操作是不可以随便重试的。至于原因，可以用 Kafka 的场景说明。在 Kafka 中，生产者（producer）需要将消息推送到服务器。Kafka 集群中的一台或多台服务器统称为代理（broker），代理将推送来的消息保存下来后，返回一个 ACK（acknowledgement，肯定应答）通知生产者这条消息已经成功保存。如果生产者在一定的时间内没有收到 ACK 或者代理直接返回了一个错误信息，生产者就会开始进行一定次数的重试。这个设计看上去好像没有问题，故障发生时生产者通过重试来最大程度地保证消息可以推送到服务器。但是假设故障发生在代理返回 ACK 给生产者的时候呢？这时代理已经把消息保存了在磁盘中，但是生产者由于没有收到 ACK，因此判断本次消息推送失败并发起重试，于是代理又会把这个消息保存一次，这就造成了消息的重复，如图 4-1 所示。

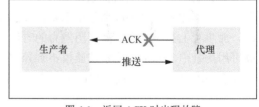

图 4-1　返回 ACK 时出现故障

一旦发生图 4-1 中的事件就会出现数据的重复保存和计算。所以，正如之前所说的，写操作是不可以随便重试的。Kafka 为了解决这个问题引入了幂等性生产者，幂等的概念晦涩难懂，此处不做深入解读。在当前场景中，我们可以理解为代理有能力判断出当前推送过来的消息是否重复，从而决定是对其进行保存还是丢弃。这种能力来自生产者在推送消息时根据算法为当前的消息生成一个唯一的 ID，代理保存消息的时候也会保存这个 ID，当新的消息推送过来时代理会去判断消息的 ID 之前是否被保存过。通过这样的机制代理就可以避免对消息的重复保存，生产者也就可以放心大胆地进行重试了。除了幂等性生产者，Kafka 以及分布式事务生产者也可用来保证在多个生产者和多个分区（partition）下的数据一致性，这里不过多介绍。这里的重点在于我们的服务需要有能力判断数据的操作是否重复，要保证客户端发送一次请求和发送多次请求的最终结果是一致的。关于这里更详细的高可用设计会留到第 9 章介绍流计算时讲解，第 9 章会介绍 3 种一致性语义的设计以及在流计算中如何保证数据的一致性。

实现接口幂等的方式有很多，例如引入消息中间件、构建去重表等。而对测试人员来说我们需要对所有高可用服务进行接口的幂等性测试。测试方法比较简单，只要构建重复的请求将其发送给服务器端并验证数据是否被正确保存或计算即可。

4.2.2 状态管理

当我们的服务接口拥有幂等性后就可以免去后顾之忧了吗？对大部分服务来说是这样的，但是对一些拥有复杂逻辑的服务来说就没那么容易了。例如，我们有一个维护大数据计算任务的服务，它负责接收用户提交任务的请求并维护整个任务的运行状态。而当用户提交一个任务后，服务需要先把这个任务的信息保存到数据库中，然后同步或异步地向 Hadoop 集群发起计算任务，发起任务后还会有后续的操作来维护任务状态。对于这种一次接口调用包含数个操作的情况，往往会因为一些瞬时的故障导致状态维护异常。例如，任务信息保存到数据库后就发生崩溃（crash）了，这时任务可能还没有提交到 Hadoop 集群上，或者提交了但是任务提交成功的信息还没有返回。这样该任务就处于一种中间状态，即便服务恢复也无法正确地恢复这个任务的状态，此时该任务在系统中就呈现异常的结果。这种缺陷往往是很严重的，因为它会耗费很高的运维成本来人工地恢复任务状态。在有些系统的设计中，开发人员甚至愿意放弃多实例部署、牺牲可用性来降低状态维护的成本，也不愿意出现这种缺陷。

对测试人员来说这种缺陷也是十分致命的，因为它非常难发现。只有在某个瞬时状态下出现故障才会引发状态管理的错误。例如在上面的案例中，如果服务崩溃发生在任务信息没有保存到数据库中时就不会出现状态问题，一定要在恰好处于中间状态时出现故障才会触发这种缺陷。这也是很多人会反馈在测试中明明向服务注入了故障但就是没有发现 bug 的原因之一。那么为了能够测试这种场景，我们一般会采取以下两种测试策略。

- 测试人员需要了解服务的具体逻辑、任务都存在哪些状态，以及这些状态都保存在哪些存储设备中，然后在测试时人工地修改状态以模拟故障的发生，或者由开发人员提供钩子或调试模式，强行让任务达到中间状态。
- 测试人员不需要了解服务的具体逻辑并精确地模拟故障任务。取而代之的是一种拼概率的策略：先针对目标服务进行周期性的故障注入，例如每隔 1 分钟杀死一次目标服务，再执行高并发的自动化测试。这种策略的目的是通过长时间的高并发测试与频繁的故障注入来让瞬时状态的缺陷暴露出来的概率提升到最大。

理论上第一种策略是最精准的，所以，很多人可能会倾向于选择第一种策略进行测试。但是在实际的操作中，第一种策略反而不太现实，因为测试人员要对产品的代码逻辑十分熟悉，才能够准确分析出所有的测试点，只要稍有疏忽就会遗漏测试场景。所以第一种策略往往是开发人员进行自测的时候选择的方案，而测试人员通常会选择第二种策略作为兜底方案。

在目前微服务架构盛行的环境下，针对动辄上百个模块的产品进行故障注入是一件成本非常高的事情。为了降低成本，通常会构建一个自动化混沌工程工具，它会遍历需要测试的所有模块，针对每个模块进行周期性的故障注入并调用该模块的自动化测试工程进行验证，如图 4-2 所示。

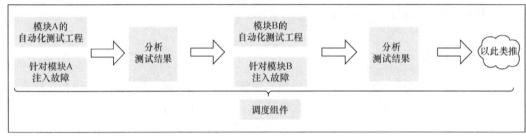

图 4-2　自动化混沌工程工具

图 4-2 所示的是这个自动化混沌工程工具的基本逻辑，它其实很简单，在自动化测试和故障注入工具都已经就绪的前提下，该工具只需要一个 for 循环便可完成测试任务的调度。只不过这里需要注意以下几点。

- 故障注入工具需要有故障恢复的能力，我们在测试模块 B 时要保证之前注入模块 A 的故障已经恢复。这种测试方法的重点是要尽量保证当前系统中只有一个故障生效，这样可以降低排查 bug 的成本。
- 自动化测试要足够稳定，尽量确保只要测试用例执行失败就是由 bug 引起的。这就是通常不会选择 UI 自动化测试工程来执行混沌工程的原因。
- 各个模块的测试报告格式应该是统一的，这样工具才能自动解析测试结果，而不是每份报告都需要人工干预。

我曾使用这套测试方案在同一个产品内发现过数十个瞬时状态的缺陷以及上百个由于没有重试和幂等导致请求失败的缺陷。而且自动化项目构建一旦完成，整个过程几乎可以全自动化运转，节省了大量的人力成本。

4.2.3　CAP

我们之前所描述的高可用架构都可以用"冗余 + 故障转移"来总结，我们的测试方案也是围绕这个前提开展的并尽量追求完美的可用性。但是在现实中高可用场景是非常复杂的，当产品涉及分布式系统的时候,我们不仅要关注系统的可用性,还要针对数据的一致性进行测试,这就需要我们设计更复杂的测试方案。另外,开发人员也要对高可用能力做一些取舍,测试人员要根据业务场景与开发人员对齐高可用的目标,分析要取得哪些能力又要舍弃哪些能力,然后制定对应的测试方案。本节介绍在分布式系统里非常重要的 CAP 理论。

CAP 理论在高可用领域占有非常重要的地位,非常多的系统开发人员都是在 CAP 理论的指导下进行设计工作的。CAP 是 Consistency(一致性)、Availability(可用性)和 Partition Tolerance(分区容错性)的英文缩写,它表达了一个分布式系统在高可用设计中最重要的 3 种能力。但这 3 种能力无法同时满足,我们在设计时势必要牺牲其中一种。下面针对每种能力进行说明。

CAP 中的一致性是指数据的一致性。CAP 理论中数据是最重要的。一般的分布式系统都会把数据备份在多台机器上,用户也可以在多台机器上进行读写操作,而数据一致性是指保证在用户读取数据的时候,返回的是相关数据最新的结果。

在早期的 CAP 描述中,数据一致性被描述成用户在同一时间内在所有节点上看到的数据应该是一样的。虽然描述不同,但是它们的意思是一样的。那什么时候会出现数据不一致的情况呢?用一个简单的场景进行讲解。MySQL 一定是大多数人最熟悉的数据库软件了。MySQL 社区提供了多种高可用部署方案,我们以主从方案为例。这种方案会在 MySQL 集群中部署一个主节点(master node)和若干个从节点(slave node)。为了保持写操作的一致性,所有用户的写请求都必须发送到主节点处理,而读请求则可以发送到任意节点中,这就是读写分离设计,这种设计可以获得良好的性能。而为了保证主节点中的数据与从节点中的数据是一致的,主节点会同步数据给从节点。但是这个同步机制是有延迟的,它做不到 100%实时同步。尤其是在主节点与从节点之间出现比较高的网络延迟的时候,双方数据不一致的情况会越来越严重。MySQL 提供了多种数据同步策略供用户选择,这些策略各有优缺点,有的牺牲可用性,有的牺牲性能,用户需要根据自身的情况选择合适的策略。

CAP 中的可用性是指在部分节点发生故障时,非故障的节点对于每个请求在合理的时间内都可以返回合理的响应(即不是错误和超时的响应)。这种能力很好理解,实际上 4.2.1 节和 4.2.2 节介绍的都是测试系统的可用性。

CAP 中的分区容错性是最难理解的。网络分区是非常重要的故障类型,它是指由某些故障导致系统中某些节点互相无法访问,从而在系统中分裂出了若干独立的组。例如,1 个集群中有 3 个节点,由某些故障导致节点 1 和节点 2 的网络通信中断了,但是节点 1 和节点 3、节点 2 和节点 3 的网络是正常的,用户直接访问 3 个节点也是正常的。也就是说,只有节点 1 和节点 2 之间的网络出现了问题,其他的一切都是正常的。这种故障对需要频繁进行 leader 选举的集群式软件来说是致命的,因为这种集群式软件判断 leader 节点是否故障的依据就在于 leader 节点要定时向所有 follower 节点发送自己的心跳信息。而一旦出现这种网络分区故障,follower 节点就有可能在 leader 节点仍然存活的时候,误以为 leader 节点已经故障并发起选举新 leader 的流程。此时整个集群就存在两个 leader 节点,这种现象称为**脑裂**。相信对 Redis 比较熟悉的读者都学习过使用哨兵机制作为 Redis 高可用方案的时候要避免脑裂发生的若干事项。分区容错性是指如果分布式系统出现了网络分区故障，系统应仍然能够继续履行职责。

CAP 的理论是无法同时满足这 3 种能力，必定要牺牲至少一种。但实际上我们只能选择牺牲一致性或者可用性，没有选择牺牲分区容错性的可能。因为如果出现网络分区的情况，这时想要保证一致性的话就只能禁用写请求，只有不允许更新数据了才能真正保证数据的一致性，但是这样就违背了可用性的要求。所以，实际上我们只有 AP 方案和 CP 方案这两种选择，CA 方案是做不到的。接下来我们详细讲解一下 AP 方案和 CP 方案的一些细节。

选择 AP 方案的场景一定对数据一致性没有那么高的要求，我们再次使用 MySQL 的主从方案来说明。先看一下 MySQL 主从方案（异步复制）的架构，如图 4-3 所示。

这是一个典型的牺牲数据一致性的 AP 方案，此时如果主节点与从节点之间出现了网络问题就会导致数据同步异常。这个方案会优先保证用户请求的可用性，所以即便数据同步出现了问题，用户依然可以从从节点读取到数据，只不过这个数据是旧的数据。选择 AP 方

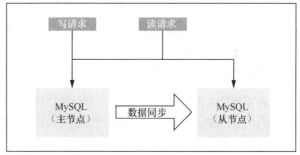

图 4-3 MySQL 主从方案的架构

案的场景一般都对数据一致性要求很低，例如某个明星在微博发布了一个动态，但是可能过了一会他的粉丝才能刷到这个动态，这种情况我们认为即便有几分钟甚至半小时的延迟也是无伤大雅的。如果场景对数据一致性要求比较高，在数据同步时应该选择全同步复制方式或者半同步复制方式。

接下来看一下选择 CP 方案的场景。即便牺牲可用性也要保证数据不出问题的场景一般都跟交易数据或敏感数据有关系。正如之前提到的，为了保证数据的一致性，往往需要在故障期间禁用写操作，不允许提交写数据的操作自然也就避免了数据不一致的问题。这里需要注意的是，CAP 中的 C 一般要求的是强一致性，而非最终一致性。在场景中要实现强一致性是非常难的，我们仍然以 MySQL 主从方案来说明。在这个方案中，即便主节点和从节点之间没有出现网络故障，仍然没有实现强一致性。因为主节点与从节点之间的数据同步存在一定的延迟，这个延迟可能是几毫秒或者几十毫秒，但是在这几十毫秒的延迟内就可能出现问题。我参与过的一个产品就曾经在这个时间段内出现了问题，当时在生产环境中作为主节点的节点由于某些原因下线了，因此从节点便被系统提升为新的主节点来提供服务，但这几十毫秒的延迟导致有一条关键数据没有同步而影响了用户的正常使用。这就是没有强一致性的保证而带来的问题，所以很多系统会选择牺牲可用性或者性能来保证强一致性的方案。例如我们有时可以看到图 4-4 所示的方案。

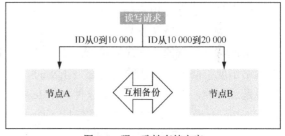

图 4-4 强一致性存储方案

实施图 4-4 所示的方案的系统会把用户的数据根据 ID 分组，并将其分别存储在不同的机器中，用户的读写请求也根据 ID 来决定到底要把请求发送到哪个节点上。这样的设计存在的明显缺点就是某个节点发生故障时，这个节点上的用户就无法进行读写操作了，但其优点是保证了数据的强一致性。这也是为什么有时候我们看到新闻说某地机房故障导致部分用户无法登录。之所以只影响了部分用户是因为这是一种数据分散保存的架构，没有把所有数据的读写都放在一台机器上。而这种数据分散保存的设计实际上也是很常见的，这是典型的牺牲部分数据的可用性来保证数据一致性的方案。牺牲性能来保证一致性的方案也很常见，如 HDFS（Hadoop distributed file system，Hadoop 分布式文件系统），它为了保证数据的安全，默认会把同一份数据保存 3 份，其中一份数据是 leader，另两份数据是备份，leader 数据所在节点发生故障后它会使用备份数据向用户提供服务。如果只是这样，它仍然会存在像 MySQL 主从方案中出现的数据同步延迟导致的非强一致性缺陷。但 HDFS 要求只有这 3 份数据（具体数字有专门的参数控制）全都写入成功后才会向用户返回成功的信息，这种设计就保证了向用户返回写入成功的信息时，备份数据已经与 leader 数据一致了。

同样，在 MySQL 主从架构中也存在这样的设计。我们之前说 MySQL 主从架构中主节点与从节点之间的数据同步使用的是异步复制。也就是说，主节点在写入数据后便向客户端返回成功的信息，数据的同步完全是异步的。用户也可以选择全同步或者半同步的数据复制方式，例如使用全同步复制方式时主节点只有在收到所有从节点返回的数据已经提交（commit）的消息后才会返回成功的响应给客户端。这样保证了主节点与从节点之间数据的一致性，只不过很明显它以牺牲性能为代价，所以在现实中很少有人会用到全同步复制方式，最多采取半同步复制方式作为折中。

最后需要说明的是，CAP 的方案选择是很灵活的，不是说整个系统一定要在 AP 方案和 CP 方案之间二选一，事实上针对不同功能、不同业务是可以选择不同的方案的。例如，在 MySQL 的主从架构中，所有用户的写请求都要发送到主节点上处理，而读请求可以随意发送到任何一个节点上处理。这时假设数据没有强一致性的要求，选择的是 AP 方案，但是用户的登录信息、钱包余额或者商品库存等数据必须满足强一致性要求，可以规定把这些数据的读请求也只发送到主节点上处理，这样就完成了 CP 方案的设计。所以，在一个系统中是可以同时存在 AP 方案和 CP 方案的。同时，虽然 CAP 告诉我们只能选择 AP 方案或者 CP 方案，但是在没有出现网络分区的情况下，系统还是可以既追求可用性又追求一致性的。

4.2.4　BASE

BASE 是指基本可用（basically available）、软状态（soft state）以及最终一致性（eventual consistency）。BASE 是对 CAP 的补充，尤其是对 AP 方案的补充。因为实现 CAP 非常困难，并且在现实中往往不希望花费过高的成本，所以很多系统的实现会慢慢向 BASE 靠拢。接下来我们看一下 BASE 的具体内容。

- 基本可用。保证系统全部功能的可用性要花费的代价过于巨大，所以往往系统在出现故障时可以只保证核心业务功能的可用性。

- 软状态。它是指允许系统存在中间状态，在中间状态下数据可能是不一致的，但不能影响可用性。
- 最终一致性。它是指系统中的所有数据副本经过一定的时间后，最终能够达到一致的状态。尤其是对于选择了 AP 方案的系统，放弃了一致性并不是说数据就永远不一致了，系统需要有一定的机制保障数据最终呈现一致的状态。即便无法做到自动化地完成数据同步，也需要出示操作手册来人工操作。例如 MySQL 主从方案，虽然其设计放弃了数据的强一致性，但通常要求团队编写容灾手册指导运维人员从 binlog 中恢复数据，以达到最终的一致状态。

当我们熟悉了 CAP 与 BASE 后就可以使用它们来指导我们设计测试策略。测试人员需要先弄清楚系统当前的高可用架构，结合业务场景评估当前的高可用架构是否满足业务的目标。在这中间一定会对很多能力进行取舍，例如什么场景要牺牲一致性、什么场景要牺牲可用性、通过什么手段达成最终一致性等。在设计测试策略之前要先搞清楚这些问题，不能盲目地进行故障注入。事实上，当测试人员把所有事情梳理清楚后，测试的方案也就自然而然地确定了下来。让我们举几个很典型的场景来进行说明。

（1）以使用类似 Raft 一致性算法来进行 leader 节点选举的分布式集群为例，这种集群一定会存在一个 leader 节点用于接收用户的请求，一旦 leader 节点出现异常，其他的 follower 节点则会发起选举流程推选出新的 leader 节点。在这种设计下，系统在网络分区故障出现时会非常容易出现问题，一旦处理不好就会出现脑裂现象。所以，测试人员要在 leader 节点和部分 follower 节点之间注入网络分区故障，制造出 leader 节点正在为用户提供服务的场景，这将触发 leader 节点选举的流程的假象。这里需要注意的是，应该在 leader 节点和 follower 节点之间注入故障，在 follower 节点和 follower 节点之间注入故障是没有意义的。

（2）类似 MySQL 的主从方案（异步复制）是一种牺牲了强一致性的设计，但在学习 BASE 理论时我们也知道系统一定要达到最终一致性的状态。其实这时候测试人员应该进行容灾测试，验证产品的容灾手册中记录的步骤是否确实能让数据恢复一致。注意，测试人员要先注入一个网络分区故障，让主节点和从节点之间的数据不一致的情况更加明显。毕竟网络正常的情况下只有几十毫秒的延迟会让不一致的情况不那么明显，测试人员非常难验证。因此，需要注入网络分区故障放大不一致问题，再让主节点下线来模拟生产环境中常见的节点宕机场景，以触发将从节点提升为主节点的机制。然后指派人员按照容灾手册中记录的步骤一步一步地执行服务和数据的恢复工作。要求在规定的时间内完成所有的恢复工作才算通过测试。也许有的读者会问：既然系统选择了 MySQL 的异步复制方式，就要丢弃一致性能力，那为什么还要求运维人员能从故障中恢复数据呢？事实上在现实中，选择异步复制方式完全是在一致性和性能之间偏向了性能。这只是一种无奈的选择，并不是说一致性完全不重要。毕竟在生产环境中出现数据不一致问题的概率是非常低的，所以有的时候人们会认为，在出现故障后能用人工的方式把用户的关键数据恢复过来也是一种可以接受的方案。

（3）同样，在类似 MySQL 的主从方案中，在读写分离的设计下，用户所有的读请求都是随机发往 MySQL 集群的某个节点的。主节点与从节点之间可能存在数据不一致的情况，所以对于有数据强一致性需求的业务，数据的读请求需要强制发送到主节点处理，这样就不会出现不一致的情况。测试人员要保证系统确实将这些关键数据发往主节点处理了，因此需要向从节点注入网络故障，让发往从节点的请求全部失败。然后在系统中重复查询这些关键数据，如果开发人员确实按照设计把请求发往主节点处理，那么查询请求是不会失败的。如果查询请求失败，就证明请求发往从节点了。

可以看到，以上都是针对系统高可用架构和业务目标进行分析后得出的测试方案，例如第一个场景主要根据集群选举原理设计出故障注入方案，第二个场景主要根据 BASE 理论中的最终一致性得出容灾测试方案，而第三个场景是针对要求强一致性的 CP 场景进行测试。大家要记住，盲目地注入故障往往无法发现系统潜在的高可用缺陷，只有将业务与架构结合进行综合分析才能得出有效的测试方案。

4.2.5 监控告警

这里需要着重说明监控系统的重要性。4.2.3 节和 4.2.4 节中介绍了在高可用领域非常重要的 CAP 和 BASE 的指导思想，通过这两个理论可以知道世界上没有 100% 的高可用，我们也不应该追求 100% 的高可用。每提升一点高可用能力的背后都意味着巨大的资源投入。在现实中，我们往往会在成本与收益之间进行权衡，而测试人员需要注意的是，虽然产品在某些故障场景下选择了妥协，甚至系统在故障期间会处于瘫痪状态，但这并不代表着我们要对此视而不见。产品仍然需要一些方案来尽量减少损失，而"监控告警 + 人工介入"就是很常用的解决方案。

监控告警的重要性经常会被测试人员忽略。因为从传统意义上来讲这部分工作通常由运维人员来负责，而运维能力往往不会被测试活动覆盖，所以在大多数的团队中测试方案都没有覆盖监控告警的有关内容。而在高可用测试中，希望大家能重视监控告警的测试。每注入一种故障，我们都需要验证监控系统是否可以及时反馈。

4.2.6 小结

本节我们主要讨论了高可用测试常用的理论以及如何设计对应的测试策略。大家需要明白，理解这些理论基础往往要比掌握对应的测试工具重要得多。本节仅从 CAP 和 BASE 出发说明理解高可用架构的重要性，希望大家能在工作中多了解相关内容，这样才可以在高可用测试中事半功倍。

4.3　高可用扫描工具

当提到高可用的测试或者混沌工程时，大部分人的第一反应都是设计故障注入的相关方案。但是在 4.2 节中我们就已经了解到在测试接口幂等性的时候是可以不注入故障的。我们的目标是验证系统高可用架构是否足够有效，故障注入是最主要的手段但并不是唯一的手段。本节就介绍在 K8s 中验证高可用能力的另一种手段——配置扫描。

K8s 提供了非常方便的实现高可用的能力,这使得用户可以在 K8s 中非常标准化地实现高可用。而只要有标准和规范,就有扫描工具的用武之地。我们只需要扫描 K8s 中所有的服务,分析它们是否满足 K8s 的要求就能初步判断出我们的系统都有哪些模块是不符合高可用设计的。让我们再次回顾一下在 K8s 中设计一个高可用的服务都需要做些什么:

- 使用 Deployment 或者 StatefulSet 接管 Pod 的生命周期,保持多个 Pod 在集群中处于存活状态;
- 配置 Pod 反亲和性,保证 Pod 分布在不同的节点,防止单点部署的情况出现;
- 使用 Service 接管 Pod 网络,让服务拥有负载均衡和故障转移的能力;
- 为 Pod 配置探针,让 K8s 能够及时感知 Pod 的异常状态。

接下来演示如何开发这样一个扫描工具。

4.3.1 扫描规则

在动手开发扫描工具之前我们需要先明确一下扫描的规则。基本上我们需要注意以下扫描规则。

- 在 K8s 中维护 Pod 生命周期的在线对象有 DaemonSet、Deployment 和 StatefulSet,但是只有 Deployment 和 StatefulSet 需要扫描副本数量和 Pod 反亲和性,因为 DaemonSet 本身保证在每个节点上都会且只会启动一个 Pod。
- 对于针对探针的扫描,在原则上 readiness 探针是必须设置的,没有设置 readiness 探针是一个错误(error)。而如果没有设置 liveness 探针可以抛出一个警告(warning)来具体分析,因为在低版本的 K8s 上没有启动探针的情况下,有些项目需要担心 liveness 探针引起的无限重启问题。启动探针优先级最低,可以根据项目情况选择扫描或者不扫描。
- 除了要扫描 Pod 是否设置了探针,一般还需要计算出探针判断一个 Pod 处于异常状态所需要的最长时间。在第 3 章介绍过探针需要一定的时间来检测容器状态,而根据相关参数的配置不同,需要的时间也不同。大家需要将这个时间也计算出来,因为在高可用的测试中,服务的恢复时间也是一个重要的指标。
- Job、CronJob 等离线业务原则上不在扫描名单中,因为离线业务一般不在高可用测试的范围内。但其实仍然有一个扫描项目是对所有 Pod 生效的,就是扫描 Pod 是否配置了节点亲和性或者节点选择器这些调度策略,因为如果 Pod 没有配置调度策略则意味着 Pod 是随机调度到集群中任何一个节点上的。这样的随机调度策略理论上是很不安全的,因为如果 K8s 集群的主节点上被调度了一个 I/O 密集型的计算任务的话,它的 I/O 很可能会把主节点冲垮导致整个集群出现问题,所以基于稳定性考虑我们也需要针对调度策略进行扫描。

4.3.2 代码实现

当我们梳理清楚扫描规则后,代码的实现就比较简单了。首先,我们需要遍历出集群中所有的 Pod,如代码清单 4-1 所示。

代码清单 4-1　遍历所有 Pod

```
podList, err := k8s.CoreV1().Pods("kube-system").List(context.Background(),
                                                   metav1.ListOptions{})

if err != nil {
    log.Errorf("init watcher error:%s", err)
    os.Exit(1)
}
for _, pod := range podList.Items{
    resourceScanner := HAScanner{k8s: watcher.K8s}
    result, err := resourceScanner.Scan(&pod)
    if err != nil {
        log.Errorf("scan pod ha info failed when init watcher, error:%s, ns:%s,
                    pod:%s", err, pod.Namespace, pod.Name)
    }
    if result != nil {
        // 需要把扫描的结果持久化存储在数据库中。recordHAMessage 就是一个存储方法
        if err := recordHAMessage(result); err != nil {
            log.Errorf("record HA message error, error:%s, ns:%s, pod:%s", err,
                        pod.Namespace, pod.Name)
        }
    }
}
```

针对代码清单 4-1，我们需要说明以下两点。

- 代码的第一行查询 kube-system 名字空间下的所有 Pod。如果希望查询所有的名字空间，需要引入 metav1 "k8s.××/apimachinery/pkg/apis/meta/v1"这个包，然后使用 metav1.NamespaceAll 作为查询条件。
- 在代码最后需要把扫描的结果保存到数据库中，可以使用 recordHAMessage 方法。

接下来，针对 HAScanner 展开说明。HAScanner 只有一个 Scan 方法用来从 Pod 中提取跟高可用配置相关的信息，如副本数量、Pod 反亲和性以及探针等配置。这里没有直接使用 Deployment、DaemonSet 和 StatefulSet 的 List 接口分别去查询，而是直接把 Pod 信息传递给 HAScanner 去反向解析 Deployment 和 StatefulSet 中的 replicas 参数，这是为了展示 K8s 对象的 OwnerReferences 机制，如代码清单 4-2 所示。

代码清单 4-2　反向解析

```
func (ha *HAScanner) Scan(pod *v1.Pod) (*HAAnalyzeResult, error) {
    // 用来保存扫描结果的对象
    result := &HAAnalyzeResult{}
    if len(pod.OwnerReferences) == 0 {
        return nil, nil
    }
    for _, o := range pod.OwnerReferences {
        //判断 Pod 的 owner 属于哪种对象，即判断该 pod 是由 Deployment 管理的，还是由 StatfulSet
或其他对象管理的，再进行分析
        if o.Kind == "ReplicaSet" {
            replicaSet, err := ha.k8s.AppsV1().ReplicaSets(pod.Namespace).Get(context.
                            Background(), o.Name, metav1.GetOptions{})
```

```
        if err != nil {
            return nil, errors.Cause(err)
        }
        deploy, err := ha.k8s.AppsV1().Deployments(pod.Namespace).Get(context.
                Background(), replicaSet.OwnerReferences[0].Name, metav1.GetOptions{})
        if err != nil {
            return nil, errors.Cause(err)
        }
        result.Name = deploy.Name
        result.Namespace = deploy.Namespace
        result.Kind = "Deployment"
        result.Replicas = int(*deploy.Spec.Replicas)
        if deploy.Spec.Template.Spec.Affinity == nil || deploy.Spec.Template.Spec.
                Affinity.PodAntiAffinity == nil {
            result.HasPodAntiAffinity = false
        } else {
            result.HasPodAntiAffinity = true
        }
    } else if o.Kind == "StatefulSet" {
        statefulset, err := ha.k8s.AppsV1().StatefulSets(pod.Namespace).Get(context.
                            Background(), o.Name, metav1.GetOptions{})
        if err != nil {
            return nil, errors.Cause(err)
        }
        result.Name = statefulset.Name
        result.Namespace = statefulset.Namespace
        result.Kind = "StatefulSet"
        result.Replicas = int(*statefulset.Spec.Replicas)
        if statefulset.Spec.Template.Spec.Affinity == nil || statefulset.Spec.
                            Template.Spec.Affinity.PodAntiAffinity == nil {
            result.HasPodAntiAffinity = false
        } else {
            result.HasPodAntiAffinity = true
        }
    } else if o.Kind == "DaemonSet" {
        ds, err := ha.k8s.AppsV1().DaemonSets(pod.Namespace).Get(context.Background(),
            o.Name, metav1.GetOptions{})
        if err != nil {
            return nil, errors.Cause(err)
        }
        result.Name = ds.Name
        result.Namespace = ds.Namespace
        result.Kind = "DaemonSet"
    } else {
        return nil, nil
    }
}
...
```

在介绍代码清单 4-2 中的逻辑之前,我们要先说明 K8s 的 OwnerReferences 机制。在 K8s 中所有对象都会有一个 OwnerReferences 字段来表示该对象的属主对象。例如,用户使用 DaemonSet 对象创建了一些 Pod,那么这个 DaemonSet 对象就是这些 Pod 的属主对象,而这些 Pod 被称为该 DaemonSet 对象的依赖对象。这里涉及 K8s 的垃圾回收机制,当我们使用客户端删除该 DaemonSet

对象时，一定会发现它维护的一系列 Pod 也随之被删除了，这就是依赖 OwnerReferences 机制完成的级联删除方案。在 K8s 中这种级联删除分为前台级联删除和后台级联删除。

使用前台级联删除时，正在被删除的对象（属主对象）先进入 deletion in progress（正在删除，用户看到的是 Terminating）状态。当属主对象进入删除过程，K8s 会开始删除其依赖对象。在删除完所有依赖对象之后，删除属主对象。在这种正在删除的状态下，针对属主对象会发生以下事件。

- K8s API Server 将对象的 metadata.deletionTimestamp 字段设置为对象被标记为要删除的时间点。
- K8s API Server 将 metadata.finalizers 字段设置为 foregroundDeletion。
- 在删除过程完成之前，通过 K8s 的 API 仍然可以看到该对象。

使用后台级联删除时，K8s 立即删除属主对象，控制器在后台清理所有依赖对象。默认情况下，K8s 使用后台级联删除，除非手动设置了要使用前台级联删除，或者选择遗弃依赖对象。

在了解 OwnerReferences 机制后，就可以从任何一个对象中查找到它的属主对象了，这也是当前扫描工具中非常重要的一环。在代码清单 4-2 中，可以看到一个 Pod 被传入后，会遍历 pod.OwnerReferences 来获取所有的属主对象（实际上一般一个对象只有一个属主对象，直接获取第一个对象即可）。这样我们就可以判断出当前 Pod 的属主对象，然后获取对应的 replicas 字段和调度配置。可以从代码中看到，我们针对不同的属主对象要获取的字段是不一样的，这一点可以参考 4.3.1 节中的扫描规则。

在代码清单 4-2 中，我们根据属主对象的不同收集了不同的扫描项，这里的逻辑比较简单，唯一需要注意的是，在获取 Pod 反亲和性配置时，需要使用 if deploy.Spec.Template.Spec.Affinity == nil || deploy.Spec.Template.Spec.Affinity.PodAntiAffinity == nil 来进行判断。因为 Pod 反亲和性属于亲和性配置的一种，这个字段在 Spec.Affinity 下面，所以要先判断 Affinity 字段是否为空，如果直接读取 Affinity.PodAntiAffinity 可能会引发空指针异常。

接下来，看一下其他扫描项的获取，如代码清单 4-3 所示。

代码清单 4-3　其他扫描项

```
hasReadiness := false
hasLiveness := false
for _, c := range pod.Spec.Containers {
    if c.ReadinessProbe != nil {
        hasReadiness = true
        readiness := c.ReadinessProbe
        result.ReadinessTime = append(result.ReadinessTime, readiness.
                            FailureThreshold*readiness.TimeoutSeconds +
                            readiness.FailureThreshold*readiness.PeriodSeconds)
    }
    if c.LivenessProbe != nil {
        hasLiveness = true
        liveness := c.LivenessProbe
```

```
        result.LivenessTime = append(result.LivenessTime, liveness.FailureThreshold*
                       liveness.TimeoutSeconds + liveness.
                       FailureThreshold*liveness.PeriodSeconds)
    }
}
result.HasLiveness = hasLiveness
result.HasReadiness = hasReadiness
result.ScanTime = time.Now()
if pod.Spec.NodeSelector == nil || len(pod.Spec.NodeSelector) == 0 {
    result.HasNodeSelector = false
} else {
    result.HasNodeSelector = true
}
```

在代码清单 4-3 中，扫描 Pod 是否配置了 readiness 探针和 liveness 探针，并根据相关的配置
计算出探针判断一个容器异常需要的最长时间。当故障发生后，探针需要一定时间来判断容器异
常，判断出异常后，Service 才会中断传送到这个 Pod 的请求并让服务正常运行。所以，探针探测容
器异常需要的最长时间就可以当作异常发生后服务恢复正常的时间。这是一个非常重要的测试指标。
代码最后是对 nodeSelector 的补充，判断 Pod 是否配置了节点选择器。我们把这些扫描信息保存到
一个单独的对象中返回就可以了。这个对象就是 HAAnalyzeResult，它的字段如代码清单 4-4 所示。

代码清单 4-4　HAAnalyzeResult 对象

```
type HAAnalyzeResult struct {
    ReadinessTime      []int32
    LivenessTime       []int32
    Name               string       `db:"service_name"`
    Kind               string       `db:"service_type"`
    Namespace          string       `db:"namespace"`
    ScanTime           time.Time    `db:"scan_time"`
    EnvName            string       `db:"env_name"`
    ID                 int64        `db:"id"`
    Replicas           int          `db:"replicas"`
    HasPodAntiAffinity bool         `db:"has_podAntiAffinity"`
    HasReadiness       bool         `db:"has_readiness"`
    HasLiveness        bool         `db:"has_liveness"`
    HasNodeSelector    bool         `db:"has_node_selector"`
    HasNodeAffinity    bool         `db:"has_node_affinity"`
}
```

至此扫描工作的核心逻辑就已经完成了，根据经验在进行混沌工程之前先在测试环境中扫描
一遍，就可以发现非常多的 bug 了。因为此处并没有使用 K8s 客户端新的功能，所以就不展示对
应的 Python 代码了，其逻辑比较简单，相信大家可以轻松地实现这里的功能。

4.3.3　小结

配置扫描在行业中算是一种比较通用的测试方法了，在规范较为严格的项目中尤其有用。如
果主要团队中的成员严格按照规范进行项目开发，那么不只高可用测试场景，很多其他场景也可
以通过扫描的方式进行测试。

4.4 故障注入工具

现在我们进入本章的重头戏——故障注入工具的开发工作。俗话说，工欲善其事，必先利其器。在混沌工程中拥有一个称手的故障注入工具可以有效地提高执行的效率，所以本节会介绍常用的开源工具以及如何自研故障注入工具。

4.4.1 故障注入工具的底层原理

市面上故障注入工具的底层原理基本是一样的，都是利用 Linux 本身的能力模拟一些异常的场景，具体如下。

- 网络故障：利用 tc 命令或者 iptables 命令实现断网、延迟、丢包、网络分区等故障。
- 磁盘与 I/O 故障：利用 dd 命令或者编写代码直接对磁盘进行读写。
- 资源负载故障：编写代码占用 CPU 和内存资源。
- 进程故障：使用 Linux 自带的 kill 命令即可实现。

不论是使用目前比较流行的 Chaosd 或 Chaos Blade 还是自主研发的工具注入故障都是比较简单的，问题在于虽然使用这些工具在物理机或者虚拟机中注入故障非常简单，但在 K8s 集群中就会出现一些问题。因为我们的服务全部是容器化部署的，这使得用户在故障注入的时候会遇到以下问题。

- 在目标容器中并没有可供用户调用的故障注入工具。产品有时候为了精简镜像的体积，甚至连 ps 和 kill 这种命令都没有安装。即便手动安装了这些命令，但只要容器重启就需要重新安装。
- 在业务容器中并没有操作内核的权限，Docker 出于安全考虑在容器启动时默认是没有相关权限的，所以当用户在容器内使用 iptables 命令的时候会返回没有权限的异常。

因此在早期测试人员想要在 K8s 集群中注入故障是非常困难的，随着测试人员对容器技术的理解越来越深入，K8s 中故障注入的方案已经很成熟了。注入方式总的来说可以分成两大类。

- 方式一是在宿主机中安装故障注入工具，通过切换 Linux 名字空间的方式进入容器的名字空间然后进行故障注入。
- 方式二是以 sidecar 模式向目标 Pod 注入故障容器并共享目标容器的名字空间，通过在故障容器中执行相关操作来达到故障注入的目的。

可以发现，这两类注入方式在本质上其实都是通过进入目标容器的名字空间来达到故障注入目的的，只不过进入的方式不同。接下来，我们分别介绍这两种方式。

介绍方式一之前先回顾一下在第 2 章讲解容器的原理时曾介绍过的一个经典的面试题：如何在不进入容器的情况下排查容器的网络故障。这道题的最优答案与我们执行故障注入的步骤几乎一模一样，只不过将最后一步换成在目标网络中使用故障注入命令。事实上，目前在 K8s 中最流行的开源故障注入工具 Chaos Mesh 使用的就是这种方式。

这种故障注入方式的特点是需要在 K8s 集群的每个节点中都部署对应的服务以操作节点上的名字空间。它的优点是故障注入的成本比较低，对目标 Pod 没有任何侵入性。它的缺点是无法注入过于复杂的故障，例如一个比较常见的需求，为目标服务构建一个代理服务，并使所有的请求通过代理服务后再转发给目标服务，代理服务可以通过篡改数据包来进行故障注入。这样每注入一个故障都需要维护一个代理服务，故障恢复时或者目标 Pod 被删除时这个代理服务也需要被删除，而像 Chaos Mesh 使用的故障注入方式是没办法维护这么多代理服务的。

接下来介绍方式二。第 3 章介绍过 Pod 可以容纳多个容器，并且 K8s 会为每个 Pod 默认启动一个 sandbox 容器来提供基础环境。这样用户定义的每个 Pod 都以 container 网络模式连接到 sandbox 的容器网络。也就是说，在同一个 Pod 中运行的所有容器使用的都是相同的网络名字空间。所以方式二就是利用 K8s 的 API 在目标 Pod 中注入一个带有故障注入工具的容器，在该容器中用户可以完全操控目标容器的网络。当然在 Pod 的定义中也专门设置了一个参数 shareProcessNamespace 来在 Pod 中共享进程名字空间，同时 Pod 中使用 EmptyDir 类型的卷也可以让容器共享文件，用户可以通过这种方式控制目标容器的网络、进程和文件。这基本上能满足所有故障注入的需要了。

方式二的特点是针对每个 Pod 都需要注入一个故障容器，这就使得它的优点和缺点都非常明显。它最大的缺点在于对目标 Pod 的侵入性，因为它修改了 Pod 的重要字段，所以不论是注入容器还是在故障恢复时删除容器都会导致 Pod 被重新创建。而它的优点则是可以注入比较复杂的故障类型，方式一没有办法额外维护代理服务，但在方式二中代理服务以容器的形式启动在目标 Pod 中，它的生命周期被 Pod 直接管理，在创建 Pod 时代理服务自动启动，删除 Pod 时代理服务又会被回收。同时，方式二有非常高的灵活性，用户可以在故障容器中做任何自己想要做的事情。

在现实场景中，测试人员在刚开始接触混沌工程时往往会使用方式一进行故障注入。因为目前开源工具已经具备了这种能力，并且使用这些工具的学习成本很低，所以这些开源工具非常适合测试人员直接在项目中使用。至于方式二，一般需要测试人员进行定制开发，而开发这样的工具需要对 K8s 的实现比较熟悉，学习成本较高，所以目前行业中仍然以方式一为主。当然，本章后续内容中会详细介绍如何开发使用方式二的工具。

4.4.2 开源工具的选择

在 GitHub 上有众多故障注入的开源项目，其中阿里巴巴开源的 Chaos Blade 和 PingCAP 开源的 Chaos Mesh 较受欢迎，它们都获得了较高的 Star 数并拥有众多的用户。下面详细介绍如何选择开源工具。

不论是 Chaos Blade 还是 Chaos Mesh，都支持传统的物理机故障注入以及在 K8s 中进行故障注入，只不过它们各有侧重。Chaos Blade 在初期专注于传统的故障注入，但后续也开源了对应的 Operator 支持 K8s 的故障注入。而 Chaos Mesh 在一开始的定位就是在 K8s 中进行故障注入并且花费了非常大的精力进行优化，在后期它为了兼容物理机故障注入又推出了 Chaosd。理论上两个工具都可以满足测试人员最基本的需求，如果有读者已经在项目中深度依赖其中一个工具，也不用纠结是否要换成另一个，因为更换技术栈的成本可能远远大于带来的收益。对还没有深度依赖具体某一个工具的读者来说，就需要考虑一下究竟选择哪个工具能带来最大的收益。下面从适用场景、文档完善程度和故障调度能力 3 个角度来分析两个工具的优劣。

- 从适用场景的角度，根据上面的描述可以看出 Chaos Mesh 在 K8s 上投入了更多的精力，我在实际使用中也认为 Chaos Mesh 在 K8s 中的表现要明显优于 Chaos Blade。Chaos Mesh 在 K8s 中会更加稳定，并且它以 kubebuilder 项目为基础，支持用户在其基础上自定义新的故障类型，可以说它针对 K8s 故障的支持会比 Chaos Blade 的更加友好。而 Chaos Blade 在以物理机和虚拟机为主的传统故障注入场景中会更加有优势，并且它与阿里巴巴开源的另一款 JVM 字节码注入工具 jvm-sandbox 配合，可以让用户以 jvm attach 的方式动态地向 Java 进程注入字节码来改变服务行为。这种故障注入的方式大大加强了测试人员对业务的掌控能力，测试人员可以根据需要来模拟各种代码层面的内部故障。可以说 Chaos Blade 依赖阿里巴巴的开源生态，支持更多复杂的故障类型。
- 从文档完善程度的角度，双方都有完善的使用文档。但是 Chaos Mesh 拥有完善的二次开发指引文档，用户可以把 Chaos Mesh 的代码下载下来，根据文档来开发自己需要的故障类型。而 Chaos Blade 目前还没有二次开发的相关文档和资料。
- 从故障调度能力的角度，对用户来说，Chaos Mesh 拥有非常完善的图形界面，用户可以在图形界面上针对故障做多种策略的调度，如单次故障、周期性故障、故障的流水线编排等。这样多种的调度形式可以满足用户的各种场景的需求。Chaos Mesh 支持 CRD（custom resource definition，用户资源定义）、HTTP 接口、图形界面这 3 种调用形式，用户可以根据自己的需要手动调用或者在其他平台工具中集成 Chaos Mesh 进行自动化的调用。Chaos Mesh 还很好地兼容了物理机的故障注入，上文这些调度形式在物理机的故障注入方面也是生效的，所以 Chaos Mesh 可以进行 K8s 和物理机的混合注入。可以说在故障调度这方面 Chaos Mesh 是占有优势的，Chaos Blade 的调度形式确实没有如此丰富，需要用户进行一定程度的外层封装。

经过上面的对比分析，在以 K8s 为主的场景中我选择使用 Chaos Mesh 来完成混沌工程的工作。

4.4.3　Chaos Mesh 的架构

在官方文档中有两种安装 Chaos Mesh 的方式。

- **脚本安装**：官方提供的 shell 脚本，可以一键执行。官方建议在测试环境中使用，不推荐应用在生产环境中。实际操作下来会发现脚本安装确实有诸多不足之处，例如卸载能力的不足。Chaos Mesh 是一个比较复杂的项目，它需要在 K8s 集群中创建非常多的 CRD、RBAC、webhook 等对象，而脚本安装方式只提供了安装的功能，没有提供卸载的功能，所以使用脚本安装后再卸载就会非常麻烦。再例如很难进行参数化部署，Chaos Mesh 其实提供给用户非常多的部署参数，如果使用脚本部署就没有办法进行参数化部署。

- Helm 安装：官方推荐的安装方式，可以在生产环境中使用，需要事先安装 Helm 的 CLI（command line interface，命令行界面）工具并下载 Chaos Mesh 的工程项目。Helm 安装部署灵活，允许自己设置参数，对卸载也十分友好。后续根据开发文档自定义故障类型后也需要使用此方式进行部署。

在使用 Helm 进行安装的时候需要额外注意以下两个参数。

- dashboard.securityMode：默认为 true，部署后访问用户界面时会要求用户根据文档生成用户口令，这是 Chaos Mesh 的安全策略。后面所有的调用都需要生成的令牌进行身份校验。这里建议把这个参数设置为 false，以避免烦琐的校验工作。
- controllerManager.ChaosdSecurityMode：默认为 true，用于选择 Chaos Mesh 与 Chaosd 进行交互时是否启动 TLS（transport layer security，传输层安全）协议。Chaosd 是 Chaos Mesh 为了弥补无法在非 K8s 环境中注入故障的缺陷而引入的 CLI 工具。同时，Chaosd 也可以发布为一个 HTTP 服务，这样 Chaos Mesh 就可以调用 Chaosd 来完成非 K8s 环境的故障注入场景。我习惯将这个参数也设置为 false，以避免烦琐的安全认证配置。

在安装完毕后，用户可以在 K8s 集群中看到以下 3 种 Pod。

- chaos-controller：Chaos Mesh 的控制器，默认部署 3 个 chaos-controller，它是控制故障注入最主要的 Pod。
- Chaos Daemon：以 DaemonSet 部署的服务，负责进入目标容器的名字空间并执行故障注入。
- Chaos Dashboard：Chaos Mesh 的 Web 服务，提供 HTTP 服务和用户界面服务。用户可以查看 Chaos Dashboard 的 Service 中定义的 NodePort 以便在浏览器中进行访问。

Chaos Mesh 的架构如图 4-5 所示。

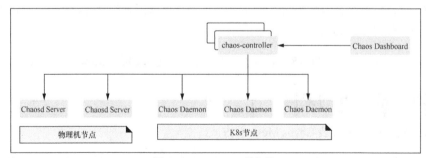

图 4-5　Chaos Mesh 的架构

4.4.4　K8s 的 Operator

Chaos Mesh 本质上是使用 kubebuilder 工具构建的 Operator 项目。而 Operator 目前已经成为用

户与 K8s 交互的非常重要的手段。很多的开源项目都使用 Operator 来简化用户在 K8s 中使用该项目的成本，Chaos Mesh 也不例外。那么究竟什么是 Operator 呢？用一句话简单概括就是 Operator 等于"CRD + 控制器"。接下来就解释一下它们分别是什么含义。

CRD 是用户资源定义的英文单词缩写，K8s 准许用户定义自己的对象来满足业务的需要。也就是说，普通用户大多使用 K8s 的内置对象（如 Deployment、DaemonSet 和 Service 等）完成业务逻辑，但是 K8s 支持用户定义自己的资源对象，例如我们可以定义一个 PodChaos 对象并规定向 Pod 注入故障所需要的所有参数，如代码清单 4-5 所示。

代码清单 4-5　PodChaos 对象

```
kind: PodChaos
apiVersion: chaos-mesh.×××/v1alpha1
metadata:
  namespace: default
  name: test00001
spec:
  selector:
    namespaces:
      - default
    labelSelectors:
      app: license
  mode: one
  action: pod-kill
  gracePeriod: 0
```

在代码清单 4-5 中，用户定义了一个类型名称为 PodChaos 的对象，并在 spec 字段中定义了要完成一次故障注入所需要的参数。

- selector：表示定位目标 Pod 的方法，在本案例中分别通过名字空间和标签选择器来定位要注入故障的一组 Pod。
- mode：表示注入模式，因为通过 selector 定位出的 Pod 可能有多个，我们可以设置随机选择一个 Pod 进行注入，也可以设置选择固定数量的 Pod 同时注入等。
- action：表示故障类型，在本案例中选择 pod-kill。

事实上，PodChaos 就是 Chaos Mesh 针对 Pod 故障定义的 CRD 对象，大家只需要把 PodChaos 对象保存在一个 YAML 文件中，通过 kubectl create 命令就可以向 Chaos Mesh 提交一个故障注入请求了。当然 CRD 只是定义一个新的对象，事实上它并不负责任何的业务逻辑，用户将代码清单 4-5 中的代码提交到 K8s 集群中也只是提交了一个对象而已，真正负责业务逻辑的是控制器。在 Operator 的体系中，CRD 负责定义用户的请求和参数，而控制器负责监控所有该类型对象的创建、更新和删除，并执行对应的业务逻辑。在用户提交了代码清单 4-5 中的对象后，chaos-controller-manager 就会获取到用户提交的内容并向目标 Pod 注入对应的故障，而当用户通过 kubectl delete 命令将该对象删除时，chaos-controller-manager 同样会收到该事件信息并进行相应的故障恢复工作。

从上面的描述中可以得知，Operator 的关键除了 CRD，还需要控制器有能力监控用户提交的相关请求。这依赖于 K8s 提供的 List-Watch 机制。控制器内部会使用 List-Watch 机制中的 watch 接口来监控特定的 CRD。用户针对该 CRD 的任何操作都会以事件的形式通知 watch 接口的调用者，控制器正是使用 List-Watch 机制获取用户最新提交的内容的。watch 接口的调用方式如代码清单 4-6 所示。

代码清单 4-6　K8s 的 List-Watch 机制

```
podWatcher, err := k8s.CoreV1().Pods(v1meta1.NamespaceAll).Watch(context.
                                   Background(), metav1.ListOptions{})
if err != nil {
    log.Errorf("watch pod of namespace %s failed, err:%s", watcher.Namespace, err)
    return err
}
for {
    event, ok := <-podWatcher.ResultChan()
    // 从事件中取出 Pod 对象并编写对应的处理逻辑
    pod, _ := event.Object.(*corev1.Pod)
    ...
}
```

watch 接口会监控特定的资源对象，例如代码清单 4-6 中我们监控了 Pod 这个对象。那么在整个集群范围内所有 Pod 的增、删、查、改都会以事件的形式通知到调用者。watch 接口的返回值中包含一个 channel 类型的对象 ResultChan，对 Go 语言不熟悉的读者可以认为 channel 就是一个线程安全的队列。在代码清单 4-6 中，我们正是使用一个 for 循环不停地从该队列中取出对应的事件并取出 Pod 对象的定义来完成相关的业务逻辑。事实上，代码清单 4-6 中的代码正是在讲解第 5 章时需要的核心代码，届时将演示如何编写对应的控制器来完成针对特定对象的监控工具。毕竟在稳定性测试中，K8s 的监控工具是最为核心的。

watch 接口对应的 Python 版本的演示如代码清单 4-7 所示。

代码清单 4-7　Python 版本的 List-Watch 机制

```
from kubernetes import client, config, watch
config.load_kube_config()
v1 = client.CoreV1Api()
count = 10
w = watch.Watch()
for event in w.stream(v1.list_namespace, _request_timeout = 60):
    print("Event: %s %s" % (event['type'], event['object'].metadata.name))
    count -= 1
    if not count:
        w.stop()
```

Chaos Mesh 定义的 Operator 使用上文描述的能力定义了 CRD 和对应的控制器。这样用户就可以完全像使用 K8s 普通对象一样来与 Chaos Mesh 进行交互。大家需要掌握这种交互方式，虽然 Chaos Dashboard 也为用户提供了 HTTP 接口与图形界面，但是在底层它们都是使用 CRD 来维护故障的。

代码清单 4-5 中列出的是一次性故障的配置，而 Chaos Mesh 支持更加复杂的调度规则。周期性故障的定义如代码清单 4-8 所示。

代码清单 4-8 周期性故障的定义

```
kind: Schedule
apiVersion: chaos-mesh.×××/v1alpha1
metadata:
  namespace: default
  name: license-kill
  annotations:
    experiment.chaos-mesh.×××/pause: 'true'
spec:
  schedule: '*/1 * * * *'
  type: PodChaos
  podChaos:
    selector:
      namespaces:
        - default
      labelSelectors:
        app: license
    mode: one
    containerNames:
      - license
    action: container-kill
    gracePeriod: 0
```

代码清单 4-8 中定义周期性故障最关键的是 schedule 字段，在这个字段中用户需要填写一个 cron 表达式来定义触发故障注入的定时任务。这里通过 "*/1 * * * *" 来定义每隔 1 分钟就向目标注入一次故障。大家是否还记得图 4-2 所描述的自动化混沌工程？4.2.2 节中曾提到要测试一些瞬时状态的高可用缺陷，其中一个比较有效的方法就是在高并发自动化测试下针对目标服务进行周期性的故障注入，这样才能最大可能地触发瞬时状态下的高可用缺陷。而 Chaos Mesh 的周期性故障调度策略便可以满足这样的需求。

Chaos Mesh 还提供了工作流（workflow）的调度方式以及自定义故障等功能，因为它们的参数过于烦琐，一般都在 Chaos Dashboard 上构建，所以这部分内容将在介绍 Chaos Dashboard 时加以说明。

4.4.5 Chaos Dashboard

Chaos Dashboard 是 Chaos Mesh 提供的用户界面服务，用户可以在用户界面中针对故障进行编排与调用，这对不熟悉 K8s 的初学者非常友好。毕竟刚刚入门 K8s 的新手想要熟练地与 Operator 交互还是有些困难的，并且 Chaos Mesh 定义的多种调度方式以及对应的参数也比较难记，使用 Chaos Dashboard 可以有效地降低 Chaos Mesh 的使用门槛。同时它提供了对应的 HTTP 接口供用户调用，完全可以满足用户的多种调用需求。图 4-6 所示的是 Chaos Dashboard 的用户界面。

图 4-6 展示的是在用户界面中编辑一个工作流的页面。这是 Chaos Mesh 提供的最后一种调度策略，用户可以通过工作流把多种故障编排到一个场景中。在学习 CAP 和 BASE 的时候，我们曾经用 MySQL 的主从架构（异步复制）来举例应该如何在容灾场景中注入故障，步骤如下。

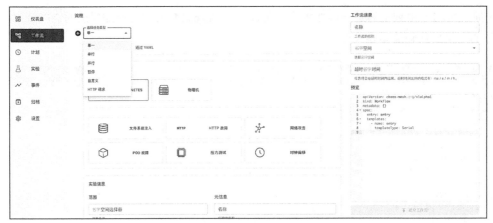

图 4-6　Chaos Dashboard 的用户界面

（1）在主节点与从节点之间注入网络分区故障，以造成主从节点数据不一致的情况。

（2）等待一段时间让不一致的数据更多，让故障对系统的影响更加明显。

（3）针对主节点注入故障让主节点宕机，以触发将从节点切换成主节点的机制。

可以看出，这种容灾测试场景需要多种故障配合，并且故障在注入的时候有先后顺序和对时间间隔的要求。在这个时候工作流针对故障的编排就十分有用了，用户可以选择单一、串行、并行，甚至选择自定义来完成故障的编排，尤其是 Chaos Mesh 还提供了一个暂停功能专门用来在故障与故障之间设置间隔时间。可以说 Chaos Mesh 的工作流是在分布式系统中模拟复杂场景的必要工具。

4.4.6　chaosd-server

如前文提到，Chaosd 是为了弥补 Chaos Mesh 不能在非 K8s 环境中注入故障的缺点而推出的。它可以使用命令行来运行，也可以启动成为一个 HTTP 服务与 Chaos Mesh 进行交互，如图 4-7 所示。

图 4-7　Chaosd 与 Chaos Mesh 的交互

在图 4-7 所示的页面中，填写 Chaosd 的 IP 地址与端口号后就可以让 Chaos Mesh 与 chaosd-server（Chaosd 的服务器模式）进行交互了。用户可以针对物理机进行单个故障和周期性故障的注入，也可以把物理机的故障放到工作流中进行混合编排。注意，Chaosd 的服务器模式自身并没有保证它的故障恢复能力，也就是说，如果在运行期间 chaosd-server 进程崩溃，那么后续的故障注入就会失败。在测试时，我们会针对机器注入各种故障，目标机器整体宕机的情况是很常见的，所以连带 chaosd-server 本身也会出现非常多的异常，这就需要人工地维护 chaosd-server 的运行状态。如果我们注入故障的测试环境是一个规模比较大的集群，那么维护 chaosd-server 的工作量也是很大的。为了解决这个问题，我们需要引入一个机制来保证 chaosd-server 的故障恢复能力。这里选择的是 systemd，只要把 chaosd-server 的生命周期交给 systemd 来维护，chaosd-server 就可以拥有开机自动运行和崩溃后自动恢复等能力。还不太熟悉 systemd 的读者可以在网络上搜索相关的资料，也可以直接使用代码清单 4-9 中的代码进行部署。

代码清单 4-9 使用 systemd 部署 chaosd-server

```
#!/bin/bash
export CHAOSD_VERSION=v1.1.1
curl -fsSL -o chaosd-$CHAOSD_VERSION-linux-amd64.tar.gz [Chaosd 的镜像地址]
tar zxvf chaosd-$CHAOSD_VERSION-linux-amd64.tar.gz && sudo mv
        chaosd-$CHAOSD_VERSION-linux-amd64 /usr/local/
export PATH=/usr/local/chaosd-$CHAOSD_VERSION-linux-amd64:$PATH
cat>chaosd.service<<EOF
[Unit]
Description=Chaosd is an inject tool
[Service]
ExecStart=/usr/local/chaosd-v1.1.1-linux-amd64/chaosd server --port 31769
[Install]
WantedBy=multi-user.target
EOF
cp chaosd.service /etc/systemd/system/chaosd.service
systemctl enable /etc/systemd/system/chaosd.service
systemctl start chaosd.service
```

将代码清单 4-9 中的代码保存成一个 shell 文件并执行，就能实现在机器中使用 systemd 部署 chaosd-server 的目标了。

至此，关于 Chaos Mesh 的介绍就已经结束了，Chaos Mesh 的功能很丰富，这里只介绍了其核心内容的解决方案，更多的参数使用方法还是建议大家查询官方文档。

4.4.7 sidecar 模式的故障注入

在 4.4.1 节中曾介绍了两种在 K8s 中注入故障的方式，其中 Chaos Mesh 属于典型的方式一，它的优点是对目标 Pod 没有任何侵入性，完全在目标 Pod 外部进行名字空间的切换。但它的缺点是没有办法注入过于复杂的故障类型。本节介绍方式二——使用 sidecar 模式进行故障注入。这种故障注入方式的特点是通过修改目标 Pod 的定义来注入一个拥有故障工具的容器。在这种模式下用户拥有非常大的自由度，可以操控更为复杂的故障类型。但它的缺点也非常明显，它修改了目标 Pod 的定义，会导致 Pod 被删除、重建，并且提高了故障容器的维护成本。因此在现实的工作场景中，对于一般的普通类型的故障注入都会使用 Chaos Mesh 进行，而对于比较复杂的故障类型，再使用 sidecar 模式进行注入。

这里使用注入 mock 服务器的案例来展示故障注入的步骤。大家可能会好奇为什么要在这里讲解注入 mock 服务器的案例，在普遍的认知中，mock 服务器一般应用在接口测试中，好像跟混沌工程没有任何的关系。但 mock 服务器拥有的篡改请求和响应的功能正是很多故障注入场景所必需的功能，所以 mock 服务器也常作为故障注入工具使用。例如，在产品中拥有一个审计模块，整个系统要求用户所有的关键操作都要进行审计，也就是需要把用户的每个操作都记录下来以供后续追溯。这是一种安全策略，并且在数据安全策略中属于非常常见的做法。这样在敏感数据泄露后用户才能追溯到是哪一个用户曾经下载过相关的数据。而这样的需求会造成一个问题，那就是用户所有的操作都必须经过审计模块，审计模块出现了任何问题都会导致整个系统的瘫痪。这种风险不论是用户还是开发人员都是想要尽力避免的，所以最后我们采取了一个折中方案：将用户的操作进行分类，对于一些安全要求不高的操作，虽然会进行审计，但是请求审计模块失败并不会阻塞业务；对于安全要求特别高的操作，如数据的下载，一旦审计失败就会阻塞业务。

在上述的场景中，我们会发现没有办法使用传统的故障注入策略，因为我们势必要测试这样一个场景：针对安全要求不高的业务请求（即图 4-8 中低安全性模块）返回 500 的错误码，而针对安全要求很高的业务请求（即图 4-8 中高安全性模块）进行正常的处理，如图 4-8 所示。

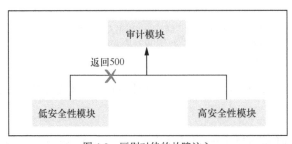

图 4-8　区别对待的故障注入

很显然这种区别对待的故障注入方式是传统的故障注入策略无法做到的。这个案例中选择的是向审计模块注入一个使用 Java 语言开发的开源 mock 服务器，该 mock 服务器能够编写多种匹配条件来进行选择性的 mock 响应。在该案例中，审计模块为了能对发送来的用户操作进行分类，要求各个模块在 header 中增加一个字段来表明请求属于哪个模块。而测试人员可以利用这个字段来选择性地返回 mock 响应，如代码清单 4-10 所示。

代码清单 4-10 使用 mock 服务器

```
curl -v -X PUT "http://localhost:1080/mockserver/expectation" -d '{
  "httpRequest" : {
    "method" : "GET",
    "path" : "/some/path",
    "headers" : {
      "Accept" : [ "application/json" ],
      "Accept-Encoding" : [ "gzip, deflate, br" ]
    }
  },
  "httpResponse" : {
    "body" : "some_response_body"
  }
}'
```

在代码清单 4-10 中,我们分别匹配了 HTTP 请求的 method、path 和 headers 来定制匹配规则,只有完全符合匹配规则的请求才会返回对应的 mock 响应,不符合匹配规则的请求都会转发给真实的服务器进行处理,如图 4-9 所示。

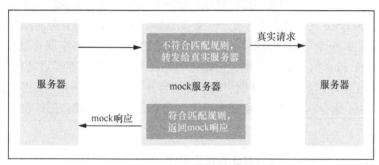

图 4-9 mock 服务器的流程

用户可以选择返回具体的 mock 响应,也可以选择返回 500 错误码作为故障注入的实现。当然,用户也可以选择只使用 headers 来定制匹配规则,如同我们在这个审计场景中做的一样。至于这个案例中的 mock 服务器具体的使用文档,大家可以在 GitHub 上以 mockserver 作为关键字进行搜索,可以搜索到非常详细的使用文档。这里推荐大家使用 mock 服务器来进行相关的接口测试工具和故障注入工具。

现在我们已经有了 mock 服务器,那要如何把它注入目标 Pod 呢?用户可以使用 kubectl edit 命令对 Deployment 等对象进行编辑,手动把新容器的定义添加到 Deployment 中。但是不提倡这种手动的方式,因为每次故障注入都会耗费比较大的人力成本,所以这里演示一下如何开发对应的工具来自动化地完成注入工作。

为了达到故障注入的目的,我们需要改造目标 Pod 的结构,如图 4-10 所示。

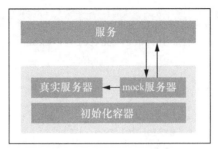

图 4-10　被改造后的 Pod

我们的目标是当调用者通过 K8s 的 Service 访问目标服务时，要先把请求发送给 mock 服务器进行处理，如果符合匹配规则则返回 mock 响应，如果不符合匹配规则则将其转发给真实服务器。要做到这些我们需要针对 Pod 做以下改造。

- 注入一个 mock 服务器，并把转发端口（forward port）指向真实的待测服务器，以便在没有匹配规则时能够将请求转发给真实服务器。
- 为了能让真实的请求发送给 mock 服务器而不是真实服务器，有两个选择，第一个选择是修改 K8s 的 Service 中的端口映射规则，让所有请求发送给 mock 服务器，但是这种实现又侵入了 Service 的定义，并不是一个好的选择。为了降低对业务的侵入性，我们的第二个选择是注入一个初始化容器。这是一种特殊的容器，从名字就可以看出，在 K8s 中它专门负责 Pod 的初始化工作。初始化容器在所有普通的容器启动之前运行，只有初始化容器正常退出后 Pod 才开始启动普通的容器。而在这个场景中，我们在初始化容器中使用 iptables 命令制定规则：将原本应该发送给真实服务器端口的请求转发到 mock 服务器端口。

修改目标 Pod 定义来完成注入的方法有以下两个。

- 使用 K8s webhook。用户可以自行开发 webhook 并将其注册到 K8s 中。webhook 可以拦截用户的部署请求，将目标 Pod 的定义修改后再发送到 API Server 中完成注入。这种方式要求必须事先部署好 webhook，并且开发 webhook 的门槛还是比较高的，这里不推荐使用这种方法。
- 通过 K8s 提供的客户端直接修改 Pod 对应的属主对象来完成注入。这里一定要注意的是，不能直接修改 Pod，而应该修改 Pod 对应的属主对象（Deployment、DaemonSet 或 StatefulSet 等）。因为 Pod 的生命周期是交给属主对象来维护的，用户修改已经启动的 Pod 是没有意义的。

下面一步一步地解析 sidecar 模式的故障注入工具的核心代码。先看一下注入初始化容器的过程，如代码清单 4-11 所示。

代码清单 4-11　注入初始化容器

```
func injectMockServer(k8s *kubernetes.Clientset, ns string, deploymentName string,
                      dport string, mockFilePath string) error {
```

```go
    // 查询目标 Deployment
    deployment, err := k8s.AppsV1().Deployments(ns).Get(deploymentName, metav1.
                                                        GetOptions{})
    if err != nil {
        return errors.Wrap(err, "Failed to get deployment")
    }

    initContainers := deployment.Spec.Template.Spec.InitContainers
    // 需要先判断当前 Deployment 中是否已经存在该初始化容器，如果已经存在则不需要重新注入
    isExist := false
    for _, i := range initContainers {
        if i.Name == initContainerName {
          isExist = true
        }
    }
    //iptables -t nat -A PREROUTING -p tcp --dport 80 -j REDIRECT --to-port 1080
    if !isExist {
        // 设置 SecurityContext，需要打开 NET_ADMIN 权限才能使用 iptables 命令
        s := &corev1.SecurityContext{
            Capabilities: &corev1.Capabilities{
            Add: []corev1.Capability{"NET_ADMIN"},
        },
    }
    // 初始化容器的定义
    mockServerInitContainer := corev1.Container{
        Image:          "biarca/iptables",
        ImagePullPolicy: corev1.PullIfNotPresent,
        Name:           initContainerName,
        Command: []string{
            "iptables",
            "-t",
            "nat",
            "-A",
            "PREROUTING",
            "-p",
            "tcp",
            "--dport",
            dport,
            "-j",
            "REDIRECT",
            "--to-port",
            "1080",
        },
        SecurityContext: s,
    }
    initContainers = append(initContainers, mockServerInitContainer)
    deployment.Spec.Template.Spec.InitContainers = initContainers
  }
  ...
}
```

在代码清单 4-11 中，需要关注以下几点。

- 在混沌工程中，我们需要针对目标业务进行反复的故障注入，所以要先遍历目标 Pod 的初始化容器列表，判断之前是否已经注入初始化容器来避免重复注入。

- 注入时需要通过 SecurityContext 打开容器的 NET_ADMIN 权限，4.4.1 节中提到 Docker 出于安全考虑，默认关闭了很多权限以免用户误操作导致整台机器出现问题，所以默认情况下我们是没有办法操控 iptables 的，需要开启 NET_ADMIN 权限才能把网络请求从真实服务器转发到 mock 服务器。

- 执行的 iptables 命令为 iptables -t nat -A PREROUTING -p tcp --dport 80 -j REDIRECT --to-port 1080。这条规则定义凡是从外部发送给 80 端口的请求全都重定向到 1080 端口，其中 80 是真实服务器的端口号，而 1080 则是 mock 服务器的端口号。不熟悉 iptables 的读者可能会问，如果这条规则定义凡是发送给真实服务器的请求都转发到 mock 服务器，同时 mock 服务器把不符合匹配规则的请求再转发回真实服务器，这样的话是否会形成一个死循环？在这里说明一下，这条 iptables 命令是用于查看在 NAT 表的 PREROUTING 链上定义的规则的。所有外部发送给主机的请求必须先经过 PREROUTING 链，但是从本机发送出去的请求是不需要经过 PREROUTING 链的，所以在 Pod 外部发送的请求会受到该规则的约束。但是从 mock 服务器转发给真实服务器的请求属于本机发送的请求，所以 mock 服务器完美地规避了这条规则的约束。这也是要在 PREROUTING 链上定义重定向操作的主要原因。

接下来，看一下注入 mock 服务器的核心代码，如代码清单 4-12 所示。

代码清单 4-12　注入 mock 服务器

```
containers := deployment.Spec.Template.Spec.Containers
isExist = false
for _, i := range containers {
    if i.Name == mockServerContainerName {
      isExist = true
    }
}
if !isExist {
    c := corev1.Container{
        Image:            mockServerContainerImage,
        ImagePullPolicy: corev1.PullAlways,
        Name:             mockServerContainerName,
        Env: []corev1.EnvVar{
            {
              Name:  "mock_file_path",
              Value: mockFilePath,
            },
            {
              Name:  "dport",
              Value: dport,
            },
        },
    }
    containers = append(containers, c)
    deployment.Spec.Template.Spec.Containers = containers
    _, err = k8s.AppsV1().Deployments(ns).Update(deployment)
```

```
if err != nil {
    return errors.Wrap(err, "Failed to update deployment")
}
```

mock 服务器的注入同样需要注意，要先判断当前 Pod 是否已经被注入过 mock 服务器，以免重复注入。最后，只需要调用 Update 接口就可以更新目标 Deployment 完成注入工作。制作 mock 服务器镜像所需要的 Dockerfile 如代码清单 4-13 所示。

代码清单 4-13　制作 mock 服务器镜像所需要的 Dockerfile

```
FROM openjdk:8-oraclelinux8
ADD mockserver-netty-5.8.1-jar-with-dependencies.jar .
EXPOSE 1080
ENTRYPOINT bash -x java -Dmockserver.persistExpectations = true
                -Dmockserver.persistedExpectationsPath = mockserverInitialization.json
                -Dmockserver.initializationJsonPath = ${mock_file_path}
                -jar mockserver-netty-5.8.1-jar-with-dependencies.jar -serverPort
                1080 -proxyRemotePort ${dport} -logLevel INFO
```

至此，故障注入工具的核心部分已经全部演示完毕。但是，为了使这个工具更加好用，仍然需要为其增加以下两种能力。

- **恢复故障的能力**。需要编写一个 reset 方法删除注入的初始化容器和 mock 服务器容器。
- **等待服务重启的能力**。注入容器后，由于修改了 Pod 定义，当前 Deployment 下所有的 Pod 都会删除并重新创建，因此我们需要一个方法来等待所有的 Pod 变为可用状态，即 Ready 状态。

下面我们编写一个 reset 方法来支持故障恢复的能力，如代码清单 4-14 所示。

代码清单 4-14　reset 方法

```
func reset(k8s *kubernetes.Clientset, ns string, deploymentName string) error {
    deployment, err := k8s.AppsV1().Deployments(ns).Get(deploymentName, metav1.
                                                    GetOptions{})
    if err != nil {
        return errors.Wrap(err, "Failed to get deployment")
    }

    initContainers := deployment.Spec.Template.Spec.InitContainers
    for index, i := range initContainers {
        if i.Name == "mock-init" {
            initContainers = append(initContainers[:index], initContainers[index + 1:]...)
        }
    }
    deployment.Spec.Template.Spec.InitContainers = initContainers

    Containers := deployment.Spec.Template.Spec.Containers
    for index, i := range Containers {
        if i.Name == "mock-server" {
```

```
            Containers = append(Containers[:index], Containers[index + 1:]...)
        }
    }
    deployment.Spec.Template.Spec.Containers = Containers

    _, err = k8s.AppsV1().Deployments(ns).Update(deployment)
    if err != nil {
        return errors.Wrap(err, "Failed to update deployment")
    }

    return nil
}
```

然后，编写一个 waitDeploymentReady 方法来等待所有服务重启，如代码清单 4-15 所示。

代码清单 4-15 等待服务重启

```
func waitDeploymentReady(k8s *kubernetes.Clientset, deploys map[string]string) error {
    now := time.Now()
    time.Sleep(time.Second * 1)
    for deploymentName, ns := range deploys {
        deploy, err := k8s.AppsV1().Deployments(ns).Get(deploymentName, metav1.
                                                GetOptions{})
        if err != nil {
            return errors.Wrapf(err, "Failed to get deployment[%s] ns[%s]",
                        deploymentName, ns)
        }

        sumReplica := deploy.Status.UnavailableReplicas + deploy.Status.
                    AvailableReplicas
        for deploy.Status.ReadyReplicas != *deploy.Spec.Replicas || sumReplica !=
                                        *deploy.Spec.Replicas {
            if time.Now().Sub(now) > time.Minute*timeout {
                return errors.Wrapf(err, "deployment is not ready name:%s  ns:%s",
                            deploymentName, ns)
            }
            deploy, err = k8s.AppsV1().Deployments(ns).Get(deploymentName, metav1.
                                                    GetOptions{})
            if err != nil {
                return errors.Wrapf(err, "Failed to get deployment[%s] ns[%s]",
                            deploymentName, ns)
            }
            time.Sleep(time.Second * 5)
            sumReplica = deploy.Status.UnavailableReplicas + deploy.Status.
                        AvailableReplicas
            log.Debugf("Waiting: the deploy[%s] the spec replica is %d, readyRelicas
                    is %d, unavail replica is %d, avail replica is %d",deploy.Name,
                        *deploy.Spec.Replicas, deploy.Status.ReadyReplicas, deploy.
                        Status.UnavailableReplicas, deploy.Status.AvailableReplicas)
        }
    }
    return nil
}
```

判断 Deployment 是否处于 Ready 状态的主要依据是通过.Status.ReadyReplicas 字段计算的在该 Deployment 下处于 Ready 状态的 Pod 的数量。

至此，使用 sidecar 模式注入故障的全流程就已经讲解完毕。同样，由于该案例中并没有涉及新的 K8s 客户端、新的接口，都是针对各种对象已有的字段和方法进行调用，因此不展示对应的 Python 代码，如果需要，大家可以参考 GitHub 上 K8s Python 客户端的文档。

4.4.8 jvm-sandbox

下面再介绍一个 Java 字节码注入工具 jvm-sandbox。对比其他故障注入工具，它的使用场景没有那么广泛，因为它只能针对 Java 开发的服务进行注入，并且进行的是代码级别的故障注入，所以它的使用门槛比较高，使用它时测试人员需要对产品的代码逻辑非常熟悉。但如果应用得当，jvm-sandbox 会是测试人员的一大利器。

理论上，jvm-sandbox 是一款字节码注入工具，它不仅能注入故障，还允许用户按自己的需要注入逻辑。在操作上，它支持以 jvm attach 的形式对一个已经在运行的 Java 服务进行字节码注入，所以它是对目标服务无侵入的解决方案，这是它的优势之一。接下来以一个真实的案例来介绍 jvm-sandbox 的使用方法。

有一款机器学习平台，在该平台中用户可以提交不同的大数据处理程序或者机器学习的训练程序到 Hadoop 集群中进行计算。熟悉该领域的读者可能会知道维护这些批处理程序需要花费大量的资源。所以，开发团队决定设计一个类似熔断的逻辑来对系统进行保护。该逻辑是在系统中运行 1 个或多个执行器来维护这些批处理任务的运行状态，但是每个执行器最多只能维护 100 个任务同时运行，超过 100 个任务的请求会被直接丢弃并返回错误信息，如图 4-11 所示。

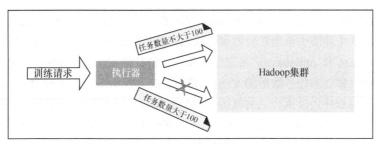

图 4-11　熔断场景

按照传统的测试思路，测试人员需要发起 100 个以上的大数据任务才能够触发这个熔断场景，但这样做的成本明显太高。或者开发团队需要提供调试模式或者钩子模式，使得在测试环境中触发熔断需要的任务数量减少，以便测试人员轻松触发熔断，但这需要开发团队修改代码实现。这里选择的方案是使用 jvm-sandbox 的能力动态地修改代码逻辑，如代码清单 4-16 所示。

代码清单 4-16　使用 jvm-sandbox

```
import com.alibaba.jvm.sandbox.api.Information;
import com.alibaba.jvm.sandbox.api.Module;
import com.alibaba.jvm.sandbox.api.ProcessController;
import com.alibaba.jvm.sandbox.api.annotation.Command;
import com.alibaba.jvm.sandbox.api.listener.ext.Advice;
import com.alibaba.jvm.sandbox.api.listener.ext.AdviceListener;
import com.alibaba.jvm.sandbox.api.listener.ext.EventWatchBuilder;
import com.alibaba.jvm.sandbox.api.resource.ModuleEventWatcher;
import org.kohsuke.MetaInfServices;

import javax.annotation.Resource;

@MetaInfServices(Module.class)
@Information(id = "xxxxx")
public class TaskControllerCurrentThreadTrigger implements Module {
    @Resource
    private ModuleEventWatcher moduleEventWatcher;

    @Command("countRunningStageOnExecutor")
    public void trigger() {
        new EventWatchBuilder(moduleEventWatcher)
                .onClass("com._xxxxx.xxxxx.task_controller.repository.StageStore")
                .onBehavior("countRunningStageOnExecutor")
                .onWatch(new AdviceListener(){
                    @Override
                    protected void before(Advice advice) throws Throwable {

                        // 在此，可以通过 ProcessController 来改变原有方法的执行流程
                        long re = 100L;
                        ProcessController.returnImmediately(re);
                    }
                });
    }
}
```

　　基于 jvm-sandbox 的原理，任何一个 Java 方法的调用都可以分解为 before、throws 和 return 这 3 个环节，由这 3 个环节引申出对应的事件探测和流程控制机制。所以，代码清单 4-16 中的核心逻辑是通过 onClass 和 onBehavior 来定位需要注入的目标方法（countRunningStageOnExecutor 方法是执行器用来计算当前任务数量的方法）。然后，在 onWatch 方法中重写 before 方法。before 方法的逻辑是在目标程序还未执行之前就运行。我们在 before 方法中调用了 ProcessController.return Immediately 方法来让目标方法立即返回设定的值。这相当于修改了 countRunningStageOnExecutor 方法的执行逻辑，让它在任何情况下的返回值都是 100，正好达到了熔断场景的阈值。接下来，只需要将代码打包并复制到 jvm-sandbox 安装目录的 module 目录下，就可以通过相应的命令和参数将代码注入目标进程。除了可以修改返回值，jvm-sandbox 最常用的功能就是直接抛出一个异常来模拟故障，如代码清单 4-17 所示。

代码清单 4-17　jvm-sandbox

```
import com.alibaba.jvm.sandbox.api.Module;
import com.alibaba.jvm.sandbox.api.Information;
```

```
import com.alibaba.jvm.sandbox.api.Module;
import com.alibaba.jvm.sandbox.api.ProcessController;
import com.alibaba.jvm.sandbox.api.annotation.Command;
import com.alibaba.jvm.sandbox.api.listener.ext.Advice;
import com.alibaba.jvm.sandbox.api.listener.ext.AdviceListener;
import com.alibaba.jvm.sandbox.api.listener.ext.EventWatchBuilder;
import com.alibaba.jvm.sandbox.api.resource.ModuleEventWatcher;
import org.kohsuke.MetaInfServices;

import javax.annotation.Resource;
@MetaInfServices(Module.class)
@Information(id = "execption-trigger")
public class ExceptionTrigger implements Module{

    @Resource
    private ModuleEventWatcher moduleEventWatcher;

    @Command("triggerException")
    public void trigger() {
        new EventWatchBuilder(moduleEventWatcher)
                .onClass("com.example.demo.Util")
                .onBehavior("test")
                .onWatch(new AdviceListener(){
                    @Override
                    protected void before(Advice advice) throws Throwable {

                        // 在此，可以通过 ProcessController 来改变原有方法的执行流程
                        ProcessController.throwsImmediately(new RuntimeException
                                                    ("exception"));
                    }
                });
    }
}
```

在代码清单 4-17 中，我们在 before 方法中调用 ProcessController.throwsImmediately 方法直接抛出一个异常来模拟故障的发生。如果我们需要将 jvm-sandbox 应用在 K8s 中，可以选择以 sidecar 模式将带有 jvm-sandbox 的容器注入目标 Pod，其整体逻辑与代码清单 4-16 的一致，只不过需要注意以下几点。

- 需要修改目标 Pod 的定义，将 shareProcessNamespace 字段设置为 true，因为 jvm-sandbox 需要与目标进程通信才能完成注入工作，所以需要通过该字段让 Pod 中的所有容器共享同一个名字空间。
- jvm-sandbox 除了需要与目标进程通信，还要与目标容器进行文件交互，因为 jvm-sandbox 需要保存相关的数据与配置文件，所以在修改 Pod 定义时需要创建 EmptyDir 类型的卷来共享容器间的目录。需要共享的目录有/tmp 目录、jvm-sandbox 的安装目录和家目录。

由于 jvm-sandbox 的相关内容比较复杂，这里不详细讲解，有需要的读者可以在 GitHub 上查阅官方文档。

4.4.9 故障注入的注意点

"不要去模拟真实的故障,而是模拟故障发生后的现象。"希望大家能把这句话牢牢地记在心里,这是非常多的从业人员搞不清楚的概念。在实际的工作中,有经验的读者可能跟开发人员爆发过争论,这些争论的内容一般会围绕测试人员注入的这种故障是否会在真实的场景中发生而展开。例如,测试人员在某个 Pod 中注入网络丢包故障后,很多开发人员会质疑这种故障发生的概率,或者质疑这些基础网络设施的故障是否需要产品来解决。事实上,确实很多产品在自己的 SLA (service level agreement,服务等级协定)声明中都会明确列出当某些基础设施出现问题后是不保证软件可用性的。所以,开发人员往往坚持不会修复该类型的 bug,甚至产品人员也会支持这种观点。但是事实上我们讨论的重点从一开始就是错误的。

在高可用测试中,故障具体是由什么原因造成的其实并不重要,重要的是故障造成的现象是否对我们的产品造成了致命的影响。就像网络丢包,测试人员的目的并不是模拟网络丢包,而是模拟由某些原因导致的请求有一定的概率没有响应的现象。至于这个现象是什么原因引起的并不重要,可能是网络丢包引起的,也可能是软件缺陷引起的,甚至可能是人为操作失误引起的,而这些都不是重点。重点是当这种现象出现后,产品的设计是否可以保证一定的可用性。所以,争论某个故障在生产环境中发生的概率其实意义不大,因为会造成这种现象的故障非常多,需要讨论的是一旦这种现象出现,产品应该如何处理。

测试人员千万不要以枚举所有生产环境中可能出现的故障为原则开展工作,这不是一个现实的方案。如果大家接触过生产环境的运维工作就会知道,在生产环境中问题层出不穷,很多问题是根本想不到的。

4.4.10 小结

至此针对故障注入工具的讲解就结束了。市面上用于故障注入的工具非常多,这里介绍了常用的几种,掌握本节介绍的工具就可以满足大部分的工作需求了。但在这里希望大家不要过于依赖工具,要做到即便没有工具也可以利用 Linux 最原始的能力完成故障注入。在未来我们可能会遇到各种各样复杂的测试环境,这些测试环境可能受限于网络,也可能受限于权限,导致我们没办法顺利地安装并运行故障注入工具,这时便考验测试人员的基本功了。例如一个边缘计算场景,在这个场景中的 K8s 集群有严格的网络和权限限制,集群的云端节点和边缘节点的网络是隔离的,服务之间需要申请白名单才可以通信,这就导致 Chaos Mesh 的服务如果部署在主节点,它将没办法向从节点注入故障,反之亦然。同时,分配给测试人员使用的 kubeconfig 文件中定义的用户也仅拥有查看固定名字空间下 Pod 的权限,这样测试人员也没有办法创建 Chaos Mesh 定义的 CRD 来完成故障注入。为了注入限制网络带宽的能力,这里选择的方法是:

- 通过 kubectl 命令找到该 Pod 所在节点;
- 登录到该节点,使用 docker inspect 命令找到对应容器的 PID;

- 使用 nsenter 命令切换到目标容器的网络名字空间；
- 使用 tc qdisc add dev eth0 root handle 1: tbf rate 10mbps burst 100000 limit 10000000000 命令为网络设备添加限速队列来达到限制网络带宽的目的。

上述便是利用之前讲过的网络名字空间的知识与 Linux 的 tc 命令相结合完成的故障注入过程。这里列出几个故障注入常用的命令供大家参考。

- iptables：模拟网络故障。
- tc：模拟网络故障。
- dd：模拟 CPU 负载、磁盘负载、磁盘填充等。
- kill：根据不同的信号模拟进程崩溃、进程阻塞等。
- systemctl：模拟由 systemd 管理的服务的重启和崩溃。
- kubectl/docker：模拟特定 Pod 或容器的故障。

4.5　K8s 中的特殊故障

在云原生架构中，系统会与 K8s 深度绑定，K8s 本身的稳定性会极大地影响产品自身的稳定性，所以测试人员需要针对 K8s 的特性注入一些故障来进行验证。本节会介绍几个比较重要的场景。

4.5.1　Pod 无法被删除

在 4.4.4 节介绍 Operator 时曾经提到 K8s 是典型的控制器模型。用户在提交了创建某个 Pod 的请求后会立刻返回响应。但这个时候对应的 Pod 并没有被创建，可以理解为 K8s 提供的是异步接口，只要用户提交的请求发送到 API Server 就会立刻返回响应。而每种对象对应的控制器会利用 List-Watch 机制监控这些对象的事件，从而异步地处理用户的请求，真正创建 Pod 的操作也是在控制器里完成的。

在 K8s 的这种异步接口的设计下，很多开发人员容易犯的错误是：当接口返回后就认为请求已经真正地处理完成了。假设有一款机器学习平台，用户可以在该平台中训练自己的模型并且将该模型发布成一个推理服务，而这个发布服务的功能实际上是通过动态启动一个 Deployment 来完成的，用户可以在平台中创建这样的 Deployment 也可以删除 Deployment。开发团队在删除这个服务时仅将 Delete 接口正常返回当作删除成功的信号，但实际上 Delete 接口只是把用户想要删除这个 Deployment 的意愿发送给了 K8s 的 API Server，真正的删除操作是在对应的控制器中异步执行的。所以，如果在删除的过程中出现问题，导致 Pod 没有被回收，那么会出现该平台中该服务的记录已经被删除，但该服务仍然存在于 K8s 集群中的情况。对于这种不受系统管理的服务，我们一般称为**野服务**。野服务的危害比较大，它不受系统管理，但是仍然占用系统的资源，一旦野服务过多便可能造成整个系统的不可用。所以，开发人员应该在调用 Delete 接口后继续监控整个 Pod

的生命周期以确定所有的服务被正确回收。同时，整个生命周期的状态应该在用户界面以可视化的形式展现给用户，方便用户判断当前服务的状态。

因此在测试阶段，测试人员应该模拟 Pod 无法被删除的情况以测试类似的场景。那么，如何注入这种故障呢？事实上，有非常多的因素可能会造成 Pod 无法被删除，例如节点 I/O 负载过高、容器运行时异常、Pod 挂载目录无法被回收等。这里介绍一个成本非常低并且能够控制故障范围（只影响目标 Pod）的注入方式。

在展示具体的代码之前先介绍一下 K8s 的垃圾回收机制。事实上 K8s 的 GC（garbage collection，垃圾回收）机制中有一段非常重要的逻辑：在用户提交了针对一个对象的删除请求后，K8s 会扫描该对象中的 finalizer 字段，而这个 finalizer 字段对应的是回收器，它只起到标识的作用，如果对象的 finalizer 字段不为空，则说明在删除这个对象之前需要先让回收器执行相关的逻辑，在回收器没有执行完毕相关逻辑前，该对象是不能被删除的。这样设计是因为在 K8s 中删除一个对象之前往往需要额外执行一些逻辑，例如在 Chaos Mesh 中如果用户要删除一个已经在运行的 NetworkChaos（网络故障），需要先恢复目标 Pod 的网络故障，才能删除该 NetworkChaos 对象，否则就会在 K8s 集群中留下一个不受管理的故障。可以理解为，在某些对象删除之前需要额外执行一些操作，否则会留下**脏数据**。

对象的 finalizer 字段只起到标识的作用，它除了告诉 K8s 不能删除此对象，其他什么作用都没有，具体的回收逻辑仍然是在某个控制器中执行的。控制器在创建对象时会在该对象的 finalizer 字段中加入自己的标识，告诉 K8s 不要直接删除该对象，等控制器收到删除事件后，执行完清理逻辑，再将 finalizer 字段中的标识删除，这之后 K8s 的垃圾回收机制才能把对象删除。

在了解了垃圾回收的逻辑后，我们模拟一个 Pod 无法被删除的故障就很简单了，只需要编辑 Pod 对象并在 finalizer 字段中随便加入一个标识即可，如代码清单 4-18 所示。

代码清单 4-18　Pod 无法被删除

```
func (impl *Impl) Apply(ctx context.Context, index int, records []*v1alpha1.
                    Record, obj v1alpha1.InnerObject) (v1alpha1.Phase, error) {
    //podchaos := obj.(*v1alpha1.PodChaos)
    var pod v1.Pod
    namespacedName, err := controller.ParseNamespacedName(records[index].Id)
    if err != nil {
        return v1alpha1.NotInjected, err
    }
    err = impl.Get(ctx, namespacedName, &pod)
    if err != nil {
        // TODO: 处理这个故障
        return v1alpha1.NotInjected, err
    }
    pod.ObjectMeta.Finalizers = append(Pod.ObjectMeta.Finalizers, "com.gaofei.chaos/
                                finalizer")
    err = impl.Update(ctx, &pod)
```

```
if err != nil {
    // TODO: 处理这个故障
    return v1alpha1.NotInjected, errors.New("更新目标 Pod 失败" + err.Error())
}
return v1alpha1.Injected, nil
}
```

代码清单 4-18 中针对 Chaos Mesh 进行了二次开发，把 Pod 无法被删除的故障加入 Chaos Mesh。可以看到逻辑非常简单，向目标 Pod 中加入一个 finalizer 字段的标识后调用 Update 接口即可，即便是人工操作也是非常简单的。而故障的恢复也很简单，只需要删除该 finalizer 字段的标识就可以了。

4.5.2　驱逐策略与抢占优先级

第 3 章中介绍了 Pod 维度的资源管理策略，通过 request 和 limit 两个不同的参数可以让用户灵活地组合出像超卖这样的调度方法。但在现实中，用户很难精准预测服务在生产环境中的资源用量，一旦过度超卖，导致实际占用的资源超过了节点资源的上限，就可能引起整个节点的崩溃，所以 K8s 提供了一种驱逐策略来防止整个节点发生崩溃。该策略在节点资源告急时触发，并通过驱逐当前节点中的部分 Pod（按 Pod 优先级驱逐）来保证整个节点不会因为资源告急而崩溃，也保证没有被驱逐的高优先级 Pod 依然能够正常运行。这样的设计符合 BASE 理论中提到的基本可用原则——保证系统全部功能的可用性要付出的代价过于巨大，所以以往往系统在出现故障时可以只保证核心业务功能的可用性。K8s 的驱逐策略便能够在节点资源告急时，以驱逐低优先级 Pod 的方式来释放资源，同时保证高优先级 Pod 能够正常运转。

K8s 会按照资源参数 request 和 limit 的设置把 Pod 的优先级分为以下 3 类。

（1）Guaranteed（有保证的）：
- Pod 中每个容器都必须设置 CPU 和内存的 request 以及 limit；
- Pod 中每个容器的 CPU 和内存必须设置值相同的 request 和 limit。

（2）Burstable（不稳定的）：
- Pod 不符合 Guaranteed 的标准；
- Pod 中至少一个容器设置了内存或 CPU 的 limit 或 request。

（3）Best-Effort（尽最大努力的）：
- Pod 中的容器没有设置内存或 CPU 的 request 或 limit。

从这 3 类优先级的命名就可以猜出它们在 K8s 中的优先级高低（Guaranteed 的优先级最高，其次是 Burstable，最后是 Best-Effort）。这也非常容易理解，从用户角度看，用户为容器设置了 request 参数意味着不管容器实际上是否会使用这些资源，K8s 都需要为它预留，说明对用户来说这样的 Pod 的优先级是比较高的。而从 K8s 角度看，没有设置 limit 参数的容器可以无限制地使用节点所有资源，这是非常危险的，如果这些服务出现了泄漏并无限制地消耗资源会导致节点崩溃。当驱逐策略触发时，K8s 会从 Best-Effort 类型的 Pod 开始驱逐，直到节点所剩资源可以满足剩余 Pod 的需要。

这里需要注意的是，驱逐策略只对内存和磁盘空间这两种资源生效。CPU 是一种可压缩资源，K8s 并不会为 CPU 设置驱逐策略。而当节点磁盘空间不足时，K8s 还会开始清理一些磁盘空间，例如当前节点中并没有被使用的镜像会出现在清理列表中。所以，大家往往会发现由磁盘空间引起的驱逐策略触发后，该节点中的一些 Pod 会处于 Image Pull Error 的状态，这是由该 Pod 所需的镜像已经被删除，同时磁盘空间不足无法下载造成的。

频繁地触发驱逐策略会导致 K8s 集群在短时间内产生大量的驱逐记录，当用户使用 kubectl 命令查看当前集群中的 Pod 时就会发现，有大量的 Pod 处于 Evicted（驱逐）状态。虽然 K8s 有一定的机制来定期对其进行清理，但是短时间内产生大量的驱逐记录会增加 etcd（K8s 的存储设备）的负担，届时用户将很明显地感觉到整个集群的操作都有比较大的延迟，所以大家需要注意自己的系统是否有相应的机制来处理这个问题。在我所在的项目中，开发人员选择提交一个 CronJob 来定期清理驱逐对象。

了解驱逐策略的原理后，测试人员需要梳理出所有核心业务依赖的 Pod 列表并确保这些 Pod 的优先级为 Guaranteed（实际的规则需要根据业务情况来决定）。大家可以参考之前的案例，利用 K8s 客户端编写扫描工具来完成自动化测试。当然，测试人员仍然需要实际地去触发驱逐策略，验证核心功能是否得到了保证，其方法仍然是通过故障注入的方式占满节点的内存或者 K8s 使用的磁盘空间。

通过对资源的设置来判定驱逐优先级的方式虽然很有效，但对某些资源吃紧，需要大量超卖的团队而言不是很友好。因为在这样的环境下，几乎很难保证 Pod 的优先级是 Guaranteed，所以很多团队为了资源能够优先提供给核心服务使用，选择为核心服务人为地设定优先级，这就是 K8s 的 PriorityClass，如代码清单 4-19 所示。

代码清单 4-19　PriorityClass

```
apiVersion: scheduling.k8s.××/v1
kind: PriorityClass
metadata:
  name: high-priority
value: 1000000
globalDefault: false
description: "此优先级类应仅用于 XYZ 服务 Pod。"
```

代码清单 4-19 中定义了一个 PriorityClass，用户可以在 value 字段设置该 PriorityClass 的值，原则上这个值越大，它对应的优先级越高。之后用户在创建 Pod 时就可以为 Pod 指定 PriorityClass，如代码清单 4-20 所示。

代码清单 4-20　为 Pod 指定 PriorityClass

```
apiVersion: v1
kind: Pod
metadata:
  name: nginx
  labels:
    env: test
spec:
  containers:
  - name: nginx
    image: nginx
    imagePullPolicy: IfNotPresent
  priorityClassName: high-priority
```

当启用 Pod 优先级时，调度程序会按优先级对悬决 Pod 进行排序，并且优先级较高的悬决 Pod 会被放置在调度队列中其他优先级较低的悬决 Pod 之前。如果满足调度要求，优先级较高的 Pod 可能会比优先级较低的 Pod 更早被调度。如果当前资源不满足该 Pod 的运行条件，就会触发抢占逻辑。K8s 会删除优先级较低的 Pod 来腾出对应的资源以保证更高优先级的 Pod 的运行。而在驱逐策略发生时，K8s 也会保证优先驱逐优先级较低的 Pod。

K8s 会为每个 Pod 提供一个默认优先级，所以如果用户要创建属于自己的优先级，则需要注意 PriorityClass 中 value 字段的值。同时，K8s 默认提供了几个系统级别的 PriorityClass、system-cluster-critical 和 system-node-critical。其中，system-node-critical 是最高级别的可用性优先级，甚至比 system-cluster-critical 的级别更高。

基于以上内容，如果系统使用 PriorityClass 来保证驱逐策略中核心组件不会被优先驱逐，大家就需要注意检查这些组件的定义是否符合规范。

4.5.3　K8s 核心组件故障

在 K8s 集群的每个节点中都存在一些关键的核心组件，它们直接影响着集群或者节点状态，而其中最容易出现问题的就是 Docker 进程和 kubelet 进程。前者是 Docker 的核心进程，不需要过多解释，后者是在 K8s 集群中负责维护每个节点运行状态的关键组件（每个节点都会运行一个 kubelet 进程），kubelet 进程需要与 Docker 进程进行通信来维护节点中每个 Pod 和容器的运行状态，并且还会定期把节点的健康情况上报给 API Server。如果 kubelet 进程出现问题，则 K8s 会把它所在节点标记为不可用状态，即 NotReady 状态。同样，如果 Docker 进程出现问题，则 kubelet 进程会因为无法与 Docker 进程通信来操作容器，而把该情况上报给 API Server，导致 K8s 把它们所在节点标记为 NotReady 状态。

Docker 进程和 kubelet 进程中的任何一个出现问题，都会导致 K8s 将它们所在节点标记为 NotReady 状态，从而把该节点中的 Pod 迁移到其他可用节点重新部署。测试人员需要验证这个迁移过程是没有问题的，不会因为某些 Pod 的特殊限制而无法迁移成功。例如，Pod 由于配置了

LocalPV（7.3.1 节中详细介绍）导致与某个节点绑定而无法迁移。注意，这种异常引起的节点被标记为 NotReady 状态与节点整体崩溃（关机、断电、重启）是不一样的，因为单纯的 Docker 进程和 kubelet 进程异常在很多时候并不会导致正在运行的容器退出运行。也就是说，虽然节点被标记成了 NotReady 状态，但容器实际上还在正常运行。

> **注意**
>
> 如果部署 Docker 时选择了设置 live-restore 参数，则在 Docker 退出运行后可以保证正在运行的容器不受影响，如果没有设置该参数，则在 Docker 异常时所有容器的运行状态都会停止。这样设计是因为 Docker 进程故障是较为常见的故障之一，设置该参数在很多时候可以保证系统的稳定性。当然，这样设计也有一些后遗症，后文会详细讲解。

根据上述内容可以得知，Docker 进程和 kubelet 进程异常可能会出现一种情况——K8s 认为它们所在节点和该节点中的所有容器都已经异常，但实际上容器都还在正常运行。在大多数情况下这并不会有什么问题，因为当节点被标记为 NotReady 状态后，K8s 会尝试删除该节点中所有的 Pod 并在其他节点重新部署（由于 Docker 进程或 kubelet 进程异常，无法正常删除，Pod 会处于 Terminating 状态），Service 也不会再把请求转发给这些 Pod，所以这些还在运行的容器在大多数时候已经不参与系统的实际工作了。但对某些不依赖 K8s 健康检查机制的对象来说可能会出现问题，例如很多系统在设计高可用架构时都需要在多个实例之间选举一个 leader 角色来为用户提供服务。这个 leader 角色的选举可能是利用抢夺分布式锁的机制实现的，该机制通常会让每个服务周期性地从某个存储中执行抢锁操作，抢到锁的服务就可以成为 leader。如果 leader 出现异常无法给锁续约，那么在该分布式锁过期后，其他实例就可以通过抢到锁成为新的 leader 并继续提供服务。通常这种通过抢夺分布式锁来选举的形式的实现比较复杂且容易出错，所以 K8s 提供了名为 leader election 的机制来帮助用户实现服务的高可用。事实上，K8s 内部的多个关键服务也是通过 leader election 来完成选举行为的。K8s 提供了一个名为 Lease 的租约对象，部署在集群中的服务可以通过 K8s 客户端提供的 API 或者通过开源项目的帮助来完成抢锁、续租等相关操作。

这种通过抢锁来完成选举行为的设计并不依赖 K8s 的健康检查机制，当节点因为 Docker 进程或 kubelet 进程异常而陷入 NotReady 状态时，这些实际还在运行的服务依然是锁的持有者。此时如果不进行特殊处理，就会出现这样的情况：假设当前节点中有一个服务 A，它持有分布式锁并扮演 leader 角色，此时 K8s 认为该节点所有容器异常，Service 不再转发请求给该节点中的服务，如果服务 A 此时能够停止运行，让其他服务抢夺分布式锁成为新的 leader 并更新 Service 中的 IP 地址列表，则用户和其他 Pod 仍然可以通过 Service 正常访问，但是由于服务 A 仍然在运行，预期的重新选举操作无法实现。在这种情况下，Docker 进程或 kubelet 进程的异常会导致这种系统无法工作。所以，当部署在 K8s 中的系统有自己的健康检查机制时，就可能会出现问题，同样的案例也出现在通过哨兵来监控健康状态的 Redis 集群中。

上述场景在 K8s 中经常会出现，将项目迁移到云原生架构中其实并不是非常简单的操作，为了适配云原生的架构特点，技术团队需要对项目做出非常多的改造。毕竟很多系统在设计之初并不是为了运行在 K8s 中的，测试人员需要模拟这种类型的故障，然后观察系统的实际表现（一种很常用的手段是让服务自己监控到该情况的发生，然后通过自杀来释放锁）。

当用户设置了 Docker 的 live-restore 参数后，可以保证即便 Docker 出现异常，该节点的容器依然可以运行下去，这是 Docker 为了提升高可用性而做出的设计。但这种设计在现实场景中往往没有理想中那么完美，一旦设置了该参数，测试人员需要注意以下两种情况。

- Docker 与容器之间通过 Linux 的管道（pipe）进行日志的交互，当 Docker 故障后容器便无法从管道中读取日志，这导致当管道被日志写满后，容器中的程序就陷入了阻塞状态。
- K8s 中 exec 类型的探针需要通过 docker exec 来执行，当 Docker 进程异常后探针的执行就会一直处于失败状态。如果使用一些特殊的工具来实现探针，那么频繁的失败可能会带来一些问题。例如，MySQL 容器中的探针使用 mysqladmin 来进行探测，一旦探测失败，就会生成一个 mysqladmin 的僵尸进程。

注意，有些时候注入故障后需要持续观察一段时间，就像上述的两种场景，问题都在故障注入一段时间后才会爆发出来。

4.5.4 小结

业界很多测试人员在开展混沌工程时，往往只关注一些通用的故障，并且只是在系统中进行简单的验证就结束了测试。但如果仔细研究 K8s 和自家产品每个组件的特性，就会发现这其中有很多需要测试的特殊场景存在。这里只列出了在 K8s 中比较有代表性的场景，希望大家在实践的过程中多了解 Docker 和 K8s 的特性。

4.6 高可用的评估手段

高可用的测试活动与常规的测试活动是一样的，其流程都是执行场景→发现问题→报告缺陷→修复缺陷→修复验证，其本身并不涉及什么评估指标，但是往往产品需要一个可量化的指标向客户说明产品的高可用能力达到了什么样的程度。这种需求通常会在面向 B 端的项目中出现。而评价产品的高可用能力是一件非常有挑战性的事情，因为没有人能预测到生产环境会在何时、何地发生何种故障，以及故障会持续多长时间。这就导致虽然非常多的公司喜欢用 SLA 来评估高可用能力，但测试人员根本没有办法测试出准确的指标。事实上，这在整个软件行业是一个公认的难以解决的问题，迄今为止都没有形成统一的指导方案，这也导致了每家公司的做法不太一样。这里提出两种较为常见的评估角度供大家参考。

4.6.1 以模拟 SLA 为角度评估

很多公司喜欢通过定义 SLA 指标向客户说明产品的高可用能力。这里提到的 SLA 指标是指产品会达到"几个 9"的可用性指标。按全年 365 天计算，要达到"3 个 9"的可用性指标就意味着产品全年只有 8.76 小时（(1-99.9%) × 365 × 24）的时间是不可用的，要达到"4 个 9"就意味着产品全年只有 52.56 分钟（(1-99.99%) × 365 × 24 × 60）的时间是不可用的，要达到"5 个 9"就意味着产品全年只有 5.256 分钟（(1-99.999%) × 365 × 24 × 60）的时间是不可用的。

事与愿违的是，测试人员不可能精准计算出 SLA 指标结果。正如之前所说的，我们是没办法预测生产环境中的故障情况的，任何系统都不可能 100% 高可用，一旦某种故障发生就必然会导致系统在部分时间内不可用。运气好的话生产环境全年零故障，可用性 100%；运气不好的话每天都发生故障，可用性连"3 个 9"都达不到。这也导致了虽然 SLA 指标是业界鲜有的受认可的评估指标，但所有的测试方法计算出的结果也仅仅是理论上的 SLA 指标结果而已。不真正在生产环境中运行一年，谁也不知道真实的 SLA 指标结果是多少。

基于以上原因，虽然产品在对外提供的资料中会以 SLA 指标结果来向客户承诺高可用能力，但理论上测试人员无法验证产品是否能达到对外宣称的 SLA 指标结果。我们只能用一些策略去模拟，让测试结果尽量与真实值接近。这里介绍两种思路。

- 假定一个故障发生的频率（可以从线上的事故数据中评估），然后设计一个时间范围来评估测试场景。例如，在 1 天的测试时间内平均 30 分钟触发一种故障（可以过滤掉免责声明中的故障类型，前面提到过产品的 SLA 手册中会声明不兼容哪些故障），每种故障持续 3 分钟后自动恢复（不同的故障持续时间不一样）。在这一天内持续地运行自动化测试，得出在一定频率的故障下每个业务模块测试用例的通过率，可以把这个通过率作为 SLA 指标结果。
- 同样，假定故障发生的频率去进行故障注入，不同的是，不再通过自动化测试用例来完成可用性的验证，而是通过监控 Endpoints 对象中可用的 IP 地址列表来判断服务的可用性。第 3 章中介绍过，一个服务下所有 Pod 的 IP 地址都维护在 Endpoints 对象中，当任意一个 Pod 异常时，它的 IP 地址都会从 Endpoints 对象的列表中移除，所以我们可以通过 K8s 的 watch 接口监控 Endpoints 对象来统计服务可用时间。具体代码会在第 6 章讲解稳定性测试时详细列出。

以上两种思路都无法准确地模拟出产品在生产环境中的 SLA 指标结果，但它们具有一定的指导意义并且已经比较接近真实的情况了。我们可以围绕这个假定的 SLA 指标对产品进行迭代和优化。在实际的操作中我建议使用第一种思路开展测试工作，因为它是站在用户视角来衡量产品的可用性的。虽然第二种思路实现起来更加简单，不需要构建大范围的自动化测试工程，只需要监控系统支持就可以，但它无法表达出故障对业务实际的冲击程度。毕竟服务处于存活状态但因某些错误而无法正常工作的情况并不少见。第一种思路的实现成本会更高，它依赖测试团队已经构建出的一定规模的自动化测试用例，并且更困难的是这些测试用例要足够稳定。如果测试用例本身不够稳定，导致在没有故障的时候也有一定的概率会运行失败，那么最后测试出来的 SLA 指标结果与真实情况相比就会有很大的偏差。这里建议如果自动化测试用例还不够稳定，那么可以不统计 SLA 指标，而是单纯地去抽样分析测试用例失败的原因，找出哪些用例是因为故障而失败的。这样起码可以筛查出故障会影响到哪些业务的正常运行。

4.6.2 以故障场景为角度评估

在测试活动中，围绕某种故障场景去测试并详细地分析它的影响范围和介入方案也是一种常见的做法。虽然它评估的内容不像 SLA 指标一样是量化的指标，但胜在简单务实并且对生产环境的故障恢复工作有很大的指导意义。例如，一个磁盘写满故障的场景如下。

（1）在故障发生期间触发 K8s 的驱逐策略，部分模块被驱逐到其他节点，在 10 分钟内迁移完成，这期间部分功能不可用。在这种情况下，驱逐策略会清理出一定的磁盘空间，短时间内系统不会受影响。但如果长时间未解决磁盘占用的增长问题，系统仍会出现不可用的情况。

（2）核心 Pod 并没有被配置更高的优先级，当驱逐策略发生时核心 Pod 被驱逐，导致 Pod 迁移过程中系统核心业务有不可用的风险。

（3）如果某个存储主节点所在磁盘被写满，该服务因 liveness 探针使用失败而崩溃，导致 1 分钟内服务瘫痪，1 分钟后主备切换。在这种现象下，可恢复服务运行，但由于该服务主备数据同步延迟，因此出现部分数据不一致的情况，需要人工介入以恢复数据，并且测试报告中应提供容灾手册链接。

（4）该故障可被监控系统感知到，需要运维人员在 1 小时内按容灾手册进行处理。

在上述场景中，测试人员会根据每个故障场景列出详细的影响范围、影响时长以及对应的容灾策略。尤其对于在故障出现后必须人工介入才可恢复的场景，要明确说明监控系统是否可以感知以及提供容灾手册的链接。这些场景描述最终都会提交给开发人员和产品人员讨论，需要讨论的内容是当前的容灾能力和方案是否符合产品的需求，如果不符合，需要如何优化。上面的场景中的一个明显的缺陷是，第（2）点中描述的核心 Pod 由于没有被设置为更高的优先级，因此有被驱逐的风险，这一点不符合 BASE 理论中核心模块基本可用的原则，开发团队应该梳理出核心模块的列表并为核心模块赋予正确的优先级。整个团队需要针对每一条进行讨论，最终形成一个可接受的容灾方案，这个容灾方案不一定需要系统能够自动化地处理故障场景，因为这样做的成本会非常高，像第（3）点描述的由运维人员人工介入也是一个可选的方案。

这种评估方案的思路是测试人员要去测试产品在每种场景下的表现。针对每个场景，我们都会根据经验判断如果要满足目标 SLA 指标，该场景需要具备什么样的容灾能力。这样只需要保证每个场景的高可用能力都符合产品的需求，就可以认为它是满足目标 SLA 指标的。

4.6.3 RPO 与 RTO

RPO（recovery point objective，恢复点目标）与 RTO（recovery time objective，恢复时间目标）都是高可用测试领域常用的指标，对它们的描述分别如下。

- RPO 主要指业务系统所能容忍的数据丢失量。
- RTO 主要指业务系统所能容忍的业务停止服务的最长时间，即从故障发生到业务系统恢复服务功能所需要的最短时间。

世界上没有 100% 的高可用，所以当系统无法完全避免业务中断和数据丢失时，就需要规定业务可以忍受的极限，以尽量减少故障带来的损失。相信这一点很容易理解，只不过需要注意的是，RPO 与 RTO 只能表示故障发生后给系统带来的损失，无法表示系统自身的稳定性。一般在评估这两项指标时，需要配合第 6 章介绍的稳定性测试来计算出服务在没有注入故障的情况下的稳定性程度，以进行综合评估。这是因为如果服务自身不够稳定，在运行中因某些缺陷或设计问题而频繁崩溃，那么即便 RPO 和 RTO 指标结果再好，也是有很大的问题的。

4.6.4 小结

本节介绍了几种用来评估产品高可用能力的方法，它们各有千秋，但都无法准确计算出 SLA 指标结果，也就是说，它们只具有参考意义。在实际工作中，后两个方案是较常用的。它们实现成本更低，并且即便不需要评估 SLA 指标，我们的测试活动大体也是这样开展的。具体应该在项目中使用哪个方案，大家需要根据自己的实际情况判断。一般来说，测试人员需要维护一个故障列表来描述故障场景、对应方案和相关指标，如图 4-12 所示。

场景	业务不中断能力	自愈	人工介入解决	RTO	RPO	SLA
服务崩溃	☒	✓	☒	1分钟	无损失	99.99%
节点关机	☒	✓	☒	10分钟	无损失	99.99%
kubelet故障	☒	✓	☒	10分钟	无损失	99.99%
Docker故障	☒	✓	☒	10分钟	无损失	99.99%
磁盘写满	☒	✓	☒	10分钟	无损失	99.99%
内存负载	☒	✓	☒	10分钟	无损失	99.99%
网络中断	☒	✓	☒	10分钟	无损失	99.99%
CPU负载	☒	☒	✓	30分钟	无损失	99.99%
网络丢包	☒	☒	✓	30分钟	无损失	99.99%
I/O负载	☒	☒	✓	30分钟	无损失	99.99%
服务卡死	☒	☒	✓	30分钟	无损失	99.99%
可用区故障	☒	☒	✓	30分钟	无损失	99.99%

图 4-12 故障列表

4.7 本章总结

本章分别从以下角度带领大家一起探索高可用的测试方法：

- 高可用测试的理论知识；
- K8s 中高可用扫描工具的开发；
- 故障注入工具的开发和使用；
- K8s 中的特殊故障；
- 高可用的评估手段。

本章应该是本书中篇幅最长的一章，因为这种测试类型确实很复杂。尤其是云原生往往伴随着微服务架构，庞大的服务数量和复杂的软件架构给测试人员带来了巨大的挑战。到现在我也不敢说自己已经精通高可用测试领域的所有内容。但相信大家通过对本章内容的学习，已经可以顺利地在实际的项目中开展测试活动了。

## 第 5 章

性能测试与监控

在详细介绍 K8s 的监控组件之前，需要先阐述一下监控的重要性，毕竟本章大部分内容都在详细讲述如何使用 Prometheus 来构建监控系统。在传统的性能测试实践中，大多数的测试人员往往会轻视甚至忽视监控系统的作用，而把工作重心放在如何构建压力测试工具和测试数据上，监控的任务往往会交给运维人员或者开发人员，这时测试人员甚至不会关注监控系统的正确性。我在担任面试官时喜欢对有性能测试经验的候选人提出一些关于监控的问题，而大多数候选人会回答监控系统是运维人员的工作，他们做的只是将测试结果和监控数据一并提交给开发人员进行分析。这样的性能测试人员的技术栈是不完整的，并且缺失了对性能问题的基本分析能力，这是我不提倡的。第 4 章中提到过监控系统是高可用测试中非常重要的测试项，测试人员需要对监控系统有基本的分析能力。本章要讲解的容量测试（性能测试的一种）甚至需要根据测试场景的需求来定制监控能力。这也是在第 3 章和第 4 章详细介绍 K8s 的资源管理机制并在本章讲解如何在 K8s 中进行监控的原因之一。

先介绍一下云原生时代的性能测试场景与以往的性能测试场景之间的区别。大家需要系统地学习监控知识来应对以下场景。

（1）根据第 3 章中对 K8s 资源管理系统的详细介绍，容器的资源参数主要包括 request 和 limit。为了保证集群的稳定运行，原则上我们必须为每个服务都设置好这两个资源参数，并且为了提升集群的资源利用率我们往往会调整这两个参数将资源进行超卖。但是将这两个参数的值设置成多少是一件很讲究的事情，设置得太大会造成资源的浪费，设置得太小又会影响性能和稳定性。所以，我们会进行一系列性能测试来判断为容器设置什么样的资源参数是合理的。通常将这一系列的测试称为容量测试。在容量测试中，需要一种能够快速获取集群中所有容器的资源用量的工具。在微服务架构"大行其道"的今天，我们会面对数以百计的服务，而快速获取每个服务的资源用量并对其进行分析是一项不小的挑战。

（2）在 K8s 中监控本身就是需要进行测试的项目，这一点在第 4 章也进行过说明。而在本章接下来的内容里，我们会详细介绍 K8s 集群监控的事实标准 Prometheus 的相关内容，届时读者会了解到虽然我们使用官方的组件来收集性能数据，但是开发人员或者运维人员仍然需要编写大量的 PromQL（Prometheus 提供的查询语言）来定制监控能力。而且 PromQL 程序编写错误将会导致监控数据的错误，所以测试人员需要了解 Prometheus 的原理以及 PromQL 的语法等知识来测试监控系统。这样在测试过程中出现任何问题，测试人员也有基本的排错分析能力。

（3）测试人员往往需要自己编写 Prometheus 的监控组件来满足各种不同的测试场景，例如在长时间的压力测试中，需要监控各个服务是否出现了套接字（socket）泄漏、文件描述符（file descriptor）泄漏（也称 FD 泄漏）和僵尸进程等缺陷。这些监控需求是官方或者开源的组件所无法满足的，或者虽然满足了但监控的是节点级别的数据，无法提供容器级别的监控能力以精准地定位问题。毕竟一台机器上启动的容器数以百计，如果只有节点级别的监控能力我们无法从这么多容器中精准地定位出具体是哪个服务出现了泄漏问题。

基于以上种种原因，作为一名测试人员，理解并熟练应用监控系统是一项必要的技能。接下来，我们带着上面的问题来一起了解目前最流行的监控软件 Prometheus。

5.1　Prometheus 快速入门

Prometheus 的名字取自希腊神话中因为人类取得火种而被宙斯惩罚的神，它与 K8s 一样脱胎于谷歌的内部系统。我们会发现，在 K8s 的源码中会时不时地出现统计 Metrics 的代码，而这些代码的目的便是给 Prometheus 准备监控数据，并且在 K8s 集群中每个节点上运行的 kubelet 服务都有一个/metrics 接口来为 Prometheus 提供监控能力。这两个软件都是由谷歌开源的，它们在设计之初就埋下了彼此集成的接口，这也是 Prometheus 目前是 K8s 监控事实标准的原因之一。

Prometheus 用 Go 语言编写，并且利用 Go 语言的交叉编译特性编译成了二进制文件，它在运行的时候不需要额外安装依赖，直接从官网下载并安装就可以。除了 Prometheus 的主程序，还有一些额外的组件，如 Pushgateway、Alertmanager，以及各种官方 Exporter 的安装包都可以在官网中找到。由于现在 Prometheus 都是通过容器化部署的，因此这里我们选择用 Docker 进行部署。

5.1.1　快速部署

使用 Docker 部署 Prometheus 非常简单，只需要一行命令和一个配置文件即可，如代码清单 5-1和代码清单 5-2 所示。

代码清单 5-1　使用 Docker 部署 Prometheus

```
docker run --name = prometheus  -d -p 9090:9090 -v $(pwd)/prometheus.yml:
                   /etc/prometheus/prometheus.yml  prom/prometheus
```

代码清单 5-2　Prometheus 的配置文件

```
global:
  scrape_interval:     15s
  evaluation_interval: 15s

scrape_configs:
  - job_name: 'prometheus'
    static_configs:
    - targets: ['localhost:9090']
```

```
  - job_name: 'node_Exporter'
    static_configs:
    - targets: ['localhost:9100']
  - job_name: 'mysql'
    static_configs:
    - targets: ['localhost:9104']
  - job_name: 'cadvisor'
    static_configs:
    - targets: ['localhost:8091']
  - job_name: 'pushgateway'
    static_configs:
    - targets: ['localhost:9091']
      Labels:
          instance: pushgateway
(neutron)
```

代码清单 5-2 所示的是一个 Prometheus 的配置文件的内容，其中 global 字段表示全局配置。在该文件中，我们指定每隔 15 秒便向各个 Exporter 抓取一次监控数据。而 scrape_configs 字段表示 Prometheus 的主服务要去抓取各个 Exporter 的地址。Prometheus 是标准的 Pull 架构，主服务并不负责执行监控任务，真正负责执行监控任务的是各种不同的 Exporter。例如，要监控一个 Linux 服务器的各项性能指标，则需要在该服务器上部署一个 Node Exporter，之后在 Prometheus 的配置文件中的 scrape_configs 字段中填写这个 Node Exporter 的地址和端口号，Prometheus 的主服务就会周期性地拉取监控数据并将其保存在本地。这里需要注意的是，Prometheus 本身就是一个时序数据库，所有的监控数据都会保存在 Prometheus 中。我们在 Prometheus 的用户界面或者通过 Grafana 和 HTTP 接口等查询到的监控数据，都是主服务直接查询本地的时序数据库返回的结果。当服务启动后，可通过 9090 端口访问主服务的用户界面，如图 5-1 所示。

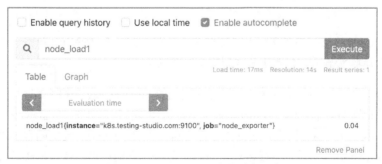

图 5-1　Prometheus 主服务的用户界面

如果我们在服务器上部署了 Node Exporter，就可以通过 PromQL 查询到当前的性能信息。图 5-1 中用 node_load1 语句查询当前所有节点 1 分钟内的 CPU 平均负载。部署 Node Exporter 的方法也很简单，其安装包同样可以在官网找到。

5.1.2　架构介绍

在 Prometheus 的架构中实际负责监控的组件叫作 Exporter，可以把它理解为一个负责监控的服务；负责监控服务器的组件叫作 Node Exporter；负责监控 MySQL 的组件叫作 mysqld Exporter；负责监控 Kafka 的组件叫作 Kafka Exporter。监控数据不是由各个 Exporter 推送给主服务的，而是由主服务根据配置的时间参数周期性地拉取（pull）各个 Exporter 提供的接口来抓取的，如图 5-2 所示。

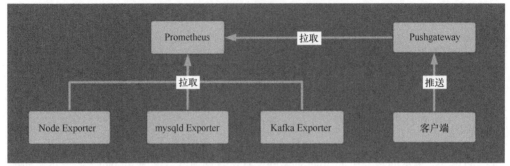

图 5-2   Prometheus 的架构

单纯的 Pull 架构有一定的局限性，具体如下。

- 它要求 Exporter 是一个持续运行的 HTTP 服务。但有些时候监控数据的收集无法满足这样的条件，例如很多测试人员开发的监控组件可能只是一个定时运行的批处理任务，该任务运行结束后 Exporter 便会退出运行。
- 主服务周期性抓取数据的机制存在事件遗漏的可能性。例如，我们需要监控 K8s 集群中所有 Pod 的事件，一旦有容器崩溃就需要针对该事件进行告警处理。但是很多容器可能只需几秒就可以完成重启，如果 Prometheus 在容器崩溃期间没有调用 Exporter 的接口抓取数据，那么这个事件就会被遗漏。

> **注意**
>
> 大部分 Exporter 的逻辑都是反映当前时刻的系统状态，不会保存历史状态，所以如果事件过去了主程序才来抓取 Exporter 就无法采样到这个事件的数据了。

基于以上两个原因，Prometheus 推出了图 5-2 右侧的 Pushgateway 和相关的客户端。Pushgateway 可以理解为一种特别的 Exporter，Prometheus 根据配置周期性地抓取 Pushgateway 中的数据，只不过 Pushgateway 本身并不监控数据，它的数据都来自使用 Prometheus 提供的客户端开发的程序。这些程序不用像 Exporter 一样是持续运行的 HTTP 服务，它们可以以任何形式运行，只要它们按照自己的逻辑收集到数据，然后将数据通过主动推送（push）的方式发送给 Pushgateway 就可以。这个机制补全了 Prometheus 没有主动推送机制的缺点。在实际做测试项目的时候，我们往往会在测试程序中把收集到的测试数据推送到 Pushgateway 上，这样就可以让测试自定义的监控能力无缝地与 Prometheus 对接了。

5.1.3   可视化

Prometheus 本身并不擅长数据的可视化，它的用户界面无法制作丰富的仪表盘，所以对应的可视化报表一般都交给 Grafana 来完成。Prometheus 与 Grafana 社区有着很好的合作关系，我们可以在 Grafana 社区中找到非常多的与 Prometheus 相关的仪表盘模板。这里让我们先部署 Grafana，同样只需要一个命令，如代码清单 5-3 所示。

代码清单 5-3　Docker 部署 Grafana

```
docker run --name grafana -d -p 3000:3000 grafana/grafana
```

登录到 Grafana 后（默认用户名/密码为 admin/admin）需要添加 Prometheus 作为数据源，如图 5-3 所示。

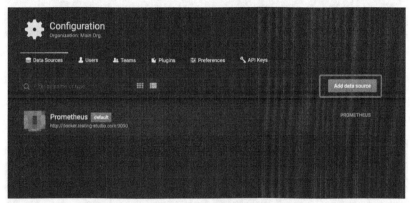

图 5-3　Grafana 添加数据源

配置 Grafana 的仪表盘需要编写很多非常复杂的 PromQL 程序，在学习 PromQL 的语法之前，可以先从社区找一个开源的仪表盘来进行试验。实际上很多时候，用户都是在社区中搜索一个可用的仪表盘并将其引入 Grafana，然后在此基础上进行修改来满足项目需求的。用户可以选择直接下载仪表盘的 JSON 文件，然后在 Grafana 中导入，也可以直接在社区中搜索仪表盘的 ID 并将其复制到 Grafana 中，只要 Grafana 可以连接网络，它就可以根据仪表盘的 ID 在社区中下载对应的仪表盘。在社区中复制 Node Exporter 的仪表盘并导入自己的 Grafana 的操作如图 5-4 和图 5-5 所示。

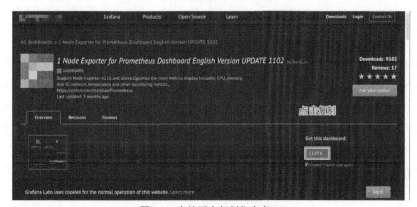

图 5-4　在社区中复制仪表盘 ID

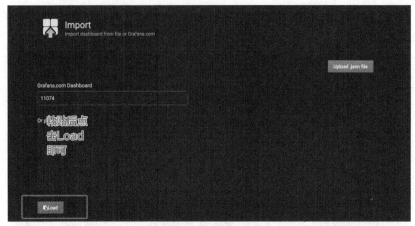

图 5-5 在 Grafana 中导入仪表盘

这里需要注意的是，Grafana 社区与很多项目都保持着合作，所以在社区中搜索仪表盘时需要选择 Prometheus 数据源作为筛选条件，千万不要下载其他类型的数据源。最后，我们来看一下图 5-6 所示的仪表盘的效果。

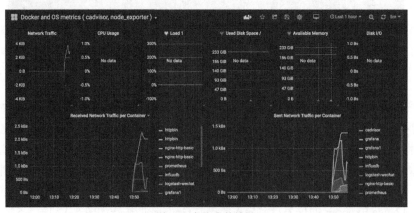

图 5-6 仪表盘的效果

5.1.4 小结

互联网的强大之处在于让用户可以在深入了解软件之前就使用他人分享的成果来完善自己的项目。手动编写 Grafana 的仪表盘是需要拥有一定的知识背景才可以做到的，但借助社区的力量，我们可以在短时间内构建出自己的监控系统。通过对本节的学习，大家已经拥有把 Prometheus 引入公司项目并使用它的基本能力。接下来我们将更深入地了解 PromQL。

5.2 PromQL 详解

PromQL 是 Prometheus 内置的一种类 SQL，用户通过编写 PromQL 来查询并计算需要的监控数据。PromQL 提供了非常多的操作符和函数供用户使用，这些操作符和函数非常灵活，用户可以使用它们从各种维度查询并计算所需要的监控数据。这一点是 Prometheus 和传统的监控工具不一样的地方。例如，用户可以使用 PromQL 非常方便地计算出每个服务在周一到周三这段时间内的 CPU 使用率的最大值和平均值。本章开头提到的需要通过性能测试来确定容器的 request 和 limit 参数设置得是否合理，就是通过 PromQL 查询每个 Pod 对应的 request、limit、CPU 平均使用率和 CPU 最大使用率这些数据并对它们进行分析而得出结论的。

5.2.1 理解时间序列

Prometheus 本身是一个时序数据库，它会周期性地从 Exporter 中拉取数据并将数据保存到自身的存储中。图 5-7 中列出了每条监控样本的组成。

```
<-------------- metric --------------------><-timestamp -><-value->
http_request_total{status="200", method="GET"}@1434417560938 => 94355
http_request_total{status="200", method="GET"}@1434417561287 => 94334

http_request_total{status="404", method="GET"}@1434417560938 => 38473
http_request_total{status="404", method="GET"}@1434417561287 => 38544

http_request_total{status="200", method="POST"}@1434417560938 => 4748
http_request_total{status="200", method="POST"}@1434417561287 => 4785
```

图 5-7 时间序列

在图 5-7 中，Prometheus 中的样本都是按时间顺序排列保存的，每个样本由以下 3 部分组成。

- 监控指标（metric）：该指标的名称和当前样本的标签的集合。
- 时间戳（timestamp）：一个精确到毫秒的数值，表示这个监控样本发生的时间。用户可以根据时间戳查询过去某个时间的监控样本。
- 值（value）：该监控样本具体的值。

这里需要注意，为样本设置标签是非常重要的机制，与 K8s 非常相似的是，Prometheus 也是通过为数据设置不同的标签来对数据进行分类的。这样用户可以根据自己的需要，通过标签进行条件查询。例如，使用 http_request_total 查询会返回当前时间的所有样本，但是当用户输入 http_request_total{status = " 404 " }时则只会返回状态码为 404 的样本。在 Prometheus 中，每个监控指标都带有多个标签供用户使用，用户通过这些标签可以过滤出自己关注的那部分数据而不是进行全量查询。可以想象，当某台服务器出现性能瓶颈时，用户一定希望只查询出该服务器的监控数据。所以，大家需要深刻理解标签的含义并熟练掌握条件查询的使用方法，这样才能应对工作中复杂的监控场景。

5.2.2 理解指标类型

在 Prometheus 中有 4 种类型的指标：Counter、Gauge、Histogram 和 Summary。Counter 类型

的指标是一个只增不减的计数器，例如 Node Exporter 提供的 node_cpu_seconds_total 就是一个 Counter 类型的指标，该指标常用来统计节点的 CPU 使用率。但有趣的是，这个指标并非直接记录当前的 CPU 使用率，而是记录自服务器启动以来 CPU 在不同任务下运行时间的总和（单位为秒），即自服务器启动以来 CPU 运行的时间总量。这样的数据并不能直接使用到项目中，用户需要编写对应的 PromQL 操作符或函数才能计算出用户需要的 CPU 使用率。

不熟悉监控系统的读者可能会感到困惑，为什么 Node Exporter 不直接给出当前的 CPU 使用率，而是要这么麻烦地让用户自己来计算？让我们回顾一下第 3 章介绍的 Cgroups，当我们想要使用 Cgroups 来限制进程资源时，需要在对应的文件中写入该进程在单位时间内能使用 CPU 的时间总和。Cgroups 正是通过规定进程能使用 CPU 时间的上限来对进程进行限制的。可以看到，在 Linux 中针对 CPU 的计算都是以时间为基础的，所以 Node Exporter 也遵循这一规律提供最原始的数据。用户通过强大的 PromQL 能在此基础上计算出不同需求下的 CPU 数据。一般来说 Counter 类型的指标的计算比较复杂，需要配合不同的操作符与内置函数来完成。5.2.3 节中会通过一个统计 CPU 使用率的案例来说明。

与 Counter 类型不同，Gauge 类型的指标侧重于反映系统的当前状态，这类指标的样本数据可增可减。常见指标如 node_memory_MemFree（服务器当前空闲的内存大小）、node_memory_MemAvailable（可用内存大小）等都是 Gauge 类型的监控指标。通过 Gauge 类型的指标，用户可以直接查看系统的当前状态。

Histogram 类型和 Summary 类型的使用场景并不多，主要用于统计和分析样本的分布情况。它们类似在性能测试中统计的 TP 99（99%的网络请求所需要的最低耗时）。Histogram 类型和 Summary 类型的指标都是为了解决统计样本分布的问题而存在的，通过 Histogram 类型和 Summary 类型的监控指标，我们可以快速了解监控样本的分布情况，例如指标 go_gc_duration_seconds 的类型为 Summary。它记录了 Go 语言垃圾回收的处理时间，通过访问 Prometheus 服务器的/metrics 接口，可以获得图 5-8 所示的监控样本数据。

```
# HELP go_gc_duration_seconds A summary of the pause duration of garbage collection cycles.
# TYPE go_gc_duration_seconds summary
go_gc_duration_seconds{quantile="0"} 4.022e-05
go_gc_duration_seconds{quantile="0.25"} 4.6495e-05
go_gc_duration_seconds{quantile="0.5"} 6.7136e-05
go_gc_duration_seconds{quantile="0.75"} 9.0971e-05
go_gc_duration_seconds{quantile="1"} 0.000300284
go_gc_duration_seconds_sum 0.051657068
go_gc_duration_seconds_count 662
```

图 5-8 指标 go_gc_duration_seconds 记录的监控样本数据

从图 5-8 中可以得知，当前 Prometheus 服务器进行 Go 语言垃圾回收操作的总次数为 662 次，总耗时约为 0.051657068 秒。其中，中位数（即 quantile = " 0.5 "）和其他分布的数据我们都可以查看。在 Prometheus 服务器自身返回的样本数据中，我们还能找到类型为 Histogram 的监控指标 prometheus_tsdb_compaction_chunk_range_seconds_bucket，如图 5-9 所示。

```
# HELP prometheus_tsdb_compaction_chunk_range_seconds Final time range of chunks on their first compaction
# TYPE prometheus_tsdb_compaction_chunk_range_seconds histogram
prometheus_tsdb_compaction_chunk_range_seconds_bucket{le="100"} 0
prometheus_tsdb_compaction_chunk_range_seconds_bucket{le="400"} 0
prometheus_tsdb_compaction_chunk_range_seconds_bucket{le="1600"} 0
prometheus_tsdb_compaction_chunk_range_seconds_bucket{le="6400"} 0
prometheus_tsdb_compaction_chunk_range_seconds_bucket{le="25600"} 0
prometheus_tsdb_compaction_chunk_range_seconds_bucket{le="102400"} 0
prometheus_tsdb_compaction_chunk_range_seconds_bucket{le="409600"} 0
prometheus_tsdb_compaction_chunk_range_seconds_bucket{le="1.6384e+06"} 14
prometheus_tsdb_compaction_chunk_range_seconds_bucket{le="6.5536e+06"} 42423
prometheus_tsdb_compaction_chunk_range_seconds_bucket{le="2.62144e+07"} 42423
prometheus_tsdb_compaction_chunk_range_seconds_bucket{le="+Inf"} 42423
prometheus_tsdb_compaction_chunk_range_seconds_sum 7.702566e+10
prometheus_tsdb_compaction_chunk_range_seconds_count 42423
```

图 5-9　指标 prometheus_tsdb_compaction_chunk_range_seconds_bucket 记录的监控样本数据

Histogram 类型的指标与 Summary 类型的指标的相似之处在于 Histogram 类型的样本也会反映当前指标的记录的总数（以_count 作为后缀）及其值的总量（以_sum 作为后缀）。

5.2.3　语法详解

PromQL 有一定的学习成本，当我们熟练掌握了其语法后就会发现，PromQL 会成为我们在测试中无往不利的工具。接下来将详细介绍 PromQL 的相关知识。

1. 基本语法

直接用指标的名称进行查询可以返回该指标对应的所有数据，如果想查询某个时间段内的数据则可以用[time]操作符。例如，执行语句 process_cpu_seconds_total[5m]可以查询最近 5 分钟的数据，得到的结果如代码清单 5-4 所示。

代码清单 5-4　使用时间操作符

```
process_cpu_seconds_total[5m]
457290.56 @1636449224.643
457292.18 @1636449239.643
457294.08 @1636449254.643
457295.48 @1636449269.643
457297.15 @1636449284.643
457298.74 @1636449299.643
457300 @1636449314.643
457301.55 @1636449329.643
457302.9 @1636449344.643
457304.77 @1636449359.643
457306.26 @1636449374.643
457307.93 @1636449389.643
457309.26 @1636449404.643
```

除了制定这样的语法，我们还可以使用时间位移查询。例如，使用语句 node_cpu_seconds_total[1d] offset 1d，其中 offset 是时间的偏移量，该语句表示查询 2 天前到 1 天前的数据。

每个指标都会定义很多标签，用户在查询的时候可以根据标签进行过滤。例如，我们使用语句 node_cpu_seconds_total{instance = " ×××××× " } 只会查询出对应机器的指标。

2. 理解向量类型

在 PromQL 中我们可以使用很多的操作符和内置函数来计算监控数据，而这些操作符和内置函数在计算的时候对输入的参数类型是有要求的。在 PromQL 中计算的参数分为标量（scalar）和向量（vector）两种类型。标量类型数据就是普通的常量值，如 1、2、3、4 等，很好理解，不好理解的是向量类型数据。什么是向量类型数据呢？我们随便找到一个指标进行查询，它的数据如代码清单 5-5 所示。

代码清单 5-5　向量类型数据
```
{device = "sda",instance = "localhost:9100",job = "node_Exporter"} = >1634967552
          @1518146427.807 + 864551424@1518146427.807
{device = "sdb",instance = "localhost:9100",job = "node_Exporter"} = >1634967552
          @1518146427.807 + 864551424@1518146427.807
```

该指标的数据就是向量类型数据。这里返回了两条数据，是因为监控指标是含有标签的，监控数据会根据标签进行分类，所以这里我们可以看到有多条数据返回。一个向量是由多个监控数据组合而成的。向量分为瞬时（instant）向量和范围（range）向量两种类型。顾名思义，瞬时向量反映某个时刻的监控数据，使用 node_cpu_seconds_total 进行查询得到的就是瞬时向量。如果我们使用[time]操作符获取一个时间段内的监控数据，则会获得一个范围向量，例如在代码清单 5-4 中使用 process_cpu_seconds_total[5m]来查询 5 分钟内所有的监控数据就获得了一个范围向量。

之所以要搞清楚标量和向量的定义，是因为 PromQL 中的操作符和内置函数对参数类型有要求，有的要求参数是标量，有的要求参数是瞬时向量，有的要求参数是范围向量。所以，我们要明白调用的操作符和函数要求什么类型的变量，这样才能查询出对应类型的变量。例如，聚合函数 avg 要求参数是瞬时向量，即计算向量中数据的平均值。如果我们用[time]操作符把查询出的范围向量输入 avg 函数，就会抛出异常"Error executing query: 1:5: parse error: expected type instant vector in aggregation expression, got range vector"。

3. 聚合函数

在 PromQL 中要求参数是瞬时向量的常用聚合函数如下：

- sum（求和）;
- min（最小值）;
- count（计数）;
- avg（平均值）;
- stddev（标准差）;
- stdvar（标准方差）;
- count_values（对值进行计数）;
- bottomk（后 k 条时序数据）;

- topk（前 *k* 条时序数据）；
- quantile（分位数）。

聚合函数语法如代码清单 5-6 所示。

```
<aggr-op>([parameter,] <vector expression>) [without|by (<Label list>)]
```

针对代码清单 5-6 中的语法需要说明以下几点。

- 只有 count_values、quantile、topk、bottomk 支持参数（parameter）。
- without 用于从计算结果向量中移除列出的标签，保留其他标签并进行分组。by 则正好相反，它用于从计算结果向量中保留列出的标签并进行分组，移除其他标签。通过 without 和 by 我们可以按照样本的问题对数据进行聚合，其效果类似 SQL 中的 group by。

在 PromQL 中要求参数是范围向量的常用聚合函数如下：

- avg_over_time（平均值）；
- min_over_time（最小值）；
- max_over_time（最大值）；
- sum_over_time（累加）；
- count_over_time（计数）；
- quantile_over_time（分位数）；
- stddev_over_time（标准差）；
- stdvar_over_time（标准方差）；
- last_over_time（最后一个样本）。

4. 内置函数 rate 与 irate

PromQL 提供的内置函数非常多，大家可以在官网查询详细的文档，这里主要介绍比较常用的 rate 函数与 irate 函数。rate 函数用于计算 Counter 类型指标的值平均每秒的增长量。我们知道 Counter 类型指标的值都是只增不减的，这样的指标很难直观地体现服务占用资源的真实情况。例如，用户希望统计某个 Pod 的 CPU 使用率，但 Exporter 收集的数据其实是这个 Pod 到目前为止使用 CPU 的时间总量，或者用户希望统计某块网卡的流量，指标返回的是这块网卡从启动到现在收发网络包大小的总和。这些都很难反映出当前系统的性能情况。而 rate 函数可以计算 Counter 类型指标的值在某段时间内平均每秒增长了多少，通过增长的数据可以计算出平均每秒的使用率。接下来从常见的需求着手，统计某台服务器的 CPU 使用率。

在 Prometheus 的用户界面中执行 node_cpu_seconds_total 来查看当前机器中的 CPU 使用情况，如图 5-10 所示。

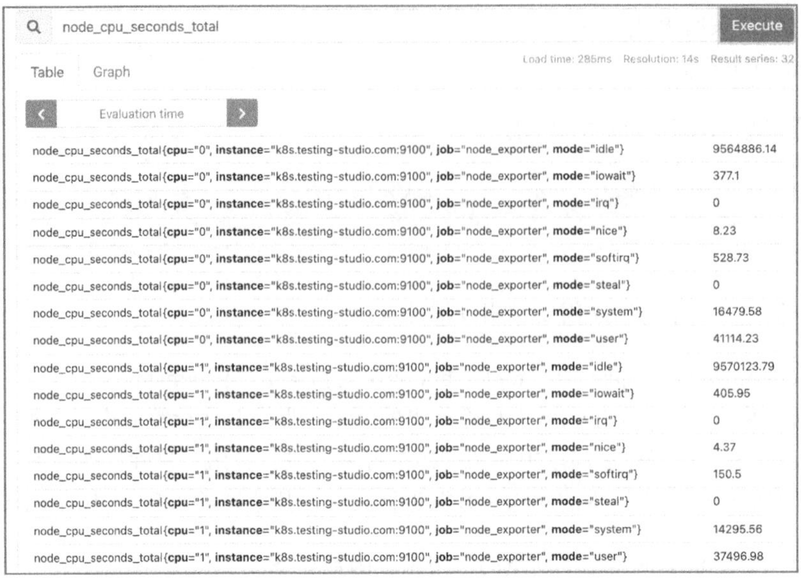

node_cpu_seconds_total{cpu="0", instance="k8s.testing-studio.com:9100", job="node_exporter", mode="idle"}	9564886.14
node_cpu_seconds_total{cpu="0", instance="k8s.testing-studio.com:9100", job="node_exporter", mode="iowait"}	377.1
node_cpu_seconds_total{cpu="0", instance="k8s.testing-studio.com:9100", job="node_exporter", mode="irq"}	0
node_cpu_seconds_total{cpu="0", instance="k8s.testing-studio.com:9100", job="node_exporter", mode="nice"}	8.23
node_cpu_seconds_total{cpu="0", instance="k8s.testing-studio.com:9100", job="node_exporter", mode="softirq"}	528.73
node_cpu_seconds_total{cpu="0", instance="k8s.testing-studio.com:9100", job="node_exporter", mode="steal"}	0
node_cpu_seconds_total{cpu="0", instance="k8s.testing-studio.com:9100", job="node_exporter", mode="system"}	16479.58
node_cpu_seconds_total{cpu="0", instance="k8s.testing-studio.com:9100", job="node_exporter", mode="user"}	41114.23
node_cpu_seconds_total{cpu="1", instance="k8s.testing-studio.com:9100", job="node_exporter", mode="idle"}	9570123.79
node_cpu_seconds_total{cpu="1", instance="k8s.testing-studio.com:9100", job="node_exporter", mode="iowait"}	405.95
node_cpu_seconds_total{cpu="1", instance="k8s.testing-studio.com:9100", job="node_exporter", mode="irq"}	0
node_cpu_seconds_total{cpu="1", instance="k8s.testing-studio.com:9100", job="node_exporter", mode="nice"}	4.37
node_cpu_seconds_total{cpu="1", instance="k8s.testing-studio.com:9100", job="node_exporter", mode="softirq"}	150.5
node_cpu_seconds_total{cpu="1", instance="k8s.testing-studio.com:9100", job="node_exporter", mode="steal"}	0
node_cpu_seconds_total{cpu="1", instance="k8s.testing-studio.com:9100", job="node_exporter", mode="system"}	14295.56
node_cpu_seconds_total{cpu="1", instance="k8s.testing-studio.com:9100", job="node_exporter", mode="user"}	37496.98

图 5-10 执行 node_cpu_seconds_total 返回的数据

在图 5-10 中，该监控指标划分的标签中有 3 个是我们需要关心的：CPU 的编号（cpu）、CPU 所属的机器（instance）和 CPU 处于哪种状态（mode）。如果用户希望统计当前机器的 CPU 使用率，可以执行 PromQL 语句：1− (avg by (instance) (rate(node_cpu_seconds_total{mode = " idle " }[1m])))。具体的语法会在后续讲解，这里先大概解释一下这个 PromQL 语句的含义。

- node_cpu_seconds_total{mode = "idle"}：通过标签来筛选出 CPU 处于空闲（idle）状态的数据。
- [1m]：时间操作符，选取过去 1 分钟内所有的监控数据。
- rate：计算 1 分钟内指标值平均每秒的增长量。由于该指标的单位是秒，因此通过 rate 函数就能计算出平均每秒内有多少时间 CPU 是处于空闲状态的。如果每秒指标值增长了 0.9，也就是说过去 1 分钟内，平均每秒内 CPU 有 0.9 秒都处于空闲状态，那么 CPU 的使用率就是 10%。
- avg by (instance)：根据 instance 分组并取平均值。instance 这个标签可以理解为服务器，用户需要统计每台机器的 CPU 使用率，需要根据 instance 进行分组。之所以只用 avg 函数来计算平均值是因为除了 instance 和 mode 这两个标签，我们还有 cpu 这个标签，毕竟一台机器上有多块 CPU 是很常见的。
- 1−：我们用 1 减去计算出来的值即 CPU 平均使用率。因为我们筛选的是处于空闲状态的 CPU 数据，所以需要用 1 减才能得到正确的 CPU 平均使用率。

注意，使用 rate 函数去计算样本的平均增长率，容易陷入“长尾问题”，即无法反映在时间窗口内样本数据的突然变化。例如，对主机而言，在 2 分钟的时间窗口内，可能因访问量或者其他问题而出现 CPU 占用 100%的情况，但是通过计算在时间窗口内的平均增长率无法反映出该问题。

为了解决该问题，PromQL 提供了另一个灵敏度更高的函数 irate(v range-vector)。irate 同样用于计算区间向量的增长率，但是其反映的是瞬时增长率。irate 函数通过区间向量中最后两个样本数据来计算区间向量的增长率。这种方式可以避免在时间窗口内的 "长尾问题"，并且有更好的灵敏度，通过 irate 函数绘制的图标能够更好地反映样本数据的瞬时变化状态。irate 函数相比 rate 函数提供了更高的灵敏度，不过当需要分析长期趋势时或者在告警规则中，irate 的这种灵敏度反而容易造成干扰，因此在长期趋势分析或者告警规则中更推荐使用 rate 函数。

5.2.4 HTTP API

用户可以在 Prometheus 的用户界面中直接输入 PromQL 语句进行查询与计算，但 Prometheus 还提供了 HTTP API 供用户调用。这是非常有用的，用户可以根据需要把监控能力集成到自己的产品中。Grafana 之所以可以制作 Prometheus 的可视化仪表盘，是因为它利用了 Prometheus 的 HTTP API。所以，测试人员可以根据这项能力在性能测试中实现自动收集性能数据的目标，这在 5.3 节要讲的容量测试中十分重要。

用户可以通过向 Prometheus 发送 HTTP Get 请求来查询自己想要的数据，如代码清单 5-7 所示。

代码清单 5-7　向 Prometheus 发送 HTTP Get 请求

```
http://promurl:port/api/v1/query?query = kube_pod_container_info&time = 1636456900
```

代码清单 5-7 中展示的是向 Prometheus 发送一个查询所有容器信息的请求，这里需要注意如下几点。

- 所有请求的路径都是/api/v1/query，后面跟的参数会指定查询的类型、PromQL 语句和时间戳等。
- Prometheus 有两种查询类型，在代码清单 5-7 中使用的是 query 类型，该类型只会针对传入的时间戳进行单次查询。而另一种名为 query_range 的查询类型则会根据传入的参数在一定的时间范围内进行多次查询。
- kube_pod_container_info 是发送给 Prometheus 的查询语句。后面的 time 参数是一个时间戳，表示查询的时间基线，即 PromQL 语句是以哪个时间点为基准进行查询的。该时间戳可以让用户以过去某个时间点为基础进行查询，例如查询 3 天前晚上 7 点的监控数据。

Prometheus API 的响应内容使用了 JSON 格式，当 API 调用成功后将会返回查询结果。所有的 API 响应均使用 JSON 格式，如代码清单 5-8 所示。

代码清单 5-8　Prometheus API 的响应格式

```
{
  "status": "success" | "error",
  "data": <data>,
```

```
// 以下内容只在出现错误的时候才会返回
"errorType": "<string>",
"error": "<string>"
}
```

代码清单 5-8 中列出了 Prometheus API 的响应格式，其中 data 字段保存了用户的查询结果，而 PromQL 表达式可能返回多种类型的数据，例如当 PromQL 语句的查询结果是一个瞬时向量时，它的返回结果如代码清单 5-9 所示。

代码清单 5-9 瞬时向量的返回结果

```
[
  {
    "metric": { "<Label_name>": "<Label_value>", ... },
    "value": [ <时间戳>, "<样本值>" ]
  },
  ...
]
```

在代码清单 5-9 中，用户可以通过读取 metric 字段中的数据获取该指标的标签，这通常用来对返回的数据进行分类。而从 value 字段用户可以获取样本数据和对应的时间戳。当 PromQL 语句的查询结果是一个范围向量时，Prometheus 的返回会有些许不同，如代码清单 5-10 所示。

代码清单 5-10 范围向量的返回结果

```
[
  {
    "metric": { "<label_name>": "<label_value>", ... },
    "values": [ [ <时间戳>, "<样本值>" ], ... ]
  },
  ...
]
```

范围向量包含一组样本，所以在代码清单 5-10 中样本保存在一个数组中。通常，当用户需要查询类似过去 5 分钟内节点的 CPU Load1 这样的数据时就会返回一个范围向量作为结果。query_range 类型的查询也会返回这样的结果（由于 query_range 类型的查询会根据用户传递的参数在一个时间范围内进行多次查询，因此它的返回结果也是一个范围向量）。代码清单 5-11 所示的就是一个 query_range 类型的查询结果。

代码清单 5-11 query_range 类型的查询结果

```
$ curl 'http://localhost:9090/api/v1/query_range?query = up&amp;start = 2022-07-
           22T18:10:30.781Z&amp;end = 2022-07-22T20:11:00.781Z&amp;step = 15s'
{
  "status" : "success",
  "data" : {
    "resultType" : "matrix",
    "result" : [
```

```
                {
                    "metric" : {
                        "__name__" : "up",
                        "job" : "prometheus",
                        "instance" : "localhost:9090"
                    },
                    "values" : [
                        [ 1438881430.781, "1" ],
                        [ 1438881445.781, "1" ],
                        [ 1438881460.781, "1" ]
                    ]
                },
                {
                    "metric" : {
                        "__name__" : "up",
                        "job" : "node",
                        "instance" : "localhost:9091"
                    },
                    "values" : [
                        [ 1438881430.781, "0" ],
                        [ 1438881445.781, "0" ],
                        [ 1438881460.781, "1" ]
                    ]
                }
            ]
        }
    }
```

在代码清单 5-11 中通过 curl 向 Prometheus 发送了一个 query_range 查询请求，这其中有 3 个特别的参数：

- start 表示查询开始的时间戳；
- end 表示查询结束的时间戳；
- step 表示查询的间隔时间。

本章开头提到所有的监控数据都是按时间顺序排列并保存在 Prometheus 中的，所以用户可以根据需要查询任何一个时间点或者一段时间内的监控数据。在 query_range 类型的查询中通过对参数 start、end 和 step 的设置，用户可以在一个时间范围内进行多次查询。我们可以把 query_range 类型的查询理解为在一个时间范围内对数据进行采样，这样可以计算出一段比较长的时间内数据的平均值或最大值。例如，当用户希望计算出过去 1 天内 CPU 使用率的平均值和最大值时，可以使用 query_range 在过去 1 天的时间范围内进行采样，然后根据返回的数据计算出 CPU 使用率的平均值和最大值。这里截取了一段真实场景的代码片段，如代码清单 5-12 所示。该场景通过 query_range 查询一段时间内 K8s 集群中所有容器的 CPU 使用率的最大值和平均值。

代码清单 5-12　通过 query range 查询

```
prom_url = 'http://1.117.219.41:30778'
start_time = str(int(datetime.strptime("09/11/2022 19:25:00", "%d/%m/%Y %H:%M:%S").
                                        timestamp()))
```

```
end_time = str(int(datetime.strptime("09/11/2022 21:25:00", "%d/%m/%Y %H:%M:%S").
                                            timestamp()))
result = {}

r = requests.get(
url = '{prom_url}/api/v1/query_range?query = sum(node_namespace_pod_
        container%3Acontainer_cpu_usage_seconds_total%3Asum_rate%7Bcluster%3D%22cls-
        hchrqyex%22%7D)%20by%20(pod)&amp;start = {start}&amp;end = {end}&amp;step =
        30'.format(
          start = start_time, end = end_time, prom_url = prom_url))
datas = r.json()['data']['result']

for data in datas:
    pod_name = data['metric']['pod']
    cpu_usages = []
    for c in data['values']:
        cpu_usages.append(float(c[1]))
    max_value = max(cpu_usages)
    avg_value = statistics.mean(cpu_usages)
    result[pod_name] = {
        'cpu_max_usage': max_value,
        'cpu_avg_usage': avg_value
    }
```

在代码清单 5-12 中，使用 sum by (pod)的方式统计出每个 Pod 的 CPU 使用率总和。因为 node_namespace_pod_container 统计的是容器维度的指标，而该指标会为每个样本都设置一个名为 Pod 的标签来区分该容器属于哪个 Pod，所以为了得出 Pod 的数据需要使用 sum by (pod)的方式。在这里我们需要计算在性能测试期间（2 小时内）所有容器的 CPU 使用率的最大值和平均值，所以在请求最后使用 step = 30 这个参数来指定每隔 30 秒计算一次指标，然后使用 start 和 end 参数指定时间范围。这样在返回结果中就有了多个采样数据，后面只需要利用 Python 的代码把返回的 JSON 取出来计算最大值和平均值即可。

5.2.5　小结

Prometheus 提供了强大的查询和计算能力，这使用户可以根据需要编写相应的代码来收集数据。掌握本节内容将为学习接下来讲解的容量测试打下坚实的基础。

5.3　容量测试

本章开头简单地介绍了容量测试，由于 K8s 提供了 request 和 limit 两种资源参数来设置预留的服务资源和使用资源的上限，因此用户可以使用它们进行一定程度的超卖。关于超卖的定义在第 3 章中有详细的解释，不清楚的读者请回看第 3 章的内容。超卖是提升资源利用率非常有效的手段，它受到了业界的广泛认可。其核心逻辑在于大部分的服务不会始终处于业务高峰状态，从客观规律上分析，一般的服务在大部分时间内都处于低耗状态，只有处于业务高峰期时才会满负荷运转，所以系统没有必要为每个服务都按高峰期的消耗来预留资源。这也是 K8s 会用 request 和 limit 这两个参数来描述服务资源的原因。根据经验，作为预留资源的参数，request 一般会设置为该服务大部分时间的平均消耗值，保证这部分资源不会被其他服务抢占。而作为限制资源的参数，limit 会被设置为服务繁忙时的峰值，这样保证在业务高峰期也可以申请到足够的资源。

K8s 为用户提供这样灵活的资源分配方式的同时也带来了一定的风险，合理设置 request 和 limit 的值并不简单，不合理的设置会导致各种各样潜在的隐患。例如，request 的值设置得过大会造成资源在大部分时间都是浪费的，设置得过小又会导致系统没有为服务预留足够的资源，埋下在关键时刻申请不到资源而发生崩溃的隐患。所以，在项目中往往需要测试人员通过长时间的性能测试来输出每个服务的资源用量数据，然后根据这些数据推测出一个合理的资源参数，这正是容量测试最重要的意义。

5.3.1 超卖的风险

资源超卖虽然是在业界广受认可的提升资源利用率的方案，但它像"赌博"，赌的是在同一时刻里，节点中的大部分服务都不会处于**繁忙**状态。因为如果很多服务在同一时间满负荷运转，那么节点资源就真的不够用了，所以超卖要适度，尽量保持一个健康的资源状态，过度的超卖只会增加节点崩溃的风险。而在现实中很多偷懒的开发人员在机器预算的压力下会选择非常极端的超卖策略，即将 request 的值设置得很小而 limit 的值设置得非常大。这样虽然可以在很少量的资源下调度更多的服务，但这样过度超卖的风险是显而易见的，它不仅会增加**资源被撑爆**的风险，还会造成经典的**负载失衡**效应。这一点在第 3 章中也简单介绍过，这里通过图 5-11 深入描述一下这个场景。

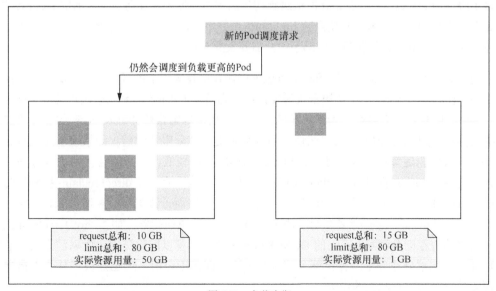

图 5-11 负载失衡

在图 5-11 中，与右边节点相比，左边节点的实际资源用量明显更高，但是由于该节点容器设置的 request 总和比右边节点的要低，因此 K8s 认为左边节点更加空闲，从而让新的服务调度到该节点。这种现象是由 K8s 的调度算法中的负载均衡策略造成的。K8s 的调度算法会尽量让所有节点处于均衡状态，而它判断节点负载的主要依据就是**该节点所有容器的 request 总和而非节点实际的资源用量**。也许有读者会好奇，为什么 K8s 要使用 request 的总和而非节点实际的资源用量来作为依据呢？这是一个容易让初学者感到困惑的问题。这是因为节点实际的负载并不是稳定的，它受当前的业务繁忙程度影响，某个节点当前的负载较低并不意味着它在未来也是低负载状态。当业务高峰期来临时，该节点很可能会处于一个负载非常高的状态，如果 K8s 以节点当前负载较低为依据向该节点调度新的 Pod，很可能会造成当未来某个时刻业务高峰期来临时整个节点的崩溃（如果配置了驱逐策略则会最大程度地避免这种情况发生，但仍然会引起大量 Pod 的重新调度，导致业务受到影响）。所以，K8s 需要用户自己来评估一个容器可能会用到多少资源并合理设置 request 参数的值，而 K8s 则会以这个参数的总和为依据来计算负载均衡。

了解 K8s 的这种负载均衡算法后，就知道了为什么不能无节制地超卖，一旦 limit 和 request 的差值悬殊就会造成图 5-11 中出现的负载失衡场景。在这种场景下，K8s 无法正确地判断出集群的负载状态，可能有些节点十分繁忙，而另一些节点十分空闲。超卖的目的是提高资源利用率，而过度超卖造成的负载失衡背离了这个初衷，并且过度超卖会为集群的稳定性埋下极大的隐患。

5.3.2　资源的初步评估

现在大家已经了解了过度超卖会带来问题，那么测试人员在开始具体的容量测试之前就需要针对每个服务的 request 的值与 limit 的值进行初步的评估。原则上任何一个容器的 request 的值和 limit 的值都不应该相差过多，根据经验 limit 的值最好不要超过 request 的值的 2 倍。当然这只是一个建议的值，实际上每个服务的情况不同，需要大家具体分析。

这里再着重回顾一下可压缩资源与不可压缩资源在驱逐策略上的区别（见第 4 章），K8s 的驱逐策略并不会因为节点的 CPU 资源紧张触发，所以当节点 CPU 资源紧张时用户可能会感受到业务有较为明显的延迟。而内存作为不可压缩资源，一旦资源紧张就会触发 K8s 的驱逐策略，这时 Pod 将被删除并重新调度，用户在短时间内会感受到部分服务中断。如果该节点没有配置驱逐策略，或者因驱逐策略设置得过于柔和导致驱逐的效率较低，节点就会因为没有办法回收足够的内存而触发 Linux 的 direct reclaim（直接回收）来回收内存。当 direct reclaim 被触发时会带来 STW（Stop The World）问题，此时所有进程都会被阻塞而无法工作，直到 direct reclaim 执行完毕，而 direct reclaim 会执行多久则取决于具体的内核参数的配置。如果 direct reclaim 也无法回收到足够的内存则会触发 Linux 的 OOM Killer 来杀掉进程以回收资源。所以，当内存负载过高时可能会引起部分业务中断甚至整个节点在一段时间内不可用。这也是很多从业人员建议内存资源要尽量少地进行超卖的原因。

上面拆解了资源超卖的利弊，大家需要结合自身项目的特点进行分析。理论上每个 K8s 集群中都会有一个 Prometheus 和 Grafana 来构建监控系统。测试人员也可以根据需求通过 PromQL 语句来查询自己需要的监控数据。在容量测试开始之前，大家可以先尝试统计所有服务的超卖情况，并做出初步的分析。代码清单 5-13 中列出了以 Pod 为维度统计 request 和 limit 的代码。

代码清单 5-13　统计 Pod 的 request 与 limit

```
prom_url = 'http://42.193.159.32:31114'
start_time = str(int(datetime.strptime("11/01/2022 19:30:00", "%d/%m/%Y %H:%M:
                                        %S").timestamp())))
end_time = str(int(datetime.strptime("11/01/2022 21:30:00", "%d/%m/%Y %H:
                                      %M:%S").timestamp())))
result = {}
...

    # 查询 Pod 的 CPU request
    r = requests.get(
        url = '{prom_url}/api/v1/query?query = sum(container_cpu_cores_request)
                                              %20by%20(pod)&time = {end}'.format(
              end = end_time, prom_url = prom_url))
    data = r.json()['data']['result']
    for d in data:
        pod_name = d['metric']['pod']
        request_value = d['value'][1]
        pod = result.get(pod_name)
        if pod:
            pod['cpu_request'] = request_value

    # 查询 Pod 的 CPU limit
    r = requests.get(
        url = '{prom_url}/api/v1/query?query = sum(container_cpu_cores_limit)
                                              %20by%20(pod)&time = {end}'.format(
              end = end_time, prom_url = prom_url))
    data = r.json()['data']['result']
    for d in data:
        pod_name = d['metric']['pod']
        limit_value = d['value'][1]
        pod = result.get(pod_name)
        if pod:
            pod['cpu_limit'] = limit_value
```

代码清单 5-13 是资源统计工具的代码片段，大家可以参考这里的方法定制自己的工具。它的原理很简单，通过向 Prometheus 发送请求来查询当前集群中所有容器的 CPU 资源的 request 和 limit 信息。这里需要注意的是，为了显示 Pod 维度的数据，我们使用 sum(container_cpu_cores_request) by (pod)这样的 PromQL 语句把容器维度的监控数据按照 Pod 进行分组并进行累加计算。在拿到相关数据后，测试人员可以根据自己的业务需要列出过度超卖的服务并加以告警。事实上，在 K8s

中大多数监控指标都带有丰富的标签，大家可以根据自己项目的需要开发出多种维度的可视化图表。例如，在很多项目中都会把不同子系统的服务分布到不同的名字空间中，所以我们完全可以按名字空间维度来统计各个子系统的资源信息情况，如图 5-12 所示。

名字空间	CPU request	CPU limit	内存 request	内存 limit
	36.28	70.76	64015.7	127941.85
t syste	9.65	68.29	21682	103424
	6.05	87.65	9907	113055
o	4.4	44	8992	90112
	4.14	56.38	7810	70304
	3.1	77.35	3804	155904
se	2.51	53	5116	108544
etric	1.35	40.65	1828	84612
mmon	0.86	12.06	670	16434
-nginx	0.6	6	768	6144
	0.58	4.82	912	8832
o	0.31	5	620	8192
ix	0.28	28	560	57344
em	0.2	1	256	2048
ger	0.19	3	640	2560
a th	0.19	1.75	320	3584
a	0.06	1.02	128	512
d ault	0.01	0.1	10	256
i ore-log	0	10	0	10240
总计	70.76	570.83	128038.7	970042.85

图 5-12   资源信息统计

根据类似图 5-12 所示的资源信息，测试人员和开发人员就可以初步分析产品中的服务是否有过度超卖的情况了。

5.3.3   统计具体的资源

5.3.2 节中统计了 K8s 集群中不同维度下 request 和 limit 的数据，以对服务是否过度超卖进行初步的分析。但在容量测试中，测试人员最需要关注的仍然是每个服务和节点在测试中消耗的资源。所以，进行全链路的性能测试后，测试人员可以通过 PromQL 语句来查询测试过程中所有服务的监控数据并进行计算，如代码清单 5-14 所示。

代码清单 5-14   统计 Pod 的资源使用数据

```
prom_url = 'http://42.193.159.32:31114'
start_time = str(int(datetime.strptime("11/01/2022 19:30:00", "%d/%m/%Y %H:%M:%S").
                                   timestamp()))
end_time = str(int(datetime.strptime("11/01/2022 21:30:00", "%d/%m/%Y %H:%M:%S").
                                   timestamp()))
```

```
result = {}

f = {'query': 'sum(irate(container_cpu_usage_seconds_total{container ! = "",
                    container! = "POD"}[2m])) by (pod)'}
r = requests.get(
    url = '{prom_url}/api/v1/query_range?{query}&start = {start}&end =
            {end}&step = 30'.format(
        start = start_time, end = end_time, prom_url = prom_url, query =
                urllib.parse.urlencode(f)))

datas = r.json()['data']['result']

for data in datas:
    pod_name = data['metric']['pod']
    cpu_usages = []
    for c in data['values']:
        cpu_usages.append(float(c[1]))
    max_value = max(cpu_usages)
    avg_value = statistics.mean(cpu_usages)
    result[pod_name] = {
        'cpu_max_usage': max_value,
        'cpu_avg_usage': avg_value,
        'namespace': ' ',
        'pod_name': pod_name,
    }
# 统计内存使用量
f = {'query': 'sum(container_memory_working_set_bytes{container ! = "",
                    container! = "POD"})  by (pod)'}
r = requests.get(
    url = '{prom_url}/api/v1/query_range?{query}&start = {start}&end =
            {end}&step = 30'.format(
        start = start_time, end = end_time, prom_url = prom_url, query =
                urllib.parse.urlencode(f)))

datas = r.json()['data']['result']

for data in datas:
    pod_name = data['metric']['pod']
    memory_usages = []
    for c in data['values']:
        memory_usages.append(float(c[1]))
    max_value = max(memory_usages) / 1000 / 1000
    avg_value = statistics.mean(memory_usages) / 1000 / 1000
    pod = result.get(pod_name)
    if pod:
        pod['memory_max_usage'] = max_value
        pod['memory_avg_usage'] = avg_value
```

代码清单 5-14 中以 Pod 为维度统计了集群中所有服务的 CPU 和内存使用情况。这里需要注意的是，负责监控 K8s 的 Exporter 提供了多种内存统计的指标，其中 container_memory_working_ set_bytes，即进程实际使用内存加上活跃文件（active file）缓存，是业界比较推荐的内存监控指标，也是 K8s 使用的内存统计方法。针对一个容器的 OOM Killer 正是以这个内存统计方法为准的，也就是说，当 working_set 统计的内存超过容器的 limit 时就会触发 OOM Kill，当用户通过 kubectl 命令查看该 Pod 的信息时就会发现，该容器上一次退出的原因是发生 OOM Killed。由于 K8s 默认的策略是帮助用户自动重启容器，因此大部分时候用户对于 OOM Killer 是无感知的。但是测试人员应该关注这类事件，因为触发 OOM Kill 意味着容器的资源设置不合理或者发生了内存泄漏。而且 Prometheus 并不擅长发现这种容器崩溃的问题，因为 Prometheus 是典型的 Pull 架构，依赖周期性的抓取策略来获取监控数据，所以默认情况下它无法很好地描述环境的瞬时状态。虽然通过特殊的 PromQL 和 Pushgateway 可以间接达到这一目的，但是仍然无法从服务中获取容器崩溃的信息（基本信息、错误码、日志等）。为了补足这方面的能力，第 6 章中会详细描述如何通过 K8s 客户端开发对应的监控组件，届时配合 Prometheus 可以构建出较为完善的监控系统。这种监控能力对第 6 章介绍的稳定性测试来说同样至关重要。

大家可以通过代码清单 5-15 中的代码片段来从 Node Exporter 中获取节点级别的监控数据。

代码清单 5-15　获取节点的监控数据

```python
prom_url = 'http://42.193.159.32:31114'
start_time = str(int(datetime.strptime("11/01/2022 19:30:00", "%d/%m/%Y %H
                                        :%M:%S").timestamp())))
end_time = str(int(datetime.strptime("11/01/2022 21:30:00", "%d/%m/%Y %H:%M
                                      :%S").timestamp())))
result = {}

# 查询节点的 CPU 资源总数
f = {'query': 'node_cpu_cores_total'}
r = requests.get(
    url = '{prom_url}/api/v1/query?{query}'.format(
        prom_url = prom_url, query = urllib.parse.urlencode(f)))
body = r.json()['data']['result']
for data in body:
    node_name = data['metric']['node']
    cpu_num = float(data['value'][1])
    result[node_name] = {
        'node': node_name,
        'cpu_num': cpu_num
    }

# 查询节点的内存资源总数
f = {'query': 'node_memory_bytes_total  /1000 /1000 /1000'}
r = requests.get(
    url = '{prom_url}/api/v1/query?{query}'.format(
        prom_url = prom_url, query = urllib.parse.urlencode(f)))
body = r.json()['data']['result']
for data in body:
    node_name = data['metric']['node']
```

```
        memory_total = float(data['value'][1])
        result[node_name]['memory_total'] = memory_total

# 统计 CPU 使用率
f = {'query': '1 - (avg by (node_name) (rate(node_cpu_seconds_total{mode =
                                "idle"}[1m))))'}
r = requests.get(
    url = '{prom_url}/api/v1/query_range?{query}&start = {start}&end =
            {end}&step = 30'.format(
        start = start_time, end = end_time, prom_url = prom_url, query =
                urllib.parse.urlencode(f)))

datas = r.json()['data']['result']
for data in datas:
    node = data['metric']['node_name']
    cpu_usages = []
    for c in data['values']:
        cpu_usages.append(float(c[1]))
    max_value = max(cpu_usages) * result[node]['cpu_num']
    avg_value = statistics.mean(cpu_usages) * result[node]['cpu_num']
    result[node]['cpu_max_usage'] = max_value
    result[node]['cpu_avg_usage'] = avg_value

# 统计内存使用率
f = {'query': '(node_memory_MemTotal_bytes - node_memory_MemAvailable_bytes)
    / 1000 / 1000 / 1000'}
r = requests.get(
    url = '{prom_url}/api/v1/query_range?{query}&start = {start}&end =
            {end}&step = 30'.format(
        start = start_time, end = end_time, prom_url = prom_url, query =
                urllib.parse.urlencode(f)))
datas = r.json()['data']['result']
for data in datas:
    instance = data['metric']['node_name']
    cpu_usages = []
    for c in data['values']:
        cpu_usages.append(float(c[1]))
    max_value = max(cpu_usages)
    avg_value = statistics.mean(cpu_usages)
    result[instance]['memory_max_value'] = max_value
    result[instance]['memory_avg_value'] = avg_value
```

代码清单 5-15 中的代码片段只能够计算节点维度的监控数据，但是其中使用的监控指标包含一个名为 node 的标签，所以我们完全可以过滤出某个节点的数据并计算出该节点的 Pod 总数、request 总数和 limit 总数。结合代码清单 5-15 中获取到的节点监控数据，可以得到一个较为完整的视图来分析节点的超卖情况和实际的资源使用情况。

5.3.4   小结

至此，大家应该可以感受到虽然本节的标题是容量测试，但这里仍然在讲述如何利用 Prometheus 来抓取监控数据。这是因为容量测试的方法本质上与业界流行的性能测试的方法并无区别，其重点在于测试人员需要快速计算出集群内所有相关服务的 request、limit、资源的最大使用率和平均使用率等数据。在此数据的基础上，测试人员需要评估服务的 request 和 limit 的值设置得是否合理。所以，通过学习本节的内容，相信大家已经可以根据自己的需要抓取合适的数据了。这里建议把这种通过代码来自动获取监控数据的能力加入性能测试，这样测试人员就可以构建自动化的性能测试实践，不需要像以前一样人工地在仪表盘中观察性能情况再记录到测试报告中。

5.4   分布式压力测试工具 JMeter

JMeter 是业界非常流行的性能测试工具，大家可能或多或少都接触过。使用 JMeter，用户可以通过简单的图形界面定制性能测试计划，也可以通过纯命令行模式构建无界面的性能测试方案。事实上，市面上的性能测试工具种类众多，这里选择介绍 JMeter 在 K8s 中的实践方法是因为 JMeter 的生态相对成熟，并且在 GitHub 上有现成的开源项目可使用。如果大家有使用其他工具的需求可以自行开发相关工具，相信经过前面几章的学习，大家已经可以比较轻松地在 K8s 中开发相关的工具了。

这里要介绍的是 JMeter + InfluxDB + Grafana 的实践方法。在这套架构中 JMeter 会把性能相关数据（TPS、响应时间等）存入 InfluxDB 并通过 Grafana 进行可视化展示。这里需要注意的是，JMeter 采用集群部署，即一个主服务接收用户请求，多个从服务共同执行压力测试操作。JMeter 的架构如图 5-13 所示。

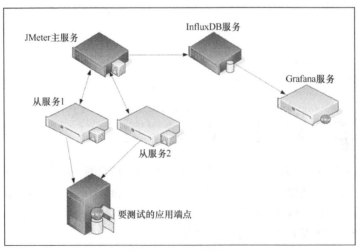

图 5-13   JMeter 的架构

大家可以发现，K8s 非常适合部署图 5-13 所示的分布式架构，大家可以通过第 3 章讲解的各种调度策略来满足自己的需求。这里使用一个现成的开源项目，大家可以参考使用，只需要在 GitHub 上搜索 jmeter-kubernetes 即可找到。

5.4.1　部署 JMeter 集群

把项目克隆下来后会发现该项目为用户提供了以下几个脚本。

- dockerimages.sh 用来构建相关镜像。虽然该项目已经提供了默认的镜像，但应用到实际项目中往往需要做一些定制化的工作，所以用户可以修改它的 Dockerfile 并使用此脚本进行镜像的构建。
- jmeter_cluster_create.sh 用来根据模板在 K8s 集群中部署 JMeter 集群 + InfluxDB + Grafana 的脚本。该脚本在运行时会提示用户输入一个名字空间的名称，输入后所有服务都会部署在该名字空间中。
- dashboard.sh 用来配置数据源。部署 JMeter 集群后需要对 InfluxDB 进行初始化，也需要在 Grafana 中配置数据源。为了简化这部分操作，该项目提供了这个脚本。
- start_test.sh 用来开始执行性能测试。该脚本要求用户输入一个 JMeter 的测试计划文件，关于如何配置这个测试计划可以参考项目自带的测试计划（即 JMeter 的 testplan 文件），其关键是配置一个 listener 跟 InfluxDB 对接，这里就不详细展开了。

用户只需要依次运行上面的 4 个脚本就可以完成分布式压力测试的演示了。为了能在 Grafana 上看到测试的数据，用户需要导入一个模板文件。该项目中已经有一个 GrafanaJMeter Template.json 作为默认的模板了。当用户导入该模板后就可以在 Grafana 上看到相关的仪表盘，如图 5-14 所示。

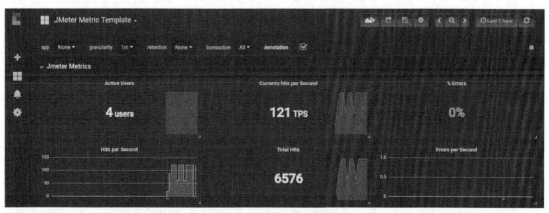

图 5-14　监控可视化效果

该项目只是给用户提供了一个默认的配置，大家还是需要根据需求对其进行修改。常用的修改工作如下。

- 部署 JMeter 的 Deployment 中 replicas 默认为 2。如果测试场景需要的压力很大，需要调整该参数。
- 部署 JMeter 的 Pod 默认没有配置任何调度策略。用户可以根据需要增加 Pod 反亲和性等调度策略来满足自身环境的需求。
- 部署 Grafana 的 Service 中 NodePort 配置的是随机端口号。用户可以根据需要配置固定端口号。

该项目中有完整的 Dockerfile 和 K8s 相关配置文件，大家可以基于这些文件定制自己的性能测试工具。

5.4.2　小结

K8s 非常适合部署分布式架构，强大的调度策略和高可用能力可以保证用户的分布式系统稳定运行在集群中。对测试人员来说，利用好 K8s 的特性是十分重要的，在传统的 JMeter 实践过程中测试人员需要手动维护 JMeter 集群，发生节点故障也需要人工迁移。如果测试人员利用好容器生态，那么开发成本和运维成本都会降低很多。另外，不知大家是否注意到，K8s 的调度策略、资源配额等机制都十分符合平台化的需求，我在之前的工作中开发的分布式压力测试平台正是以 JMeter on K8s 为基础扩展出来的。如果有读者不喜欢 JMeter 或者有更趁手的性能测试工具，那么也不妨尝试一下将它们迁移到 K8s 中进行部署。

5.5　测试 K8s 的性能

截至目前，本书介绍的内容已经可以满足大部分日常的性能测试需求了，如果有读者在一些云厂商就职，尤其是在从事测试商业化 K8s 产品的工作，往往需要评估 K8s 集群本身的性能情况。测试人员需要清楚当节点和 Pod 数量扩充到一定规模时，K8s 集群和相关组件是否还可以正常提供服务。相信大家可以猜到，随着节点和 Pod 数量的增加，K8s 集群面临的压力也会越来越大。虽然 K8s 官方公布了一些相关的性能数据，但在不同的参数配置和硬件设施中 K8s 的性能表现是不一样的，而且开发人员往往会对 K8s 进行一定的改动或者添加一系列的自研组件，这些都会影响 K8s 集群的性能。所以，测试人员需要一种科学的方法来对 K8s 集群进行测试。

5.5.1　测试方法

在开始描述如何测试 K8s 集群的性能之前，先介绍一下 K8s 的基本架构，这样方便大家理解后续介绍的对应的测试场景。图 5-15 描述了 K8s 集群中节点和 API Server 的关系。

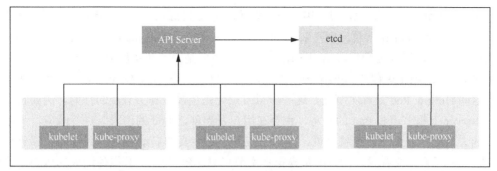

图 5-15   节点和 API Server 的关系

- API Server 是 K8s 集群中最重要的管理服务，它提供集群管理的 REST API，包括认证授权、数据校验以及集群状态变更等。同时 API Server 是数据交互和通信的枢纽，所有的增、删、查、改操作都需要通过它来完成。API Server 会把相关数据保存到 etcd 中（只有 API Server 可以直接操作 etcd）。我们平时使用的 kubectl 命令也是通过访问 API Server 来完成执行的。
- 集群中每个节点都会启动对应的 kubelet 进程和 kube-proxy 进程。前者负责节点所有容器和 Pod 的状态维护（kubelet 进程会调用 Docker 来完成用户的操作请求，也会周期性地查询当前节点所有 Pod 的状态并上报给 API Server），后者负责容器网络的维护（kube-proxy 进程会调用 iptables 命令完成规则的维护）。

可以看出，API Server 是维护 K8s 集群状态最关键的服务，一旦 API Server 出现问题，整个集群都会陷入异常状态。通过上述两点可以知道，随着集群内节点和 Pod 数量的增加，API Server 承受的压力会越来越大。除此之外，商业产品的开发往往因各种需求而需要自研组件，这些组件与 API Server 的交互会给 API Server 带来不小的压力，所以 API Server 的性能数据往往是测试中关键的指标之一。业界建议使用高性能 SSD 部署 K8s 集群中的 etcd，因为 etcd 的性能是影响 API Server 最主要的因素。还需要注意的是，除了 API Server，K8s 的一些其他组件（如调度器）承受的压力也会随着 Pod 数量的增加而增大。

既然知道了随着节点和 Pod 数量的增加 API Server 和其他组件承受的压力会增大，那么测试人员就需要模拟一个大规模的 K8s 集群来进行测试并观察节点和 Pod 的状态是否稳定（尤其要观察 API Server 相关的监控指标）。这里对于测试人员的挑战也就出现了，对大部分团队来说在测试环境中真正地去部署一个规模很大的 K8s 集群是不现实的。为了解决这个问题 K8s 团队推出了 Kubemark 项目进行应对，接下来就简单介绍一下 Kubemark。

5.5.2 Kubemark 简介

Kubemark 是 K8s 官方推出的性能测试工具，它能够使用少量的资源模拟一个大规模的 K8s 集群。为了演示这个工具，需要一个待测试的 K8s 集群 A 以及一个装载 Kubemark 的 K8s 集群 B（也

称 Kubemark 集群）。当然，也可以使用同一个集群装载 Kubemark，只不过在实践过程中我们习惯
将待测试集群和 Kubemark 集群区别开来。这时在集群 B 中部署 Kubemark 的 Hollow Pod，这些 Pod
会主动向集群 A 注册并成为集群 A 中的虚拟节点。也就是说，在集群 B 中启动的 Hollow Pod
模拟了 K8s 的 kubelet 进程和 kube-proxy 进程，并与集群 A 的 API Server 进行交互，让集群 A
误以为这些 Hollow Pod 是真实节点。这些虚拟节点会完全模拟真实节点的行为，例如它会定时
向 API Server 上报节点和 Pod 的状态，也会在用户发起创建 Pod 的请求时进行响应，只不过它
不会真的去启动容器而已。也就是说，虚拟节点除了不会真的启动容器，其他的大部分功能都
与真实节点差不多。这样设计的目的是模拟真实节点对 API Server 等组件造成的压力。这样测
试人员就可以在避免耗费极高的成本去搭建真实集群的情况下评估 K8s 的性能了。Kubemark 的
架构如图 5-16 所示。

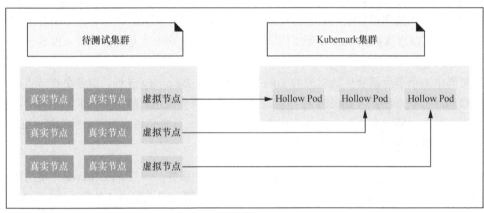

图 5-16　Kubemark 的架构

5.5.3　Kubemark 部署

部署 Kubemark 并不难，对 K8s 比较熟悉的人根据官方文档一步一步执行就可以完成。本节
简单演示一下它的部署过程。由于官方的镜像已经可以满足大部分的场景，因此这里就不演示如
何自定义 Kubemark 镜像了，有需要的读者可以参考官方文档。在部署 Hollow Pod 之前需要先在
K8s 中初始化 Kubemark，即创建名字空间和 secret，如代码清单 5-16 所示。

代码清单 5-16　Kubemark 初始化

```
kubectl create ns kubemark
kubectl create secret generic kubeconfig --type = Opaque --namespace = kubemark --
        from-file = kubelet.kubeconfig = ./root/.kube/config --from-file =
        kubeproxy.kubeconfig = ./root/.kube/config
```

代码清单 5-16 中创建的 secret 也是 K8s 集群中的对象，它专门负责存储服务需要使用到的敏
感数据。由于 Hollow Pod 需要把自身注册到另一个 K8s 集群中，这样无法使用 InCluster 模式访问

K8s 集群，必须用到待测试 K8s 集群的 kubeconfig 文件，因此我们需要将待测试 K8s 集群的 kubeconfig 文件复制到 Kubemark 集群节点，并通过代码清单 5-16 中的代码把 kubeconfig 文件的内容导入 secret。Hollow Pod 启动后，该 secret 中的数据会被挂载到容器的根目录中，这样 Hollow Pod 便可把自身注册到待测试 K8s 集群中了。代码清单 5-17 所示是启动 Hollow Pod 的配置文件的内容。

代码清单 5-17　启动 Hollow Pod 的配置文件

```
apiVersion: v1
kind: ReplicationController
metadata:
  name: hollow-node
  namespace: kubemark
spec:
  replicas: 3
  selector:
      name: hollow-node
  template:
    metadata:
      labels:
          name: hollow-node
    spec:
      initContainers:
      - name: init-inotify-limit
        image: docker.××/busybox:latest
        command: ['sysctl', '-w', 'fs.inotify.max_user_instances = 200']
        securityContext:
          privileged: true
      volumes:
      - name: kubeconfig-volume
        secret:
          secretName: kubeconfig
      - name: logs-volume
        hostPath:
          path: /var/log
      containers:
      - name: hollow-kubelet
        image: antrea/kubemark:v1.18.4
        ports:
        - containerPort: 4194
        - containerPort: 10250
        - containerPort: 10255
        env:
        - name: NODE_NAME
          valueFrom:
            fieldRef:
              fieldPath: metadata.name
        command:
        - /kubemark
        args:
        - --morph = kubelet
```

```
      - --name = $(NODE_NAME)
      - --kubeconfig = /kubeconfig/kubelet.kubeconfig
      - --alsologtostderr
      - --v = 2
      volumeMounts:
      - name: kubeconfig-volume
        mountPath: /kubeconfig
        readOnly: true
      - name: logs-volume
        mountPath: /var/log
      resources:
        requests:
          cpu: 20m
          memory: 50M
      securityContext:
        privileged: true
    - name: hollow-proxy
      image: antrea/kubemark:v1.18.4
      env:
      - name: NODE_NAME
        valueFrom:
          fieldRef:
            fieldPath: metadata.name
      command:
      - /kubemark
      args:
      - --morph = proxy
      - --name = $(NODE_NAME)
      - --use-real-proxier = false
      - --kubeconfig = /kubeconfig/kubeproxy.kubeconfig
      - --alsologtostderr
      - --v = 2
      volumeMounts:
      - name: kubeconfig-volume
        mountPath: /kubeconfig
        readOnly: true
      - name: logs-volume
        mountPath: /var/log
      resources:
        requests:
          cpu: 20m
          memory: 50M
    tolerations:
    - effect: NoExecute
      key: node.kubernetes.xx/unreachable
      operator: Exists
    - effect: NoExecute
      key: node.kubernetes.xx/not-ready
      operator: Exists
```

将代码清单 5-17 中的配置提交到 Kubemark 集群后，启动相应数量的 Hollow Pod，等待数分钟后执行图 5-17 所示的命令便可在待测试集群中观察到对应的虚拟节点注册成功，结果如图 5-17 所示。

```
Events:          <none>
[root@ke-teacher-1 k8s]#kubectl get pods -o wide -n kubemark
NAME               READY   STATUS    RESTARTS   AGE     IP            NODE          NOMINATED NODE   READINESS GATES
hollow-node-b6gqb  2/2     Running   0          3h23m   10.244.0.7    ke-teacher-1  <none>           <none>
hollow-node-lhjtv  2/2     Running   0          3h23m   10.244.0.8    ke-teacher-1  <none>           <none>
hollow-node-nztb9  2/2     Running   0          3h23m   10.244.0.9    ke-teacher-1  <none>           <none>
[root@ke-teacher-1 k8s]#kubectl get nodes
NAME               STATUS   ROLES    AGE     VERSION
hollow-node-b6gqb  Ready    <none>   3h23m   v1.18.4-dirty
hollow-node-lhjtv  Ready    <none>   3h22m   v1.18.4-dirty
hollow-node-nztb9  Ready    <none>   3h22m   v1.18.4-dirty
ke-teacher-1       Ready    master   3h39m   v1.17.17
```

图 5-17　虚拟节点注册成功

为了把 Pod 调度到这 3 个虚拟节点中，需要为它们标记对应的标签，如代码清单 5-18 所示。

代码清单 5-18　为虚拟节点标记标签

```
kubectl label node hollow-node-b6gqb name = hollow-node
kubectl label node hollow-node-lhjtv name = hollow-node
kubectl label node hollow-node-nztb9 name = hollow-node
```

接下来，提交一个 Deployment 并把 Pod 调度到虚拟节点中，如代码清单 5-19 所示。

代码清单 5-19　调度 Pod 到虚拟节点

```
apiVersion: apps/v1
kind: Deployment
metadata:
  name: selenium-node-chrome
  labels:
    name: selenium-node-chrome
spec:
  replicas: 3
  selector:
    matchLabels:
      name: selenium-node-chrome
  template:
    metadata:
      labels:
        name: selenium-node-chrome
    spec:
      affinity:
        podAntiAffinity:
          requiredDuringSchedulingIgnoredDuringExecution:
            - topologyKey: kubernetes.xx/hostname
              labelSelector:
                matchLabels:
                  name: selenium-node-chrome
      nodeSelector:
        name: hollow-node
```

```
containers:
  - name: selenium-node-chrome
    image: selenium/node-chrome:4.0.0-rc-2-prerelease-20210923
    imagePullPolicy: IfNotPresent
    ports:
      - containerPort: 5900
      - containerPort: 5553
    env:
      - name: SE_EVENT_BUS_HOST
        value: "selenium-hub"
      - name: SE_EVENT_BUS_PUBLISH_PORT
        value: "4442"
      - name: SE_EVENT_BUS_SUBSCRIBE_PORT
        value: "4443"
      - name: SE_NODE_MAX_SESSIONS
        value: "20"
      - name: SE_NODE_OVERRIDE_MAX_SESSIONS
        value: "true"
      - name: TZ
        value: "Asia/Shanghai"
    resources:
      requests:
        memory: "500Mi"
    volumeMounts:
      - mountPath: "/dev/shm"
        name: "dshm"
      - mountPath: "/etc/localtime"
        name: "host-time"
volumes:
  - name: "dshm"
    hostPath:
      path: "/dev/shm"
  - name: "host-time"
    hostPath:
      path: "/etc/localtime"
```

在代码清单 5-19 中，我们提交了一个正常 Deployment 的请求，其中加粗标记的部分是通过 nodeSelector 指定 Pod 必须调度到虚拟节点中。调度成功后，可以看到相应的 Pod 记录，如图 5-18 所示。

图 5-18 调度 Pod 到虚拟节点

在图 5-18 中，我们可以看到 3 个 Pod 分别调度到了不同的虚拟节点中。需要注意的是，集群并没有真正启动容器，这些记录只不过是 Hollow Pod 发送给 API Server 的假数据而已。在执行性能测试时，构建大量的虚拟节点后就可以频繁创建和删除大量的 Pod 来进行测试，在这个过程中需要配合监控系统观察各项性能指标，尤其需要观察 API Server 的性能，如图 5-19 所示。

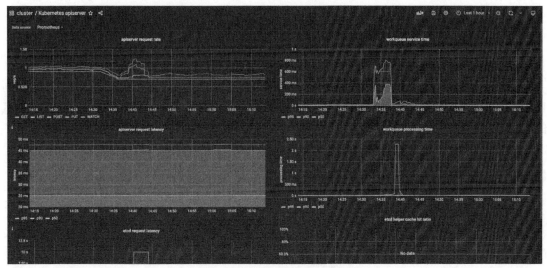

图 5-19　API Server 监控仪表盘

5.5.4　小结

相信通过学习本节的内容，大家可以使用很低的成本模拟出一个大规模集群来评估 K8s 集群的性能。除了 Kubemark，有兴趣的读者还可以了解一下同样是 K8s 官方团队公布的 perf-tests 项目，它也是业界比较推荐的性能测试工具，与 Kubemark 配合将使工作事半功倍。不过由于 perf-tests 的配置过于复杂，并且测试 K8s 集群本身性能的需求相对比较小众，这里就不赘述了，有兴趣的读者可以查阅官方文档。

5.6　本章总结

本章花费了大量的篇幅介绍如何使用 Prometheus 和如何评估资源用量，并没有过多涉及执行性能测试的过程演示。这是因为虽然测试 K8s 集群本身性能的场景与业界常规方法都不同，但是基本理念、方法和指标都大体相同，所以本书没有使用大篇幅讲解大家耳熟能详的内容。相信通过学习本章的内容，大家已经可以从容应对项目中的各种性能测试需求了。

第 6 章

稳定性测试与监控

相信很多读者在看到本章的标题后都会有一些疑惑，稳定性这个概念似乎与第 4 章讲述的高可用很相似，在业界确实有些公司会把高可用测试叫成稳定性测试。本章将详细介绍稳定性测试的所有细节。

6.1　什么是稳定性测试

接触过移动端的 App 自动遍历技术的读者，理解稳定性测试会相对容易。它们的测试目标是类似的，只不过一个是针对客户端，一个是针对整个系统。App 自动遍历技术是指在一段比较长的时间内不停地点击 App 中的控件来模拟用户长时间使用 App 的场景，目的是验证用户长时间使用 App 会不会导致其出现崩溃、闪退、卡顿、OOM 等异常事件。软件中很多缺陷不会在刚开始运行的时候就显露出来，而是随着运行时间和数据量的积累才会慢慢暴露出来，例如泄漏类的缺陷（内存泄漏、文件描述符泄漏等）和部分在并发场景下才会出现的缺陷。所以，稳定性测试的定义是：**在一定的并发量下，验证系统在长时间运行的过程中是否可以持续、稳定地提供服务。**

虽然稳定性测试与移动端的 App 自动遍历技术有异曲同工之处，但是稳定性测试更加复杂和严格，并不能把 App 自动遍历技术的思路照搬到稳定性测试中来，而需要明确稳定性测试中的关键要素，这些要素具体如下。

- 一定的并发量。有不少的缺陷是在并发场景中才会出现的，例如在旧版本的 Go 语言中并发写 Map 的问题是经常能遇到的。所以，与 App 自动遍历技术的单线程执行不同的是，我们需要用一定的并发量来对产品进行测试。

- 关注业务结果。App 自动化遍历技术是使用一定的算法去自动点击 App 上的控件，并不需要判断业务属性，只需要验证 App 在运行过程中是否有闪退等情况出现即可。而稳定性测试需要运行的是能够覆盖大部分业务的自动化测试，除了要验证服务是否崩溃、OOM、发生泄漏，还要验证测试用例能否成功运行完毕。这一点需要我们的自动化测试工程是足够稳定的。

- 关注数据增长。很多缺陷随着系统中数据量的增长才会逐渐显露出来。例如，在 K8s 中比较容易出现的一个问题是系统动态创建的各种资源对象没有清理，导致数据量堆积，最终造成整个系统的异常。这个问题经常发生在大数据和 AI 类型的产品中。每提交一个离线计算任务都相当于创建了一个或者多个 Job 对象。Job 对象运行结束后虽然会对 Pod 进行自动回收，但是 Job 对象本身会一直留在系统中。如果开发人员没有设计清理这些 Job 对象的机制，随着时间的推移最终会引发系统异常。这一点与第 4 章中的驱逐策略引发的大量驱逐记录是一样的。

- 监控系统的构建。移动端的 App 自动遍历技术不需要监控系统的配合，它的关注对象只有当前的 App。而稳定性测试不同，它需要关注系统中数百个服务的运行状态。一旦有任何服务出现异常，都需要进行告警并抓取关键的日志、错误码等信息帮助测试人员和开发人员分析问题。这里需要注意的是，K8s 拥有强大的自动化运维能力，异常的服务可以在短时间内被 K8s 重启或重新调度以恢复正常，很多时候测试人员甚至感知不到服务曾经出现过问题从而漏掉缺陷。所以，构建一个基于事件驱动的监控系统来捕捉瞬时事件的能力是很关键的。

通过上述的分析我们可以知道，稳定性测试技术的关键在于以下两点：

- 稳定的、大规模的、业务级别的自动化测试工程；
- 基于事件驱动的监控系统。

第一点不在本书的讨论范围内，我们接下来着重关注如何构建一个基于事件驱动的监控系统。

6.2　List-Watch

在第 5 章中详细介绍过 Prometheus 的使用方式，但因为 Prometheus 依赖周期性的抓取策略来获取监控数据，默认情况下无法很好地描述环境的瞬时状态，所以它对测试人员来说仍稍显不足。虽然通过特殊的 PromQL 和 Pushgateway 可以间接地达到一定的效果，但是仍然无法从服务中获取容器崩溃的信息（基本信息、错误码、日志等）。简而言之，Prometheus 更擅长分析系统长时间的运行状况，却不擅长收集和上报瞬时事件的数据。通过前文的介绍可以得知，这种对瞬时异常的告警分析能力对稳定性测试来说是至关重要的。

6.2.1　K8s 的控制器模型

K8s 的 List-Watch 机制可以很好地弥补 Prometheus 的不足。在详细描述它的使用方法之前，先简单介绍一下 K8s 的控制器模型。

在 K8s 中存在诸多控制器，这些控制器用来维护每种对象的状态，Pod 对象有 Pod 控制器，Deployment 对象有 Deployment 控制器，理论上每种对象都有对应的控制器。这些控制器会处理用户针对该类型对象的操作请求，同时也会维护它们在集群中的状态。例如，在 K8s 中当用户希望修改某个对象（Pod、Deployment、Service 等）的配置时，最常见的做法并不是通过 kubectl 命令去修改对象中的字段，而是编辑当初创建这个对象时提交到集群中的 YAML 文件。文件修改完成后便可通过 kubectl apply -f {文件路径}的方式将其提交到集群中，K8s 会自动识别新的配置文件和当前集群中已经运行的对象之间的差异并进行更新，而完成这个任务的正是在 K8s 中运行的各种控制器。理论上每种对象都会有特定的控制器来进行维护，这些控制器的逻辑类似代码清单 6-1 中的伪代码。

```
for {
    实际状态 := 获取集群中对象的实际状态（ActualState）
    期望状态 := 获取集群中对象的期望状态（DesiredState）
    if 实际状态 == 期望状态 {
            什么都不做
        } else {
            执行编排动作，将实际状态调整为期望状态
        }
}
```

根据代码清单 6-1 可以得知 K8s 与常规软件不一样的是，用户并不直接提交具体修改了哪个字段，而是提交一份完整的对象配置。控制器会不停地去获取 API Server 中对象的最新配置并与集群中对应对象的实际状态进行对比，最终把对象更新成用户期望的样子，这一过程被称为控制循环。

在整个控制循环中，最重要的是确保控制器和 API Server 之间消息传输的可靠性和稳定性，并且还需要拥有一定的实时性，毕竟延迟过高会给用户带来很不好的体验。一般来说，如果要保证消息一定程度的实时性，在业界最常见的方法是客户端周期性地轮询服务器端，但采用轮询势必会很大程度地增加 API Server 的压力从而严重影响 K8s 的性能，并且轮询的实时性并不好。为了解决这个问题，K8s 设计出了 List-Watch 机制，接下来我们详细介绍一下 List-Watch 的原理。

6.2.2　List-Watch 简介

顾名思义，List-Watch 分为 List 和 Watch 两种能力，其中 List 基于 HTTP 短连接实现，通过调用服务的 List API 进行查询；Watch 基于 HTTP 长连接实现，通过调用服务的 watch 接口来监听资源变更事件。在这里需要着重关注 Watch 的能力，它基于 HTTP 的分块传输编码（chunked transfer encoding），允许服务器为动态生成的内容维持 HTTP 的长连接。通常长连接需要服务器在开始发送消息体前发送 Content-Length 消息头字段，但是动态生成的内容在内容创建之前是不可知的，使用分块传输编码可以把数据分解成一系列数据块并以一个或多个块发送，这样服务器可以发送数据而不需要预先知道发送内容的总大小。所以，当客户端向 API Server 调用 watch 接口时，API Server 会在返回的响应中设置 Transfer-Encoding = chunked，表示采用分块传输编码。这样客户端便会和 API Server 保持一个长连接并等待下一个数据块的到来。而这些数据块其实就是事件信息，这些事件信息包含事件类型和对应的对象定义，如代码清单 6-2 所示。

```
{"type":"ADDED", "object":{"kind":"Pod","apiVersion":"v1",...}}
{"type":"ADDED", "object":{"kind":"Pod","apiVersion":"v1",...}}
{"type":"MODIFIED", "object":{"kind":"Pod","apiVersion":"v1",...}}
{"type":"DELETED", "object":{"kind":"Pod","apiVersion":"v1",...}}
```

这样通过 watch 接口客户端可以实时从 API Server 接收最新的事件，用户只需要针对不同的事件做相应的处理即可，而用户也可以通过处理这些事件来完成稳定性测试需要的监控能力。接下来，通过代码清单 6-3 来看一下如何通过代码来调用 watch 接口。

代码清单 6-3 Go 语言中的 watch 接口

```go
watchPods := func(namespace string, k8s *kubernetes.Clientset) (watch.
                  Interface, error) {
    return k8s.CoreV1().Pods(namespace).Watch(context.Background(),
                                      metav1.ListOptions{})
}

podWatcher, err := watchPods(watcher.Namespace, watcher.K8s)
if err != nil {
    log.Errorf("watch pod of namespace %s failed, err:%s", watcher.Namespace, err)
    watcher.handleK8sErr(err)
}

for {
    event, ok := <-podWatcher.ResultChan()

    if !ok || event.Object == nil {
        log.Info("the channel or Watcher is closed")
        podWatcher, err = watchPods(watcher.Namespace, watcher.K8s)
        if err != nil {
            watcher.handleK8sErr(err)
            time.Sleep(time.Minute * 5)
    }
    continue
}
...
```

在代码清单 6-3 中，需要注意以下几点。

- 需要监控哪个对象就调用该对象的 Watch 函数。
- Watch 函数会返回一个 channel，所有的事件都会被保存在这个 channel 中，用户需要使用循环的方式不停地从 channel 中获取对应的事件。
- 每过一段时间 channel 就会关闭，需要重新调用 Watch 函数，所以在代码清单 6-3 中一开始就封装了一个 watchPods 函数。在后面的循环中每次都要判断 channel 是否为关闭状态，如果关闭了就需要重新调用封装好的 watchPods 函数来转换 channel 状态。

从 channel 中取出的事件包含事件类型和事件所对应的对象定义，如代码清单 6-4 所示。

代码清单 6-4 Event 源码

```go
// Event 表示一个被监控对象的独立事件
type Event struct {
    Type EventType
    //   * 如果事件类型是 ADDED（增加）或 MODIFIED（修改），那么 Object 表示该事件所属对象的最新状态
    //   * 如果事件类型是 DELETED（删除），那么 Object 表示该事件包含对象在删除前的状态
```

```
        Object runtime.Object
}

// EventType 定义了事件所有可能的类型
type EventType string

const (
    Added    EventType = "ADDED"
    Modified EventType = "MODIFIED"
    Deleted  EventType = "DELETED"
    Bookmark EventType = "BOOKMARK"
    Error    EventType = "ERROR"
)
```

用户可以判断事件的类型以选择不同的逻辑，同时也可以将事件中的对象类型转换为具体的
K8s 对象，如代码清单 6-5 所示。

代码清单 6-5　事件的类型转换

```
if event.Type == watch.Error || event.Type == watch.Modified || event.Type
              == watch.Deleted {
    pod, _ := event.Object.(*corev1.Pod)
}
```

通过代码清单 6-5 中的方式可以获取到当前事件中所包含的对象，由此可以从中获取到该对
象的各种信息以判断当前是否有异常情况出现并抓取具体的异常信息，而这些构成了本章需要的
监控组件的基础。代码清单 6-6 所示是 Python 的调用 watch 接口的方式。

代码清单 6-6　Python 调用 watch 接口

```
from kubernetes import client, config, watch

# 配置可以直接在配置类中设置，也可以使用助手实用程序设置
config.load_kube_config()

v1 = client.CoreV1Api()
count = 10
w = watch.Watch()
for event in w.stream(v1.list_namespace, _request_timeout = 60):
    print("Event: %s %s" % (event['type'], event['object'].metadata.name))
    count -= 1
    if not count:
        w.stop()

print("Ended.")
```

6.2.3　小结

List-Watch 机制是 K8s 中非常著名的设计，其高性能的表现也让众多高级 API 和开源项目选
择 K8s，例如控制器并没有直接调用 List-Watch 最原始的能力，而是通过一个利用 List-Watch 能力

的名为 informer 的高级 API 完成调用。最近开源的 kubebuilder 项目则是做了更高级的封装来帮助用户简化控制器的代码，但不管后续出现多少高级 API，它们的底层一定是利用 List-Watch 机制来完成对象查询的。所以，了解 List-Watch 的原理对于后续的学习至关重要。

6.3　构建事件监控组件

虽然通过 List-Watch 中的 watch 接口可以实时获取到集群中对象的事件，但要从众多事件中过滤出服务异常事件以及从中获取到想要的信息是要花费一番工夫的。接下来将介绍一些其他功能来辅助事件监控组件的开发。

6.3.1　Pod 与容器的状态

在 K8s 中判断一个 Pod 是否处于健康状态并不简单，使用 kubectl get pods 命令来查询 Pod 状态，显示结果如图 6-1 所示。

```
[root@ke-teacher-1 ~]#kubectl get pods
NAME                                   READY   STATUS    RESTARTS   AGE
selenium-node-chrome-7d9968f765-2c6ld  1/1     Running   0          3d3h
selenium-node-chrome-7d9968f765-p78wq  1/1     Running   0          3d3h
selenium-node-chrome-7d9968f765-stw4v  1/1     Running   0          3d3h
[root@ke-teacher-1 ~]#
```

图 6-1　查询 Pod 状态

在图 6-1 中可以看到有两个字段（READY 和 STATUS）可以标识 Pod 的状态，相信不少读者在这里会对究竟以哪个字段为准来判断 Pod 当前的状态感到困惑。事实上，kubectl 所展现出来的状态并不是 K8s 原始的状态，而是经过了一层封装后用一种用户比较容易理解的方式呈现出来的状态，虽然这种方式也容易让用户感到困惑，但相比原始状态已经非常好了。初学者一般会认为，如果 STATUS 字段显示为 Running，那么 Pod 便是健康的。不可否认这个字段很有迷惑性，事实上，STATUS 字段为 Running 只表示当前 Pod 处于运行阶段，并不能说明 Pod 中运行的容器是健康的，用户会发现如果 Pod 中的容器崩溃，STATUS 字段依然显示为 Running。也就是说，STATUS 字段只表示 Pod 本身所处的调度阶段，只要 Pod 调度成功了它就显示为 Running，至于 Pod 中的容器状态，STATUS 字段是不负责的。所以，用户应通过 READY 字段来查看 Pod 中的容器是否处于健康状态。READY 字段会用 1/1 这样的方式来表达容器状态，表示当前处于健康状态的容器数量和容器的总数。这里需要注意的是，如果为容器配置了探针，那么判断容器是否健康的依据就是探针是否探活成功，如果没有配置探针，那么容器只要处于运行状态就会被认为是健康的。一般来说，测试人员主要使用 READY 字段来判断该 Pod 是否可用。

通过上述讲解，相信大家已经发现 kubectl 把 Pod 所处的调度阶段和容器状态分成了两个字段来表达，用户需要根据不同场景选取不同的字段。

6.3.2 Pod 的 Condition 和 Phase

虽然 kubectl 已经可以表达出 Pod 和容器的状态了，但它毕竟面向的是普通用户，在监控组件中是没有办法使用 kubectl 来完成状态判断的，我们需要利用 K8s 客户端原生的能力进行开发。不过 kubectl 的状态其实也只是针对 K8s 内部状态做了一层封装而已，其本质还是没有变化的。所以，在 K8s 内部通过 PodCondition 和 PodPhase 两个字段（即 Condition 和 Phase）来表达 Pod 和容器的状态。代码清单 6-7 中分别列出了它们的定义。

代码清单 6-7　PodCondition 和 PodPhase

```go
const (
    // ContainersReady 表示 Pod 内所有容器已经处于 Ready 状态
    ContainersReady PodConditionType = "ContainersReady"
    // PodInitialized 表示所有的初始化容器已经成功启动
    PodInitialized PodConditionType = "Initialized"
    // PodReady 表示 Pod 已经准备好接收来自 Service（K8s 的负载均衡服务）的请求
    PodReady PodConditionType = "Ready"
    // PodScheduled 表示 Pod 已经被 K8s 调度器处理，处于已经调度的状态
    PodScheduled PodConditionType = "PodScheduled"
)

// PodCondition 包含 Pod 中容器当前状态的所有细节
type PodCondition struct {
    // Type 表示状态的类型
    Type PodConditionType `json:"type" protobuf:"bytes,1,opt,name = type,casttype
                                                             = PodConditionType"`
    // Status 表示当前状态的值，这个值可以是 True、False 或者 Unknown
    Status ConditionStatus `json:"status" protobuf:"bytes,2,opt,name = status,
                                           casttype = ConditionStatus"`
    // LastProbeTime 表示探针最后一次执行的时间
    LastProbeTime metav1.Time `json:"lastProbeTime,omitempty" protobuf:
                                          "bytes,3,opt,name = lastProbeTime"`
    // LastTransitionTime 表示状态最后一次发生变化的时间
    LastTransitionTime metav1.Time `json:"lastTransitionTime,omitempty" protobuf:
                                          "bytes,4,opt,name = lastTransitionTime"`
    // Reason 表示状态最后发生变化的原因
    Reason string `json:"reason,omitempty" protobuf:"bytes,5,opt,name = reason"`
    // Message 表示状态发生变化时的细节描述
    Message string `json:"message,omitempty" protobuf:"bytes,6,opt,name = message"`
}

// PodPhase 记录一个 Pod 的调度阶段
type PodPhase string
const (
    // PodPending 表示 Pod 已经被 K8s 接受，但其中的容器还没有启动，这里需要花一些时间等待 Pod 与
    // 某个节点进行绑定或者拉取镜像
    PodPending PodPhase = "Pending"
    // PodRunning 表示 Pod 已经绑定到一个节点并且其中所有容器都已经启动。这里需要至少一个容器处于
    // 运行状态，其他容器即便没有处于运行状态也是处于重新启动的过程中
    PodRunning PodPhase = "Running"
    // PodSucceeded 表示在 Pod 中的所有容器已经运行成功并退出，这意味着容器的退出码为 0
    PodSucceeded PodPhase = "Succeeded"
```

```
    // PodFailed 表示在 Pod 中的所有容器已经退出运行，并且至少有一个容器的退出码是非 0 的
    PodFailed PodPhase = "Failed"
    // PodUnknown 表示由于某些不确定的原因无法获取 Pod 当前的状态
    PodUnknown PodPhase = "Unknown"
)
```

PodCondition 表示 Pod 中所有容器的健康状态，PodPhase 表示 Pod 当前所处的调度阶段，这跟 kubectl 显示的 STATUS 和 READY 非常像。事实上 kubectl 展示的状态正源自 PodCondition 和 PodPhase，只不过 kubectl 将自己封装后展示给用户。这里详细讲解一下 PodCondition 的使用方式，因为需要使用 PodCondition 来判断服务是否处于健康状态。

在 K8s 中，每个对象都有多种类型的 Condition，表明该对象处于什么状态，例如对 PodCondition 来说有 PodScheduled、PodInitialized、ContainersReady 和 PodReady 这 4 种类型。

这里需要注意的是，ContainersReady 与 PodReady 之间的区别，前者仅表示所有容器都处于运行状态，而后者则说明 Pod 中所有的容器不仅已经处于运行状态，并且探针都已经探测成功，该 Pod 已经被加入负载均衡器（K8s 中为 Service 对象）来对外提供服务。这也是我们应该使用 PodReady 作为判断健康状态的依据的原因。Condition 作为一个数组被保存在 Pod 的 Status 属性中，用户需要遍历该数组并找到 PodReady 所属的 Condition 来判断 Pod 是否健康，如代码清单 6-8 所示。

代码清单 6-8　Condition 的调用方式

```
func checkIsPodsReadyByLabel(clientset *kubernetes.Clientset, labels, namespace
                            string) (bool, error){
    podsList, err := clientset.CoreV1().Pods(namespace).List(v1.ListOptions{
        LabelSelector: labels,
    })

    if err != nil {
        return false, errors.Wrap(err, "failed to get pods when check pods status")
    }

    var flag  = true
    for _, p := range podsList.Items {
        for _, condition := range p.Status.Conditions{
            if condition.Type == corev1.PodReady{
                if condition.Status != corev1.ConditionTrue{
                    flag = false
                    break
                }
            }
        }
    }
    return flag, nil
}
```

Condition 是 K8s 中重要的状态管理机制，在不少开源的监控项目中会通过向 K8s 对象添加额外的 Condition 来标识当前对象的状态。例如，NPD（node-problem-detector，节点问题检测器）项目在检测到节点异常后就会为 Node 对象标识不同的 Condition 来告知用户当前节点的异常状态。

6.3.3 获取异常容器

目前我们已经可以在 Pod 发生异常时感知到相应的事件，接下来需要从事件中提取有用信息来帮助开发人员和测试人员进行分析。由于一个 Pod 中可以包含多个容器，因此为了找出哪一个容器出现了异常，需要遍历 Pod 中所有容器的状态来进行检查，如代码清单 6-9 所示。

代码清单 6-9　获取异常容器

```
...
for _, container := range pod.Status.ContainerStatuses {
    if container.State.Terminated != nil || container.State.Waiting != nil{
...
```

从代码清单 6-9 中，可以看到 Pod 的 Status 属性除了包含 Phase 和 Condition，还包含一个名为 ContainerStatuses 的数组，其中保存了该 Pod 所有容器的状态对象（即 ContainerState）。而该状态对象也包含 3 个属性，如代码清单 6-10 所示。

代码清单 6-10　容器的 3 种状态

```
// ContainerState 保存了容器所有可能的状态
type ContainerState struct {
    // 保存处于等待状态容器的所有信息
    Waiting *ContainerStateWaiting `json:"waiting,omitempty" protobuf:"bytes,1,opt,
                                                    name = waiting"`
    // 保存处于运行状态容器的所有信息
    Running *ContainerStateRunning `json:"running,omitempty" protobuf:"bytes,2,opt,
                                                    name = running"`
    // 保存处于退出状态容器的所有信息
    Terminated *ContainerStateTerminated `json:"terminated,omitempty" protobuf:
                                                "bytes,3,opt,name = terminated"`
}
```

在 ContainerState 中分别用 Waiting、Running 和 Terminated 这 3 个属性来表示容器现在是否处于等待状态、运行状态和退出状态，所以用户需要使用代码清单 6-9 所示的代码来判断容器是否处于非运行状态。这里需要注意的是，仅根据容器处于退出状态来判断异常是不够的，因为有些时候可能镜像仓库出现问题也会导致容器一直拉取不到镜像从而长时间保持等待状态，所以对于处于等待状态的容器，可以通过它的创建时间计算它处于这一状态的时长来判断是否出现了异常，如代码清单 6-11 所示。

代码清单 6-11　根据处于等待状态的时长判断容器是否异常

```
if time.Now().Before(pod.ObjectMeta.CreationTimestamp.Add(time.Minute * 10)) {
    log.Warnf("container terminated in 10 minutes after pod creation, maybe need
            an init time. pod:%s namespace:%s, skip", pod.Name, pod.Namespace)
}
```

6.3.4 获取异常信息

当我们过滤出处于异常状态的 Pod 和对应的容器后就可以从中提取出一些有利于分析的信息。例如，在遍历容器状态时可以抽取对应状态的错误码和错误信息，事实上 Waiting、Running 和 Terminated 这 3 个属性都有针对它们的结构体来存储相应的信息，如代码清单 6-12 所示。

代码清单 6-12　获取状态信息

```go
// ContainerStateWaiting 保存了处于等待状态容器的详细信息
type ContainerStateWaiting struct {
    // 表示容器还没有运行的原因
    Reason string `json:"reason,omitempty" protobuf:"bytes,1,opt,name = reason"`
    // 表示容器还没有运行的原因的详细信息
    Message string `json:"message,omitempty" protobuf:"bytes,2,opt,name = message"`
}

// ContainerStateRunning 保存了处于运行状态容器的详细信息
type ContainerStateRunning struct {
    // 容器的启动时间
    StartedAt metav1.Time `json:"startedAt,omitempty" protobuf:"bytes,1,opt,name =
                                                            startedAt"`
}

// ContainerStateTerminated 保存了处于退出状态容器的详细信息
type ContainerStateTerminated struct {
    // 容器的退出状态码
    ExitCode int32 `json:"exitCode" protobuf:"varint,1,opt,name = exitCode"`
    // 容器的退出信号
    Signal int32 `json:"signal,omitempty" protobuf:"varint,2,opt,name = signal"`
    // 容器退出的简短原因
    Reason string `json:"reason,omitempty" protobuf:"bytes,3,opt,name = reason"`
    // 容器退出的详细信息
    Message string `json:"message,omitempty" protobuf:"bytes,4,opt,name = message"`
    // 容器的启动时间
    StartedAt metav1.Time `json:"startedAt,omitempty" protobuf:"bytes,5,opt,name =
                                                            startedAt"`
    // 容器的退出时间
    FinishedAt metav1.Time `json:"finishedAt,omitempty" protobuf
                                :"bytes,6,opt,name = finishedAt"`
    // 容器 ID
    ContainerID string `json:"containerID,omitempty" protobuf
                                :"bytes,7,opt,name = containerID"`
}

// ContainerState 记录容器可能的状态
type ContainerState struct {
    // 处于等待状态的容器的信息
    Waiting *ContainerStateWaiting `json:"waiting,omitempty" protobuf:
                                    "bytes,1,opt,name = waiting"`
    // 处于运行状态的容器的信息
    Running *ContainerStateRunning `json:"running,omitempty" protobuf:
                                    "bytes,2,opt,name = running"`
    // 处于退出状态的容器的信息
```

```
Terminated *ContainerStateTerminated `json:"terminated,omitempty" protobuf:
                                      "bytes,3,opt,name = terminated"`
}
```

　　大家可参考代码清单 6-12 中列出的代码来过滤自己需要的信息。但这些信息只能帮助开发人员对问题进行初步的判断，若想进一步分析仍然需要相关的日志文件。日志的抓取往往并不十分容易，一般来说，集群中会使用类似 ELK（Elasticsearch，Logstash，Kibana）的架构来进行日志的收集，日志最终都会保存到 Elasticsearch 中供项目人员查询，只不过想要精准定位到发生异常的时刻的日志还是十分麻烦的。这里选择使用 K8s 客户端的日志查询接口来完成这个任务，如代码清单 6-13 所示。

代码清单 6-13　使用日志查询接口

```
func (watcher *PodWatcher) getLog(containerName string, podName string)
                            (map[string]string, error) {
    // 抓取容器日志
    line := int64(1000) // 定义只抓取最新的 1000 行日志
    opts := &corev1.PodLogOptions{
        Container: containerName,
        TailLines: &line,
    }
    containerLog, err := watcher.K8s.CoreV1().Pods(watcher.Namespace).GetLogs
                        (podName, opts).Stream(context.Background())
    if err != nil {
        log.Errorf("获取日志失败: %s", err)
        return nil, err
    }
    clog := make(map[string]string)
    data, _ := ioutil.ReadAll(containerLog)
    clog[containerName] = string(data)

    return clog, nil
}
```

　　需要注意的是，容器被判断为处于异常状态后，kubelet 就会在非常短的时间内将容器销毁并重建，届时将再没有获取日志的机会，所以我们需要在第一时间过滤容器状态并抓取日志。

6.3.5　NPD

　　前文介绍的监控方法都只能发现 Pod 级别的异常事件，而在实际的测试场景中，节点故障也会经常发生。虽然节点发生异常会间接导致 Pod 故障从而被我们的监控工具发现，但这种情况下会有大量的异常 Pod 进行告警轰炸，并且 Pod 的异常信息无法帮助测试人员分析节点问题。相信大家已经想到了，可以通过监控 Node 对象来实现节点级别的监控能力。这个思路是正确的，但与之前可以统一抓取容器日志来分析问题的方法不同，节点可能会由于多种不同的原因出现故障，并不能只通过某个单一的日志文件进行分析。为了增强监控工具的分析能力，这里引入 K8s 开源项目——NPD 来解决这个问题。

　　NPD 是一个守护程序，用于根据内核死锁、OOM、系统线程数压力、系统文件描述符压力、容器运行时是否异常等指标监控和报告节点的健康状况。通常我们把 NPD 的进程以 DaemonSet 的形式运行在集群的每个节点中。NPD 会为 Node 对象增加若干个类型的 Condition，当它探测到节点异常时就会设置对应的 Condition 来表明该异常已经发生并且把异常的简介写入 Message 字段，如图 6-2 所示。

```
Conditions:
  Type                                   Status  LastHeartbeatTime                 LastTransitionTime                Reason                                 Message
  ----                                   ------  -----------------                 ------------------                ------                                 -------
  NetDeviceProblem                       False   Thu, 27 Oct 2022 10:07:56 +0800   Wed, 26 Oct 2022 14:46:43 +0800   NetDeviceIsNormal                      Net Device is Normal
  ConntrackProblem                       False   Thu, 27 Oct 2022 10:07:56 +0800   Thu, 20 Oct 2022 14:15:43 +0800   ConntrackIsNormal                      Conntrack is Normal
  MtuCacheProblem                        False   Thu, 27 Oct 2022 10:07:56 +0800   Thu, 20 Oct 2022 14:15:43 +0800   MtuCacheIsNormal                       Mtu Cache is Normal
  HasGhostContainer                      False   Thu, 27 Oct 2022 10:07:56 +0800   Wed, 26 Oct 2022 20:26:24 +0800   ContainerProcessIsNormal               Container process is normal
  ProcessProblem                         False   Thu, 27 Oct 2022 10:07:56 +0800   Thu, 20 Oct 2022 14:15:43 +0800   ProcessIsNormal                        Process is Normal
  FrequentKubeletRestart                 False   Thu, 27 Oct 2022 10:07:56 +0800   Thu, 20 Oct 2022 14:15:43 +0800   NoFrequentKubeletRestart               kubelet is functioning properly
  ContainerdProblem                      False   Thu, 27 Oct 2022 10:05:06 +0800   Wed, 26 Oct 2022 20:28:31 +0800   ContainerdIsUp                         Containerd service is up
  ThreadPressure                         False   Thu, 27 Oct 2022 10:05:06 +0800   Wed, 26 Oct 2022 20:28:31 +0800   ThreadUnderPressure                    Thread is Under Pressure
  ReadonlyFilesystem                     False   Thu, 27 Oct 2022 10:07:56 +0800   Thu, 20 Oct 2022 14:15:43 +0800   FilesystemIsNotReadOnly                Filesystem is not read-only
  ContainerRuntimeInterfaceUnhealthy     False   Thu, 27 Oct 2022 10:07:56 +0800   Wed, 26 Oct 2022 20:26:23 +0800   ContainerRuntimeInterfaceIsHealthy     Container runtime interface on the no
de is functioning properly
  KubeletUnhealthy                       False   Thu, 27 Oct 2022 10:07:56 +0800   Fri, 21 Oct 2022 14:10:13 +0800   KubeletIsHealthy                       kubelet on the node is functioning pr
operly
  KernelDeadlock                         False   Thu, 27 Oct 2022 10:07:56 +0800   Thu, 20 Oct 2022 14:15:43 +0800   KernelHasNoDeadlock                    kernel has no deadlock
  SystemLoadProblem                      False   Thu, 27 Oct 2022 10:07:56 +0800   Thu, 20 Oct 2022 14:15:43 +0800   SystemLoadIsNormal                     System Load is Normal
  CorruptDockerOverlay2                  False   Thu, 27 Oct 2022 10:07:56 +0800   Thu, 20 Oct 2022 14:15:43 +0800   NoCorruptDockerOverlay2                docker overlay2 is functioning proper
ly
  PLEGNotHealthy                         False   Thu, 27 Oct 2022 10:07:56 +0800   Thu, 20 Oct 2022 14:15:43 +0800   PLEGHealthy                            PLEG is healthy
  ConnectApiServer                       False   Thu, 27 Oct 2022 10:07:56 +0800   Thu, 20 Oct 2022 14:15:43 +0800   ConnectApiServerNormal                 connect api server normal
  KubeletProblem                         False   Thu, 27 Oct 2022 10:05:06 +0800   Wed, 26 Oct 2022 20:28:31 +0800   KubeletIsUp                            Kubelet service is up
  CustomPIDPressure                      False   Thu, 27 Oct 2022 10:05:06 +0800   Wed, 26 Oct 2022 20:28:31 +0800   PIDUnderPressure                       PID is Under Pressure
  FDPressure                             False   Thu, 27 Oct 2022 10:05:06 +0800   Wed, 26 Oct 2022 20:28:31 +0800   FDUnderPressure                        FD is Under Pressure
  FrequentDockerRestart                  False   Thu, 27 Oct 2022 10:07:56 +0800   Thu, 20 Oct 2022 14:15:43 +0800   NoFrequentDockerRestart                docker is functioning properly
  FDProblem                              False   Thu, 27 Oct 2022 10:07:56 +0800   Thu, 20 Oct 2022 14:15:43 +0800   FDIsNormal                             fd is Normal
  FrequentContainerdRestart              False   Thu, 27 Oct 2022 10:07:56 +0800   Thu, 20 Oct 2022 14:15:43 +0800   NoFrequentContainerdRestart            containerd is functioning properly
  XFSError                               False   Thu, 27 Oct 2022 10:07:56 +0800   Thu, 20 Oct 2022 14:15:43 +0800   XFSIsError                             XFS metadata I/O error
  ContainerRuntimeUnhealthy              False   Thu, 27 Oct 2022 10:07:56 +0800   Wed, 26 Oct 2022 20:26:23 +0800   ContainerRuntimeIsHealthy              Container runtime on the node is func
tioning properly
  DockerdProblem                         False   Thu, 27 Oct 2022 10:05:06 +0800   Wed, 26 Oct 2022 20:28:31 +0800   DokcerdIsUp                            dockerd service is up
  NFConntrackPressure                    False   Thu, 27 Oct 2022 10:05:06 +0800   Wed, 26 Oct 2022 20:28:31 +0800   NFConntrackPressure                    NFConntrack is Under Pressure
  NetworkUnavailable                     False   Thu, 20 Oct 2022 14:16:49 +0800   Thu, 20 Oct 2022 14:16:49 +0800   CiliumIsUp                             Cilium is running on this node
  MemoryPressure                         False   Thu, 27 Oct 2022 10:06:57 +0800   Wed, 26 Oct 2022 20:26:46 +0800   KubeletHasSufficientMemory             kubelet has sufficient memory availab
le
  DiskPressure                           False   Thu, 27 Oct 2022 10:06:57 +0800   Wed, 26 Oct 2022 20:26:46 +0800   KubeletHasNoDiskPressure               kubelet has no disk pressure
  PIDPressure                            False   Thu, 27 Oct 2022 10:06:57 +0800   Wed, 26 Oct 2022 20:26:46 +0800   KubeletHasSufficientPID                kubelet has sufficient PID available
  Ready                                  True    Thu, 27 Oct 2022 10:06:57 +0800   Wed, 26 Oct 2022 20:26:46 +0800   KubeletReady                           kubelet is posting ready status
```

图 6-2 Node 中的 Condition

在图 6-2 中的 Message 字段中会列出监控目标当前的状态，如果监控目标处于非健康状态则会输出错误信息的简介。用户可以根据 NPD 的开发文档来添加自己系统的监控能力，图 6-2 中展现的部分监控能力就是我所在团队定制与开发的。具体的内容大家可以阅读官方文档，这里就不详细介绍了。在代码清单 6-14 中列出一段监控 Node 对象的代码片段，该片段仅供参考。

代码清单 6-14 Watch Node

```
func (watcher *NodeWatcher) Watch() {
    now := time.Now()
    startTime := now

    watchNodes := func(k8s *kubernetes.Clientset) (watch.Interface, error) {
        return k8s.CoreV1().Nodes().Watch(context.Background(), metav1.ListOptions{})
    }

    podWatcher, err := watchNodes(watcher.K8s)
    if err != nil {
        log.Errorf("watch nodes failed, err:%s", err)
        watcher.handleK8sErr(err)
    }

    for {
        event, ok := <-podWatcher.ResultChan()

        if !ok || event.Object == nil {
          log.Info("the channel or Watcher is closed")
```

```go
        podWatcher, err = watchNodes(watcher.K8s)
        if err != nil {
            watcher.handleK8sErr(err)
            time.Sleep(time.Minute * 5)
        }
        continue
    }

    // 忽略监控刚开始 20 秒的 Pod 事件，防止事前积压的事件传递过来
    if time.Now().Before(startTime.Add(time.Second * 20)) {
        //log.Debug("忽略监控刚开始 20 秒的 Pod 事件，过滤掉积压事件")
        continue
    }

    node, _ := event.Object.(*corev1.Node)
    conditions := node.Status.Conditions

    reason := ""
    message := ""
    for _, c := range conditions {
        // 过滤异常，某些情况不需要监控
        if c.Type == "KernelDeadlock" ||
            c.Type == "ThreadPressure" ||
            c.Type == "FDPressure" ||
            c.Type == "CustomPIDPressure" ||
            c.Type == "NFConntrackPressure" ||
            c.Type == "FrequentKubeletRestart" ||
            c.Type == "FrequentDockerRestart" ||
            c.Type == "FrequentContainerdRestart" ||
            c.Type == "DockerdProblem" ||
            c.Type == "ContainerdProblem" ||
            c.Type == "ReadonlyFilesystem" ||
            c.Type == "KubeletProblem" ||
            c.Type == "MemoryPressure" ||
            c.Type == "DiskPressure" ||
            c.Type == "PIDPressure" {
            if c.Status == corev1.ConditionTrue {
                reason = fmt.Sprintf("%s | %s", reason, c.Reason)
                message = fmt.Sprintf("%s | %s", message, c.Message)
            }
        }
        if c.Type == corev1.NodeReady {
            if c.Status == corev1.ConditionFalse || c.Status == corev1.ConditionUnknown {
                reason = fmt.Sprintf("%s | %s", reason, c.Reason)
                message = fmt.Sprintf("%s | %s", message, c.Message)
            }
        }
    }
    if reason != "" {
        log.Infof(fmt.Sprintf("node %s is not ready, the reason is %s the
                            message is %s", node.Name, reason, message))
        e := &Event{
            NodeName:        node.Name,
            Reason:          reason,
            Message:         message,
            Error:           nil,
```

```
                EventType:        NodeException,
                ErrorTimestamp: time.Now(),
            }
            watcher.event <- e
        }

    }
}
```

6.3.6 小结

用户可以基于 List-Watch 机制中的 watch 接口来满足自己的监控需求，除 Pod 和 Node 外，完全可以通过监控其他对象来感知集群状态的变化，大家可以在实践的过程中多加探索。在我所经历的项目中，常用的场景除了本章介绍的异常监控，还包括通过监控用户 CRD 的变化来感知系统特定的事件。总的来说，这是一种十分实用的监控手段，希望大家可以掌握。

6.4 持续性观测

在稳定性测试中除了需要关注服务和节点的瞬时异常并对其加以分析，还需要检测在长期的测试中各个服务是否会出现泄漏类的缺陷，例如十分常见的内存泄漏和文件描述符泄漏。这些缺陷只有随着系统长时间运行，问题一点点地放大才能被测试人员关注到。因为不论是内存还是句柄，短时间内的微小波动都不足以证明存在问题，所以检测这类问题一般都需要把测试时间拉长并持续观测相关资源的变化。当然，测试人员不仅需要关注内存泄漏和文件描述符泄漏，还需要观测系统数据的增长变化来判断是否有异常的数据增长，或者本应该清理的数据没有被清理。这些问题的出现同样会为系统的稳定性埋下深深的隐患。例如，在一个大数据产品中会频繁运行很多 I/O 密集型的任务，这些任务通常会通过 Job 对象执行。虽然任务结束后 K8s 有相关的策略来回收 Pod，但 Job 对象本身依然保存在集群中，如果不加以清理，那么随着数据日益增多势必会影响 K8s 集群的性能和稳定性，甚至最终引起集群的崩溃。所以，测试人员需要通过较长时间的稳定性测试来发现这些问题，也需要验证系统回收资源的速度能否超过系统占用资源的速度。

综上所述，我们的监控组件中除了需要有本章已经介绍过的异常事件监控的能力，还需要有可以持续观测系统资源变化的能力。在第 5 章介绍的 Prometheus 可以很好地满足这个需求，只不过目前 Prometheus 开源出的 Exporter 监控的范围并没有那么广泛，测试人员势必需要根据自己项目的特点来进行定制与开发。本节将介绍如何在 Prometheus 中开发 Exporter 的内容。

6.4.1 自定义 Exporter

开发 Exporter 其实并不困难，Prometheus 提供了主流语言的客户端帮助用户简化开发过程。例如，在 Python 的客户端中定义一个 Counter 类型的指标，如代码清单 6-15 所示。

代码清单 6-15　在 Python 的客户端中定义一个 Counter 类型的指标

```
from prometheus_client import Counter, start_http_server,Gauge
import time

if __name__ == '__main__':
    g = Gauge('my_inprogress_requests', 'Description of gauge')
    g.set(4.2)

    c = Counter('my_failures', 'Description of counter')

    start_http_server(8000)
    // 通过 for 循环模拟周期性（每 5 秒）收集系统数据并调用 Counter 的 inc 方法来设置监控数值
    while True:
        time.sleep(5)
        c.inc(1.6)
```

运行代码清单 6-15 所示的代码后就可以通过 8000 端口访问 Exporter 了。这里需要注意的是，Prometheus 提供的客户端只能用来帮助用户较为方便地定义各项监控指标，具体的监控逻辑还是需要用户自己来完成的，包括将当前的数据进行持久化（否则 Exporter 重启后监控数据会被重置）。接下来就通过开发一个可以监控每个容器的套接字和僵尸进程的 Exporter 展示 Go 的客户端的使用，以及一个完整的 Exporter 所具备的能力。

之所以不在节点维度监控套接字和僵尸进程，是因为这里只是通过这样一个场景来展示 Exporter 的开发流程和其与容器交互的方法，并不表示这是监控套接字和僵尸进程的最好方式。在动手开发之前，需要先了解如何获取容器中的套接字和僵尸进程信息。这里选择向容器发送一段 shell 命令的方式来查询容器当前的信息，这个方法的效果与用户在命令行中使用 kubectl exec 命令的效果是一样的，如代码清单 6-16 所示。

代码清单 6-16　向容器发送一段 shell 命令

```
func Exec(clientset *kubernetes.Clientset, config *restclient.Config, commands []
        string, namespace, podName, container string) (string, error) {
    logger := log.WithFields(log.Fields{
                                    "namespace": namespace,
                                    "pod":       podName,
                            })
    req := clientset.CoreV1().RESTClient().Post().Resource("pods").Name(podName)
                .Namespace(namespace).SubResource("exec")
    scheme := runtime.NewScheme()
    if err := corev1.AddToScheme(scheme); err != nil {
        return "", errors.Wrapf(err, "error to NewScheme, namespace = %s podName =
                        %s", namespace, podName)
    }

    parameterCodec := runtime.NewParameterCodec(scheme)
    req.VersionedParams(&corev1.PodExecOptions{
        Command:   commands,
        Container: container,
        Stdin:     false,
```

```
        Stdout:     true,
        Stderr:     true,
        TTY:        false,
}, parameterCodec)

exec, err := remotecommand.NewSPDYExecutor(config, "POST", req.URL())
if err != nil {
    logger.Errorf("error to NewSPDYExecutor in container")
    return "", errors.Wrapf(err, "error to NewSPDYExecutor in container, namespace
                            = %s podName = %s", namespace, podName)
}

var stdout, stderr bytes.Buffer
err = exec.Stream(remotecommand.StreamOptions{
    Stdin:   nil,
    Stdout:  &stdout,
    Stderr:  &stderr,
    Tty:     false,
})
if err != nil {
    return "", errors.Wrapf(err, "error to exec command in container, namespace =
                            %s podName = %s command = %s output = %s stderr = %s",
                            namespace, podName, strings.Join(commands, ","),
                            stdout.String(), stderr.String())
}

if stderr.String() != "" {
    return "", errors.Errorf("perform command %s failed, err is:%s", fmt.
                            Sprintf(strings.Join(commands, ",")), stderr.String())
}

return stdout.String(), nil
}
```

代码清单 6-16 实现了一个向容器发送 shell 命令的函数，它比较适合执行一些简单的命令。但是，如果用户需要执行的 shell 命令过于复杂，并需要保存到一个脚本中，就需要使用把脚本复制到容器中的功能，该功能的实现如代码清单 6-17 所示。

代码清单 6-17　复制一个文件到容器中

```
func UploadFileToK8s(clientset *kubernetes.Clientset, config *rest.Config, path
                    string, byteArray []byte, podName, containerName, namespace
                    string) error {
    stdin := bytes.NewReader(byteArray)
    req := clientset.CoreV1().RESTClient().Post().
        Resource("pods").
        Name(podName).
        Namespace(namespace).
        SubResource("exec")
    scheme := runtime.NewScheme()
    if err := corev1.AddToScheme(scheme); err != nil {
        return errors.Wrap(err, "error to NewScheme")
    }
```

```
commands := []string{"cp", "/dev/stdin", path}

parameterCodec := runtime.NewParameterCodec(scheme)
req.VersionedParams(&corev1.PodExecOptions{
    Command:   commands,
    Container: containerName,
    Stdin:     true,
    Stdout:    true,
    Stderr:    true,
    TTY:       false,
}, parameterCodec)


exec, err := remotecommand.NewSPDYExecutor(config, "POST", req.URL())
if err != nil {
    return errors.Wrap(err, "error to NewSPDYExecutor in container")
}

var stdout, stderr bytes.Buffer
err = exec.Stream(remotecommand.StreamOptions{
    Stdin:   stdin,
    Stdout:  &stdout,
    Stderr:  &stderr,
    Tty:     false,
})
fmt.Println(stdout.String())
if err != nil {
    return errors.Wrapf(err, "failed copy file to container, output = %s stderr =
                       %s filePath = %s", stdout.String(), stderr.String(), path)
}
return nil
}
```

工具函数准备好后，可以开始考虑执行什么命令来获取套接字和僵尸进程的信息了，很多人第一时间想到的是通过 ss 和 ps 命令来进行查询，但是有一个问题，并不是所有容器都安装了这两个命令的，我们是否可以通过依赖更少的方式进行获取呢？答案是肯定的。在 Linux 中/proc 目录是一个非常特殊的存在，它被很多人称为伪文件系统。实际上，/proc 目录下保存的是当前内核运行状态的一系列特殊文件，用户可以通过这些文件查看有关系统硬件和当前正在运行的进程的信息。所以，这里只需要通过查询/proc 目录下对应的文件就可以获取套接字和僵尸进程的信息了。

/proc/net/tcp 文件中提供了 TCP（transmission control protocol，传输控制协议）的连接信息，如果只需要获取 TCP 连接信息，就可以通过 head 命令进行查询，查询结果如图 6-3 所示。

图 6-3　查询 TCP 连接信息

对于图 6-3 中的查询结果，我们主要关注第四列，它表示当前套接字的状态。图 6-4 列出了套接字状态码的映射关系。

```
TCP_ESTABLISHED:1    TCP_SYN_SENT:2
TCP_SYN_RECV:3       TCP_FIN_WAIT1:4
TCP_FIN_WAIT2:5      TCP_TIME_WAIT:6
TCP_CLOSE:7          TCP_CLOSE_WAIT:8
TCP_LAST_ACL:9       TCP_LISTEN:10
TCP_CLOSING:11
```

图 6-4　套接字状态码的映射关系

一般出现套接字泄漏的原因大多数是套接字被打开后没有关闭，这时大量的套接字会处于 CLOSE_WAIT 状态，所以这里需要监控的目标就是计算当前容器中有多少套接字处于该状态。对应的 shell 命令为 cat /proc/net/tcp | awk '{print $4}' | grep 08 | wc -l。

查看是否存在僵尸进程的方法也是类似的，用户可以通过/proc/pid/stat 查看每个进程当前的状态，如果当前进程是僵尸进程，则在文件中用 Z 来对其进行标识，所以这里的思路就是遍历/proc 下每个进程的 stat 文件，并统计处于 Z 状态的进程数量，对应的 shell 命令为 find /proc -maxdepth 2 -name stat | xargs cat 2>/dev/null | grep Z | wc -l。

了解以上内容后就可以实现监控容器套接字和僵尸进程的功能了。关于初始化 K8s 客户端的操作就不再详细说明，读者可以翻看第 3 章相关内容。本案例中通过定义两个 Gauge 类型的指标来进行监控，并且程序需要遍历当前集群所有 Pod 中的容器并将其注册到 Prometheus 中。需要注意的是，由于集群是动态变化的，随时都会有新的 Pod 被创建和销毁，因此在程序中需要开启一个独立的协程来对监控指标进行周期性的更新，如代码清单 6-18 所示。

代码清单 6-18　周期性更新监控指标

```go
var (
    sdMetrics = make(map[string]prometheus.Gauge)
    zProcessMetrics = make(map[string]prometheus.Gauge)
    kubeConfig *rest.Config
    k8s        *kubernetes.Clientset
)

func init() {
    log.SetOutput(os.Stdout)
    log.Info("init the kubeconfig")
    if isExist, err := PathExists("kubeconfig_ziyuan"); err != nil {
        panic(err)
    } else {
        if isExist {
            log.Info("now out of K8s cluster")
            kubeConfig, err = clientcmd.BuildConfigFromFlags("", "kubeconfig_ziyuan")
        } else {
            log.Info("now In k8s cluster")
            kubeConfig, err = rest.InClusterConfig()
        }
    if err != nil {
        log.Error("cannot init the kubeconfig")
        panic(err.Error())
    }
    }
}

    var err error
```

```go
k8s, err = kubernetes.NewForConfig(kubeConfig)
if err != nil {
    log.Error("cannot init the K8s client")
    panic(err.Error())
}
log.Info("init the K8s client done, now begin to monitor the K8s")

register := func() {
    namespaceList, err := k8s.CoreV1().Namespaces().List(context.Background(),
                                                 metav1.ListOptions{})
    if err != nil {
      log.Error(err)
      os.Exit(1)
    }

    for _, n := range namespaceList.Items {
        namespace := n.Name
        podList, err := k8s.CoreV1().Pods(namespace).List(context.Background(),
                                                 metav1.ListOptions{})
        if err != nil {
            panic(errors.Wrapf(err, "cannot list K8s with namespace %s", namespace))
        }
        // 遍历所有 Pod
        for _, pod := range podList.Items {
            if pod.Status.Phase != "Running" {
              continue
            }

            // 遍历 Pod 下的容器
            for _, container := range pod.Status.ContainerStatuses {
                sdGauge := prometheus.NewGauge(prometheus.GaugeOpts{
                    Name: "namespace_container_Socket_Close_Wait",
                    Help: "num of socket with CLOSE-WAIT status in container",
                    ConstLabels: map[string]string{
                        "namespace": namespace,
                        "pod":        pod.Name,
                        "container": container.Name,
                    },
                })
                if _, ok := sdMetrics[pod.Name + "," + namespace]; !ok {
                    prometheus.MustRegister(sdGauge)
                    sdMetrics[pod.Name + "," + namespace] = sdGauge
                }

                zProcessGauge := prometheus.NewGauge(prometheus.GaugeOpts{
                    Name: "namespace_container_zombie_Process_Num",
                    Help: "num of zombie process num in container",
                    ConstLabels: map[string]string{
                        "namespace": namespace,
                "pod":        pod.Name,
                "container": container.Name,
            },
        })
        if _, ok := zProcessMetrics[pod.Name]; !ok {
            prometheus.MustRegister(zProcessGauge)
            zProcessMetrics[pod.Name] = zProcessGauge
        }

            }
        }
    }
```

```
    }

    // 先注册一次
    register()

    // 周期性注册名字空间下所有 Pod 中容器的指标
    go func() {
        for {
            time.Sleep(time.Minute * 10)
            register()
        }
    }()
}
```

实现周期性更新监控指标的功能后，就可以编写代码来实现与容器的交互并获取相关的监控数据了。需要注意的是，这部分代码仍然需要周期性执行，并且每次执行都要从内存中获取最新的监控指标，具体实现如代码清单 6-19 所示。

代码清单 6-19　周期性获取监控数据

```
func main() {
    // 周期性获取最新的监控指标
    go func() {
        for {
            for podInfo, guage := range sdMetrics {
                tmp := strings.Split(podInfo, ",")
                podName := tmp[0]
                namespace := tmp[1]

                log.WithFields(log.Fields{
                    "namespace": namespace,
                    "pod":       podName,
                })
                pod, _ := k8s.CoreV1().Pods(namespace).Get(context.Background(),
                                                  podName, metav1.GetOptions{})

                for _, container := range pod.Status.ContainerStatuses {
                    commands := []string{"sh", "-c", "cat /proc/net/tcp
                            | awk '{print $4}' |grep 08|wc -l"}
                    output, err := prometheus.Exec(k8s, kubeConfig, commands,namespace,
                                                  podName, container.Name)

                    if err != nil {
                        log.Error(err.Error())
                        continue
                    }
                    closeWait, err := strconv.ParseFloat(strings.Replace(output,
                                                  "\n","", -1), 32)

                    if err != nil {
                        fmt.Fprintf(os.Stdout, "err %s\n", errors.Wrap(err, "cannot trans
                                                  string to float"))
                        continue
                    }
                    guage.Set(closeWait)
                    log.Infof("successfully collect %s's socket status", podName)
                }
```

```
        }

        for podInfo, guage := range sdMetrics {
            tmp := strings.Split(podInfo, ",")
            podName := tmp[0]
            namespace := tmp[1]
            log.WithFields(log.Fields{
                "namespace": namespace,
                "pod":        podName,
            })
            pod, _ := k8s.CoreV1().Pods(namespace).Get(context.Background(), podName,
                                                 metav1.GetOptions{})
            for _, container := range pod.Status.ContainerStatuses {
                // 僵尸进程
                commands := []string{"sh", "-c", "find /proc -maxdepth 2 -name stat|xargs
                                     cat 2>/dev/null|grep Z|wc -l"}
                output, err := prometheus.Exec(k8s, kubeConfig, commands, namespace,
                                             podName, container.Name)
                if err != nil {
                    fmt.Fprintf(os.Stdout, "err %s\n", errors.Wrapf(err, "cannot get exec
                            the command %s", commands))
                    continue
                }
                zProcess, err := strconv.ParseFloat(strings.Replace(output, "\n", "",
                                                    -1), 32)

                if err != nil {
                    fmt.Fprintf(os.Stdout, "err %s\n", errors.Wrap(err, "cannot trans
                            string to float"))
                    continue
                }
                guage.Set(zProcess)
                log.Info("successfully collect %s's zombie process status", podName)
            }
        }
        time.Sleep(time.Minute * 10)
    }
}()

http.Handle("/metrics", promhttp.Handler())
log.Fatal(http.ListenAndServe("0.0.0.0:80", nil))
}
```

　　至此，我们便完成了 Exporter 的开发工作，接下来需要将程序制作成镜像，部署到 K8s 集群中，并注册到 Prometheus 中。这里选择监控套接字和僵尸进程的方式，主要是为了演示使用 K8s 客户端与容器进行命令交互。实际上，大家也可以使用其他更优雅的方式达到该目的。例如，以 DaemonSet 形式在每个节点启动一个 Pod，并切换名字空间获取每个容器的进程与套接字信息，这也是一种常用的方式。大家可以思考一下如何实现这种方式。

6.4.2　服务可用时间

　　在第 4 章介绍过生产环境的 SLA 指标结果是不可能在测试环境中被精确地计算出来的，因为世界上没有 100%的高可用，所以 SLA 指标的表现很大程度上取决于环境中故障发生的频率和故障的类别。因此，在测试环节，项目成员往往更倾向于使用 RTO 和 RPO 这样的指标来衡量服务从故障中恢复的能力。但 RTO 和 RPO 只能衡量服务从故障中恢复的能力，如果一个服务在没有故障的情况下由于自身的缺陷导致频繁重启，这必然也会影响到生产环境的 SLA 指标的表现。另外，RTO 和 RPO 也无法衡量服务自身的稳定性，所以一些团队倾向于通过在没有故障注入的测试环境中统计每个服务的 SLA 指标来衡量服务的稳定性，并通过这个指标配合 RTO 和 RPO 来完善高可用能力的评估手段。所以，在稳定性测试中，统计 SLA 指标是常用的测量方式。

> **注意**
>
> 除了用无故障下 SLA 指标的统计来评估产品自身的稳定性，测试人员往往还会通过这种手段来评估公司的测试环境是否稳定，是否常常因为开发人员或运维人员的问题导致测试环境无法使用。管理人员喜欢收集类似的数据来判定测试团队在日常工作中所遇到的阻碍，从而推动过程管理，提升工作效率。

一般来说，在一个复杂的系统内统计每个服务的 SLA 指标是比较困难的，在每个服务的探活策略中需要考虑的东西比较多，但在 K8s 中统计 SLA 指标则简单了很多。在第 3 章讲解 K8s 基础时我们提到 Service 作为接管 Pod 网络的主要对象，会维护一个名为 EndPoints 的对象来保存和管理 Pod 的 IP 地址列表。当某个 Pod 出现异常（例如 readiness 探针探测失败）后，EndPoints 对象就会把该 Pod 的 IP 地址从可用 IP 地址列表中移除，所以测试人员只需要监控 EndPoints 对象变化就可以得知服务什么时间可用、什么时间不可用，进而计算出每个服务的 SLA 指标。EndPoints 对象的代码片段如代码清单 6-20 所示。

代码清单 6-20　EndPoint 对象的代码片段

```
type Endpoints struct {
    metav1.TypeMeta `json:",inline"`
    metav1.ObjectMeta `json:"metadata,omitempty" protobuf:"bytes,1,opt,name = metadata"`
    Subsets []EndpointSubset `json:"subsets,omitempty" protobuf:"bytes,2,rep,name
                                  = subsets"`
}

// EndpointSubset 保存了一组 IP 地址和端口号
// 举例如下
//   {
//     Addresses: [{"ip": "10.10.1.1"}, {"ip": "10.10.2.2"}],
//     Ports:     [{"name": "a", "port": 8675}, {"name": "b", "port": 309}]
//   }
// 上面的记录可以被翻译为以下信息
//     a: [ 10.10.1.1:8675, 10.10.2.2:8675 ],
//     b: [ 10.10.1.1:309, 10.10.2.2:309 ]
type EndpointSubset struct {
    // 记录处于 Ready 状态的 Pod 的地址信息
    Addresses []EndpointAddress `json:"addresses,omitempty" protobuf:"bytes,1,
                                      rep,name = addresses"`
    // 记录处于异常状态的 Pod 的地址信息，通常 Pod 处于异常状态都是由探针的异常引起的
    NotReadyAddresses []EndpointAddress `json:"notReadyAddresses,omitempty"
                       protobuf:"bytes,2,rep,name = notReadyAddresses"`
    // 记录与地址信息对应的端口号
    // +optional
    Ports []EndpointPort `json:"ports,omitempty" protobuf:"bytes,3,rep,name = ports"`
}
```

需要注意的是，在 EndPoints 对象中使用 Addresses 和 NotReadyAddresses 两个属性来保存该服务的可用 IP 地址列表和不可用 IP 地址列表，用户可以通过这两个字段的变化来计算不同维度的 SLA 指标。例如，一个 Service 往往对应着多个 Pod，用户可以选择只要其中一个 Pod 异常就开始计算服务的不可用时间，也可以当所有 Pod 都异常后才开始计算，这取决于用户统计 SLA 指标的目的。统计 SLA 指标的部分代码片段如代码清单 6-21 所示。

代码清单 6-21 统计 SLA 指标

```go
func (watcher *SLAWatcher) Watch() {
    now := time.Now()

    watchEndpoints := func(namespace string, k8s *kubernetes.Clientset)
                        (watch.Interface, error) {
        return k8s.CoreV1().Endpoints(namespace).Watch(context.Background(),
                                            metav1.ListOptions{})
    }

    endpointsWatcher, err := watchEndpoints(watcher.Namespace, watcher.K8s)
    if err != nil {
        log.Errorf("watch EndPoints of namespace %s failed, err:", watcher.Namespace,
                err.Error())
        watcher.handleK8sErr(err)
    }

    for {
        event, ok := <-endpointsWatcher.ResultChan()

        if !ok || event.Object == nil {
            log.Info("the channel or Watcher is closed")
            endpointsWatcher, err = watchEndpoints(watcher.Namespace, watcher.K8s)
            if err != nil {
                watcher.handleK8sErr(err)
                time.Sleep(time.Minute * 5)
            }
            continue
        }

        // 忽略监控刚开始 20 秒的 Pod 事件，防止事前积压的事件传递过来
    if time.Now().Before(now.Add(time.Second * 20)) {
        continue
    }

    endPoints, _ := event.Object.(*corev1.Endpoints)

    if endPoints.DeletionTimestamp != nil {
        log.Warnf("the event is a deletion event. endpoints:%s namespace:%s, skip",
                endPoints.Name, watcher.Namespace)
        continue
    }

    // 为了统计 SLA 指标，需要把一个可用 IP 地址都没有的 EndPoints 过滤出来
    for _, sub := range endPoints.Subsets {
      if len(sub.Addresses) == 0 && len(sub.NotReadyAddresses) != 0 {
          if !checkWhiteList(endPoints.Name, endPoints.Namespace, watcher.WhiteList) {
              log.Info(endPoints.Name + "没有命中白名单，不予监控")
              break
          }
```

```
            log.Infof("服务: %s namespace: %s 目前没有任何可用 Pod, 判断服务异常
                        ", endPoints.Name, endPoints.Namespace)
        key := endPoints.Name + endPoints.Namespace
        if e, ok := slaMap[key]; !ok {
            event := &ServiceEvent{
                Namespace:        endPoints.Namespace,
                ServiceName:      endPoints.Name,
                ServiceType:      endPoints.Kind,
                EventType:        FlowNoneException,
                UnAvailableTime:  time.Now(),
                EnvName:          envName,
                Reason:           sql.NullString{String: "NetworkTrafficNone", Valid: true},
            }
            id, err := InsertEventToDB(event)
            if err != nil {
                log.Errorf("SLANone 信息存储数据库失败,endpoints:%s namespace
                        :%s err:%s",endPoints.Name, event.Namespace, err)
                continue
            }
            event.ID = id
            slaMap[key] = event
        } else {
            e.RecoverTime = sql.NullTime{Time: time.Time{}}
        }
    }
  }
 }
}
```

代码清单 6-21 中只列举了过滤出处于异常状态的 IP 地址的相关代码,由于统计 SLA 指标的方法各不相同,而且需要存储设备的辅助,这里就不过多展示了。统计 SLA 指标的工作一般也是在稳定性测试过程中进行的,属于持续性观测的一部分。

6.4.3　业务巡检与 Pushgateway

持续性观测的最后一个内容是业务巡检,有些团队称之为业务拨测。增加业务巡检的原因是通用的监控系统不带有业务属性,无法探知业务异常,毕竟很多时候虽然从系统层面看一切是正常的,但业务逻辑已经无法正常运作;或者即便监控系统检查出了系统异常,但是它无法很好地表达异常影响的业务范围,所以近些年不少团队选择让测试人员以接口测试的形式对系统各个模块进行周期性的巡检。

利用以接口测试的形式进行巡检的方式对系统进行监控需要注意以下两点。

- 由于在巡检过程中需要执行正常的业务流程,必然会产生相关的数据,因此对这些数据进行清理和隔离是比较重要的。
- 巡检结果需对接产品已有的监控系统,保证监控和告警的统一性。这一点比较好理解,如果业务巡检的监控告警机制是完全独立的,就会造成产品中有两套监控系统存在。这样不论在用户操作上还是资源成本上都是不可接受的。

上述第一点需要根据每个产品和团队的特点进行针对性设计,可以选择利用账号系统与用户数据进行隔离,也可以选择在每个巡检逻辑结束后主动清理数据,这里不详细讲解,而是关注如

何将巡检结果对接到 Prometheus 中。也许大家会想到把业务巡检服务开发成一个 Exporter 就能完成任务，但在实际的业务中，几乎没有团队会选择这种方案，最大的原因是业务巡检的周期一般会比较长，它不需要实时地对整个系统进行业务上的检测，如果把业务巡检做成一个持续运行的服务会造成较多的资源浪费，并且实现起来也会更复杂。所以，大多数团队倾向于利用现有的定时任务系统（如 K8s CronJob）设定周期性的任务来完成巡检工作。

在第 5 章提到 Prometheus 是典型的 Pull 架构，它的主服务需要周期性地访问 Exporter 暴露的接口来采集监控数据，而业务巡检需要的是 Push 架构，它需要主动上报自身的数据，所以 Prometheus 推出了 Pushgateway 和 Prometheus 提供的客户端。Pushgateway 可以理解为一种特别的 Exporter，Prometheus 根据配置周期性地抓取 Pushgateway 中的数据。只不过 Pushgateway 本身并不监控数据，它的数据都来自使用 Prometheus 提供的客户端开发的程序。这些程序不用像 Exporter 一样是持续运行的 HTTP 服务，它们可以以任何形式运行，只要它们按自己的逻辑收集到数据后，通过主动推送的方式将数据发送给 Pushgateway 即可。关于 Pushgateway 的架构，大家可以回顾图 5-2 所示的内容。

使用客户端开发的程序向 Pushgateway 推送数据比较简单，如代码清单 6-22 所示。

代码清单 6-22　向 Pushgateway 推送数据

```
from prometheus_client import CollectorRegistry, Gauge, push_to_gateway

if __name__ == '__main__':
    registry = CollectorRegistry()
    labels = ['req_status', 'req_method', 'req_url']
    g_one = Gauge('requests_total', requests_total ', labels, registry = registry)
    g_two = Gauge('avg_response_time_seconds', ' avg_response_time_seconds ',
                  labels, registry = registry)
    g_one.labels('200','GET', '/test/url').set(1)
    g_two.labels('200','GET', '/test/api/url/').set(10)
    push_to_gateway('http://192.128.0.110:9091', job = 'DemoMetrics', registry
                                                 = registry)
```

如果巡检使用的仍然是自动化测试框架，那么推荐用户实现一个带有参数的装饰器，在装饰器中通过判断测试用例的执行结果向 Pushgateway 推送对应的数据。

6.4.4　小结

持续性观测的核心仍然是监控体系的建设。测试人员参与监控体系的建设在业界已经是很常见的实践方法了。毕竟不同人员的关注点是不同的，开发人员和运维人员在搭建监控系统时很难考虑到产品方方面面的需求。

6.5　Operator

Operator 是一种 K8s 的扩展形式，它可以帮助用户以 K8s 的声明式 API 风格自定义对象来管理应用及服务。Operator 已经成为分布式应用在 K8s 集群部署的事实标准。在云原生时代，想把系统迁移到 K8s 集群中，编写 Operator 应用是必不可少的能力。这里将通过 Prometheus 和 Chaos Mesh 的案例来为大家介绍 Operator 带来的便利。

6.5.1　什么是 Operator

在第 5 章我们演示 Prometheus 时介绍过如何通过配置文件把 Exporter 注册到 Prometheus 中，但当用户面对一个非常庞大且复杂的监控目标时，往往会经常性地更新相关的配置。例如，在 K8s 集群中，每当有节点加入或者退出，都需要对 Prometheus 的配置文件进行更新并将 Pod 重新创建。这是一件非常烦琐的事情，并且维护 Prometheus 各种服务的运行、存储、配置等都需要花费较多的精力。这不仅是 Prometheus 需要面对的问题，同样也是其他软件需要解决的难题。所以，K8s 提供了一种可以降低用户维护软件的复杂度的方案——Operator。

Prometheus 需要利用 K8s 提供的 CRD 机制创建若干个资源对象。这些自定义对象在本质上与 K8s 提供的 Pod、Deployment、Service 等是一样的，只不过它属于用户定义的对象并通过 CRD 注册到 K8s 集群中。用户可以像提交 Pod 一样把 CRD 定义的对象提交到 K8s 中，在第 4 章提到的 Chaos Mesh 也利用了这个能力，用户可以通过提交代码清单 6-23 所示的配置文件来向 Chaos Mesh 提交一个网络故障。

代码清单 6-23　NetworkChaos

```
apiVersion: chaos-mesh.×××/v1alpha1
kind: NetworkChaos
metadata:
  name: delay
spec:
  action: delay
  mode: one
  selector:
    namespaces:
      - default
    labelSelectors:
      'app': 'web-show'
  delay:
    latency: '10ms'
    correlation: '100'
    jitter: '0ms'
```

代码清单 6-23 中描述的是 Chaos Mesh 提供的网络故障对象，用户可以通过 kubectl create -f <文件路径>命令把任务提交到集群中。而 Chaos Mesh 会有相应的控制器调用 watch 接口来监控该类型对象的所有事件，当用户提交新的对象时控制器会创建对应的故障，而当用户删除该对象时控制器会接收到事件并进行事件的恢复。

介绍到这里，其实大家应该能理解 Operator 的本质了，简单概括就是"Operator＝CRD＋控制器"。CRD 负责描述用户自定义的资源对象，而控制器监控这些对象的所有事件并做出对应的操作。通过 Operator 的形式，可以对复杂的配置和维护工作进行抽象，只暴露较为简单的 CRD 给用户使用，复杂的维护逻辑都在控制器内部实现。

6.5.2 Prometheus Operator

Prometheus 也是通过 Operator 的形式在 K8s 中运行的，大家可以在 GitHub 上搜索 prometheus-operator 项目，查看它的安装文档。prometheus-operator 的架构如图 6-5 所示。

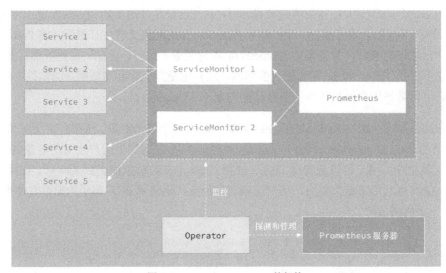

图 6-5　prometheus-operator 的架构

Prometheus 主要提供了以下 4 种资源对象。

- Prometheus 负责 Prometheus 服务的创建和管理。
- ServiceMonitor 负责管理监控配置。
- PrometheusRule 负责管理告警配置。
- Alertmanager 负责创建和管理告警控制器实例。

这里我们主要关注 ServiceMonitor，因为用户开发的 Exporter 需要通过创建 ServiceMonitor 来注册到 Prometheus 中。当用户把 Exporter 部署在 K8s 集群后，可以创建代码清单 6-24 中描述的 ServiceMonitor。

代码清单 6-24　ServiceMonitor

```
apiVersion: monitoring.coreos.×××/v1
kind: ServiceMonitor
metadata:
  name: pod-monitor
  namespace: default
  labels:
    prometheus: kube-prometheus
spec:
  namespaceSelector:
    matchNames:
```

```
    - default
selector:
  matchLabels:
    name: pod-monitor
endpoints:
  - port: port0
```

在代码清单 6-24 的 spec 字段中需要填写正确的配置,包括 Exporter 所在的名字空间、对应的
Service 的标签,以及使用的端口号等。这样 Prometheus 才能获取正确的地址以进行数据的收集。
这里需要注意的是,创建 ServiceMonitor 的时候,有时需要给该 ServiceMonitor 添加一个标签,如
prometheus:kube-prometheus,这是因为在 Prometheus 的 CRD 中有一个配置决定了只收集拥有该标
签的 ServiceMonitor 的数据。Prometheus 的配置如代码清单 6-25 所示。

代码清单 6-25 Prometheus 的配置

```
apiVersion: monitoring.coreos.xxx/v1
kind: Prometheus
metadata:
  name: inst
  namespace: monitoring
spec:
  serviceAccountName: prometheus
  serviceMonitorSelector:
    matchLabels:
      Prometheus: kube-prometheus
```

6.5.3 小结

Operator 目前已经成为 K8s 中非常重要的扩展能力,大量的用户在扩展 K8s 的能力时都会选择
Operator 作为解决方案。不过开发 Operator 的门槛相对较高,不建议初学者轻易尝试,如果读者感
兴趣,可以在 GitHub 上搜索 kubebuilder 项目,这是目前主流的用于开发 Operator 的脚手架项目。

6.6 本章总结

选择云原生的产品往往会伴随着微服务架构的技术选型,技术团队需要面对动辄数以百计的
服务,这样复杂的架构对产品的稳定性提出了非常大的挑战,也让混沌工程和稳定性测试在云原
生时代变得越来越重要。

究其本质,稳定性测试的核心仍然是对监控系统和自动化测试工程的建设,这也是为什么本
章涵盖了大量的代码案例。也许很多测试人员会感到困惑,因为在大部分的测试团队中,测试开
发仍然是一个较小众的方向,但是在当今时代的背景下,不仅是代码能力,还有很多技术相关的
能力都将成为一个测试人员的核心竞争力。

第 7 章

边缘计算

云计算以互联网为中心，提供快速且安全的计算服务与数据存储服务，让每个使用互联网的人都可以使用网络上丰富的计算资源与庞大的数据中心。但随着企业业务的发展，云计算已经无法满足所有的场景，尤其在距离数据中心较远的边缘地带，云计算的性能和成本已经无法满足企业的需求。近些年，边缘计算慢慢发展起来，弥补了云计算的诸多不足。本章我们将介绍边缘计算的相关内容。

7.1　什么是边缘计算

边缘计算是指在靠近设备或数据源头的一侧，采用集网络、计算、存储、应用核心能力于一体的开放平台，提供就近服务。应用在边缘侧发起，可以产生更快的网络服务响应，满足行业在实时业务、应用智能、安全与隐私保护等方面的基本需求。本节将详细介绍边缘计算的关键内容。

7.1.1　云计算的不足

云计算与边缘计算在云领域都应用得非常广泛，虽然它们要面对的场景和解决的问题是完全不同的，但是它们是互补的关系，边缘计算是为了弥补云计算的不足而存在的，所以对比这两者的特点有助于理解边缘计算的架构。云计算会把任务和服务集中在云端调度，属于典型的集中式计算架构。服务在云端调度有诸多好处，例如可以抽象出很多通用的能力供用户使用，这些在云端调度的服务可以共享云端的存储、网络以及相关服务，用户只需要把精力集中在自己的产品上。在云计算场景下，不管是 IaaS（infrastructure as a service，基础设施即服务）、PaaS（platform as a service，平台即服务）还是 SaaS（software as a service，软件即服务）都很好地为用户提供了开箱即用的能力，用户上云后使用云上的服务可以节省大量人力和资源的开销。

随着软件行业的发展，人们发现云计算的设计仍然存在一些不足，企业在很多业务场景中都需要计算庞大的数据并希望能够得到即时的反馈，在这类场景中云计算面临以下的挑战。

- **海量数据的传输。** 由于产品在远离用户和终端设备的云环境中部署，因此这些服务与用户和终端设备之间存在复杂的网络环境，随着用户和设备的增多，把海量的数据从终端传输到云端将变得十分困难，此时网络带宽将成为产品最大的瓶颈。
- **数据处理的实时性。** 现在的软件对性能的要求越来越高，企业希望用户能够从软件中尽快得到反馈以提升用户体验。而云计算的设计方案需要把终端数据传输给云端处理，然后把处理后的数据从云端发送回终端，这一来一回的传输将降低业务反馈的实时性。即便业务没有海量的数据传输，云计算仍然很难满足这种高实时性场景的需求。

- 数据的隐私安全。云计算将可穿戴设备、医疗设备、工业制造设备等采集的隐私数据传输到数据中心的路径比较长，容易产生数据丢失或者信息泄露等风险，并且将用户的隐私数据保存在云端本身就是一个安全性较差的选择，用户往往也会希望数据保存在自己信任的机房中。

7.1.2　就近计算的设计

随着云计算的不足逐渐凸显，人们开始慢慢把视线转移到边缘计算上。那么边缘计算能为用户提供什么样的能力呢？简单来说，如果云计算是一种集中式计算架构，那么边缘计算就是一种分散式计算架构，它把关键的服务和任务分散在更靠近用户和终端设备的地域进行调度与部署。

这种**就近计算**的设计可以有效解决因为数据传输而带来的性能和数据安全问题。企业把服务架设在距离用户和终端设备更近的机房中，可以规避复杂的网络环境。基于此设计，企业需要根据用户和终端设备的分布在不同的地域架设机房，并且从软件设计上让终端设备优先去请求离自己最近的机房进行计算。边缘计算系统的架构如图 7-1 所示。

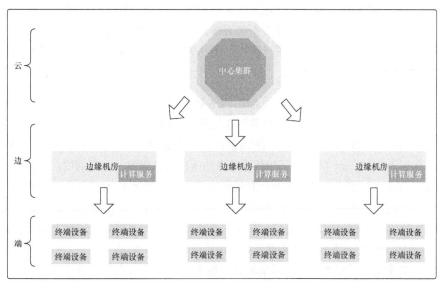

图 7-1　边缘计算系统的架构

图 7-1 描述的是一个典型的边缘计算系统的架构，存在以下 3 个部分。

- **云**：云端中心集群。边缘计算是代替不了云计算的，它与云计算更像是相辅相成的关系。在边缘计算的业务中，仍然需要把部分服务部署在云端中心集群中来控制整体业务的策略。
- **边**：部署在每个地域的边缘机房。它们与终端设备距离最近并部署了绝大部分计算服务，接收到终端设备的请求后可以就近计算并进行实时的反馈。

- 端：终端设备的统称。这些终端设备可以是手机、可穿戴设备、工厂中的工控机或路旁的摄像头等，它们负责采集数据并将数据传递到距离自己最近的边缘机房中进行计算。

当然，完成这样的架构是非常困难的，从物理设施的角度看，通常终端设备分布的地域非常多，企业需要在这些地域架设大量的机房；从软件的角度看，产品的架构要能够完成所有边缘节点的统一管理，包括机器的区域划分、服务的统一下发以及网络的转发策略等。所以，利用 K8s 的能力来管理边缘集群十分重要。

7.1.3 小结

在软件行业中为事物命名从来都不是一件很简单的事情，相信大家第一次听说边缘计算时都会一头雾水，所以相比边缘计算，我更喜欢称之为"就近计算"。目前，边缘计算的设计方式被越来越多的企业采纳，各大云厂商也都推出了自己的边缘计算产品，甚至在 K8s 领域也出现了很多开源项目来让 K8s 支持边缘计算。本章接下来会详细介绍边缘计算面对的场景与测试重点。

7.2 K8s 与边缘计算

随着使用边缘计算的场景越来越普遍，在 K8s 中加入边缘计算框架的需求也越来越大。用户希望把 K8s 集群中的部分机器作为边缘节点部署在对应的机房中，这样就可以通过 K8s 的能力管理众多的边缘机房，完成边缘服务的统一调度。但这并不是一件容易的事情，因为所有边缘计算场景都需要考虑以下几个方面的难题。

- **云边弱网**。云端机房与边缘机房之间的网络复杂，因特网、以太网、5G 移动互联网、Wi-Fi 等形态均有可能存在，网络质量参差不齐且没有保障。因此，保证边缘节点的稳定性是一个非常大的挑战。众所周知，当节点的 kubelet 进程与 K8s API Server 失联后，K8s 就会把该节点标记为 NotReady 状态并开始将该节点的所有服务删除并重新调度。这样的设计在别的场景中是没有问题的，但在边缘计算场景中节点失联并不代表该节点出现故障，其很可能只是由云边网络不稳定导致的，该节点的服务很可能还在正常运行并向用户提供服务。而业界假设这种不稳定性情况是会经常发生的，这意味着一旦节点失联就开始重新调度的行为不太合适，因此，如何在云边弱网状态下保持边缘节点的稳定性是一个非常值得思考的问题。
- **复杂的边缘服务管理要求**。在云端机房中服务可以根据节点资源择优部署，但在边缘计算场景中，服务部署需要考虑网络和地域属性。例如根据图 7-1 展示的边缘计算系统的架构，企业需要在每个边缘机房中都部署一套同样的应用来服务当地的用户。这意味着企业的架构不仅需要拥有识别不同地域和机房的能力，还需要拥有能够将同样的服务精准地下发到每个机房的调度策略，同时还需要考虑到后续软件的升级、机房的扩容、地域的增加等情况。与这些相关的能力不是原生 K8s 所具备的。

- 复杂的网络转发策略。边缘计算的特点是就近计算，边缘机房的数据采集服务获取到数据后，要把数据转发到本地机房中的服务进行计算而不是其他边缘机房。这看似是一个比较简单的需求，但如果把边缘机房的数量增加到很大，那么统一管理这么多机房的网络转发策略就不简单了。我们都知道使用 K8s 的 Service 作为负载均衡器，它会把网络随机地转发到所有 Pod 中，但这显然不符合当前的场景需求。
- 紧张的边缘机房资源。边缘机房所能使用的资源必然不像云端机房所能使用的那么充足，所以如何优化边缘节点的管理，让资源最大程度地压缩也是一个需要考虑的问题。

请大家带着这些问题阅读本章接下来的内容，下面将一一讲解常用的解决这些问题的思路和开源项目，这些开源项目都针对 K8s 做出了一定程度的改造以适应边缘计算的业务场景。

7.2.1 边缘自治

边缘自治能力主要用于解决云边弱网场景下边缘节点的稳定性问题。标准的 K8s 在遇到节点失联后，会发生以下现象。

- 失联节点状态被设置为 NotReady 状态或者 Unknown 状态。
- 失联节点中所有 Pod 的 IP 地址都会从 Endpoints 对象的可用 IP 地址列表中移除。同时这些节点会被标记为 Terminating 状态，K8s 开始尝试回收这些 Pod。
- 失联节点中所有 Pod 都会被 K8s 尝试调度到其他满足条件的节点。
- 当失联节点恢复后，如果之前是因为异常重启导致的失联，则容器不会被重新拉起。如果之前是因为网络或其他原因导致的失联，则所有容器会被回收（因为 K8s 已经把 Pod 调度到了其他节点，所以失联节点恢复后需要清理这些 Pod 记录）。

这里需要注意，不论节点是真的故障关机还是仅网络失联，都会发生如上现象。这是因为在传统模式下，判断节点是否健康依赖于该节点中 kubelet 进程周期性地向 API Server 上报节点的心跳信息。如果节点与 API Server 之间的网络中断导致 kubelet 进程无法上报心跳信息，那么 K8s 会认为该节点处于异常状态，从而触发后续一系列的故障转移行为。即便仅可能因网络一时的中断导致 kubelet 进程没有上报成功，该节点中的所有容器其实还在正常运行，也依然会触发这样的行为。这是一种高可用架构的常用措施，也是一个非常合理的设计。但是在边缘计算场景下，这种"节点不可用 = 服务不可用"的公式是否还成立呢？这是一个很值得探讨的问题。其实在很多场景下，用户希望在边缘节点与云端网络断开的情况下，该节点上的 Pod 也能继续对外提供服务。毕竟云边网络不稳定是边缘计算的特点，不能再依赖传统的 kubelet 进程上报的方式来决定节点当中的服务是否处于健康状态了。

基于以上分析，使用边缘自治系统的需求就被提了出来。用户希望在边缘节点与云端网络中断时，边缘节点也可以自己维护节点中所有 Pod 的运行状态，保证这些 Pod 依然能够对外提供服务。这需要当云边网络中断时，系统具备以下能力。

- 节点可以被设置为 NotReady 状态或者 Unknown 状态，但是节点中的服务仍然可用，节点上面的 Pod 的 IP 地址不会从 Endpoints 对象的可用 IP 地址列表中移除。
- 当节点与云端网络中断并且该节点中的容器发生重启时，重启后的容器仍然可以正常提供服务。
- 当多个边缘节点都出现与云端网络中断的情况时，依然可以保证服务正常运行。
- 当一个或多个边缘节点在与云端网络中断的情况下又发生了节点重启时，重启后 Pod 会被正常拉起并继续对外提供服务。

不知大家是否注意到，其实上述 4 点就是边缘计算场景非常典型的测试用例。很明显，K8s 原生的能力是无法满足上述需求的，还需要产品团队进行针对性的改造。而改造的方式有多种，其中比较常用的方式是在每个节点的 kubelet 进程和 API Server 之间架设一个代理服务，这个代理服务部署在每个边缘节点中，它负责请求 API Server 并把相关数据保存在本地，而且它会取代 API Server 的角色向本地所有进程提供服务。这样在节点与 API Server 之间的网络中断后，这个代理服务就会把本地保存的数据返回给 kubelet 进程。边缘自治架构如图 7-2 所示。

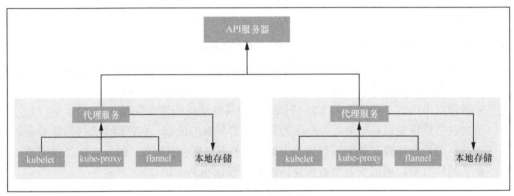

图 7-2 边缘自治架构

7.2.2 分布式健康检查

云边网络不可靠的特点会造成 K8s 对边缘节点健康状态的误判，从而影响正常服务。而相较于云边网络，显然边缘节点之间的连接更为稳定。因此，边缘分布式健康检查机制也被一些产品所采纳，对该机制中节点状态的判定除了要考虑边缘节点与 API Server 的连接情况，还需要引入边缘节点之间的互相探活机制，进而对边缘节点进行更加全面的健康状态评估。通过这种设计，可以避免由云边网络不可靠造成的大量 Pod 的迁移和重建，从而保证业务的稳定性。一般这种设计需要做以下 3 种动作。

- 边缘节点定期探测其他的边缘节点的健康状态。
- 集群内所有的边缘节点定期投票决定每个节点的健康状态。
- 云端和边缘共同决定边缘节点的健康状态。

分布式健康检查机制是边缘自治的一种补充。虽然边缘自治保证了 Pod 不被重新调度从而可以一直稳定地向用户提供服务，但这仅在云边网络中断时是可行的。如果由一些其他原因导致该节点确实无法维持 Pod 的运行，那么用户仍然希望可以把 Pod 重新调度到其他节点部署。测试人员需要梳理清楚系统在健康检查方面的逻辑才能设计出完整的测试用例。

7.2.3　边缘调度

边缘计算的业务要面临多种情况，每种情况需要的调度能力是不一样的。这里先介绍最简单的场景，该场景只需原生的 K8s 能力就可以满足，如图 7-3 所示。

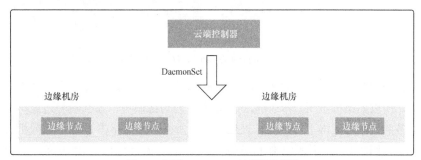

图 7-3　通过 DaemonSet 下发边缘服务

通过 DaemonSet 调度边缘 Pod 的方式非常适合类似监控服务的部署场景，这类场景需要在每个节点中部署对应的 Pod。此时用户不需要理会一共有多少个边缘机房以及每个机房内有多少个节点，只需像图 7-3 中描述的那样编写对应的 DaemonSet 即可。当然除了监控服务，此方式也适用于一些比较简单的边缘业务，即只包含一个服务、占用资源比较少的业务。在每个边缘机房中架设一个节点就可以满足需要（如果不考虑高可用能力），凡是满足这样特点的场景都可以选择通过 DaemonSet 下发边缘服务。

图 7-3 中描述的方式只能应对一些比较简单的场景，如果用户希望在边缘机房中部署一整套微服务，那么此方式就无法满足需求了。因为这些服务包括业务服务、数据库、消息队列等，它们占用资源较多并且通常用户也会对它们提出高可用的需求，所以边缘机房中会存在多个节点来满足部署要求。按照以往的习惯，用户需要在对应的边缘节点设置相应的标签，然后在编写 Deployment 时通过节点选择或节点亲和性字段来将服务下发到指定的边缘机房中，如图 7-4 所示。

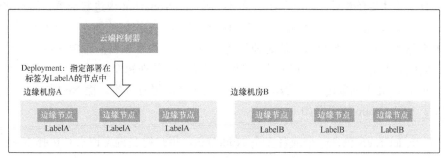

图 7-4　通过 Deployment 下发边缘服务

此时如果用户希望在图 7-4 中的边缘机房 B 中也部署一套同样的微服务，就需要为边缘机房 B 中的所有节点设置对应的标签并编写 Deployment 以进行服务的下发，如图 7-5 所示。

图 7-5　通过 Deployment 在多个边缘机房中下发边缘服务

相信大家此时已经可以看出问题在哪里了，边缘计算的特点就是在整个系统中会存在非常多的地域和机房，所以如果按照图 7-5 所示的方案来下发边缘服务，那么随着边缘机房的增多，用户维护这些服务的成本将变得不可接受。试想一下，如果系统中存在 500 个边缘机房，服务的创建、删除、升级、回滚等日常维护工作将变得多么复杂。为了解决这样的问题，势必要在集群层面提供一种新的调度策略。

接下来介绍一个开源项目 SuperEdge 在调度能力上的设计来帮助大家加深对边缘调度的理解。在 SuperEdge 中依然使用 K8s 的标签机制完成对边缘节点的分组，在此之上，它还设计出了 NodeUnit 和 NodeGroup 两种对象来管理众多的边缘节点。关于 NodeUnit 的定义如下。

- NodeUnit 通常包含位于同一边缘机房内的一个或多个节点，需要保证同一 NodeUnit 中的节点内网是畅通的。
- 具有相同标签的节点属于同一 NodeUnit。例如，为节点 A 和 B 设置"Zone = NodeUnit1"的标签，为节点 C 和 D 设置"Zone = NodeUnit2"的标签，此时我们就有了两个 NodeUnit，它们分别拥有两个边缘节点。系统会保证后续用户的调度请求以 NodeUnit 为单位进行部署，用户提交一份调度请求便可以在 NodeUnit1 和 NodeUnit2 中分别部署同样的一套服务。

NodeUnit 的出现好像已经可以满足用户对服务在边缘机房统一调度的需求了，但它仍然存在一些不足。例如针对某套微服务，用户并不希望在所有的 NodeUnit 内进行部署，而希望仅部署在部分 NodeUnit 中，毕竟一个产品不可能只有一种边缘服务。用户可能拥有一个工业项目，希望在每个工厂中都部署一套服务和设备。同时他可能还拥有一个教育项目，希望在每个学校中都部署对应服务和摄像头来实现校园安全的建设。显然一套服务不能在每个 NodeUnit 中都进行部署，系统需要在 NodeUnit 之上抽象出一层管理单元来对 NodeUnit 进行分类。而 NodeGroup 就是为此而诞生的，关于 NodeGroup 的定义如下。

- 一个 NodeGroup 包含一个或者多个 NodeUnit，用户提交调度请求是选择 NodeGroup 而非 NodeUnit。

- 同一个 NodeUnit 可以属于多个 NodeGroup。当系统为节点 A 和 B 设置"Zone = NodeUnit1"的标签后，它们便属于 NodeUnit1，而 NodeUnit1 属于名为 Zone 的 NodeGroup。在此模型中，标签的键是 NodeGroup 的名字，值是 NodeUnit 的名字。此时用户完全可以再为节点 A 和 B 设置另一个标签"Location = Beijing"来让它们属于另一个 NodeUnit 和 NodeGroup。SuperEdge 支持同一个节点对应多个标签，从而从多个维度对节点进行划分。

当定义了 NodeUnit 和 NodeGroup 后，SuperEdge 提供了 DeploymentGrid 对象来完成边缘服务的统一调度。SuperEdge 项目中针对 DeploymentGrid 的官方演示案例如代码清单 7-1 所示。

代码清单 7-1　DeploymentGrid

```yaml
apiVersion: superedge.××/v1
kind: DeploymentGrid
metadata:
  name: deploymentgrid-demo
  namespace: default
spec:
  gridUniqKey: location
  template:
    replicas: 2
    selector:
      matchLabels:
        appGrid: echo
    strategy: {}
    template:
      metadata:
        creationTimestamp: null
        labels:
          appGrid: echo
      spec:
        containers:
        - image: superedge/echoserver:2.2
          name: echo
          ports:
          - containerPort: 8080
            protocol: TCP
          env:
            - name: NODE_NAME
              valueFrom:
                fieldRef:
                  fieldPath: spec.nodeName
            - name: POD_NAME
              valueFrom:
                fieldRef:
                  fieldPath: metadata.name
            - name: POD_NAMESPACE
              valueFrom:
                fieldRef:
                  fieldPath: metadata.namespace
            - name: POD_IP
              valueFrom:
                fieldRef:
                  fieldPath: status.podIP
          resources: {}
```

可以看到，代码清单 7-1 中的配置中绝大部分都是一个正常的 Deployment 所拥有的字段，唯一不同的就是在 spec 字段中通过 gridUniqKey: location 来指定服务在哪个 NodeGroup 中部署。当用户提交该配置文件到集群中后，系统就会自动地为每个 NodeUnit 创建一个单独的 Deployment 对象用于调度，效果如图 7-6 所示。

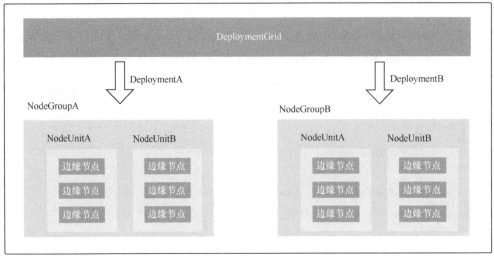

图 7-6　SuperEdge 的整体调度策略的效果

7.2.4　就近计算

7.2.3 节中描述的调度策略中仍然有一个问题没有解决，那就是如何保证每个 NodeUnit 中的 Pod 只会调用本地服务，而不是把请求发送到其他 NodeUnit 中。毕竟从理论上讲，每个 NodeUnit 中的服务是完全一样的，NodeUnitA 中的 Pod 调用了 NodeUnitB 中的服务也是可以正常处理的，但这就违背了边缘计算中的**就近计算**原则。由此可见，K8s 原生的 Service 已经不适合作为边缘计算场景的负载均衡器了，因为 Service 只会随机把请求分发给所有的 Pod。

在第 3 章讲解 K8s 基础的时候提到，当用户创建一个 Service 来接管 Pod 网络时，K8s 会为这个 Service 创建一个 Endpoints 对象。在 Endpoints 对象中会维护该 Service 所掌管的所有 Pod 的 IP 地址，可以参考图 3-6。

K8s 会在集群的每个节点中部署一个名为 kube-proxy 的进程，该进程的任务是通过监控 API Server 来感知 Endpoints 对象的变化。当一个 Endpoints 被创建后，kube-proxy 进程就会根据 Endpoints 中的信息更新本地的 iptables 规则。为了保证一定程度的负载均衡，iptables 中的规则大概如代码清单 7-2 所示。

代码清单 7-2　负载均衡的 iptables 规则

```
-A KUBE-SVC-NWV5X2332I4OT4T3 -m comment --comment "default/hostnames:" -m statistic
--mode random --probability 0.33332999982 -j KUBE-SEP-WNBA2IHDGP2BOBGZ
```

```
-A KUBE-SVC-NWV5X2332I4OT4T3 -m comment --comment "default/hostnames:" -m statistic
--mode random --probability 0.50000000000 -j KUBE-SEP-X3P2623AGDH6CDF3
-A KUBE-SVC-NWV5X2332I4OT4T3 -m comment --comment "default/hostnames:"
                                              -j KUBE-SEP-57KPRZ3JQVENLNBR
```

对 iptables 规则的匹配是从上到下逐条进行的，所以为了保证代码清单 7-2 中的 3 条规则每条被选中的概率都相同，kube-proxy 将它们的 probability 字段的值分别设置为 1/3（0.333…）、1/2 和 1。这么设置的原理是，第一条规则被选中的概率是 1/3，如果第一条规则没有被选中，那么这时候就只剩下两条规则了，所以第二条规则的 probability 的值就必须设置为 1/2，最后一条规则的就必须设置为 1。

了解了 Pod 网络原理，实现就近计算的方法就有很多了，当然最常用的方法仍然是通过部署代理服务来改变 K8s 的网络配置。根据上面的描述，kube-proxy 进程通过监控 API Server 来感知 Endpoints 对象并更新 iptables 规则，所以系统需要在 kube-proxy 和 API Server 之间架设一个代理服务，该代理服务会监控 API Server 获取 Endpoints 的信息，并代替 API Server 的角色与 kube-proxy 通信。这样代理服务便可以根据需要在 Endpoints 对象中把非本地节点的 Pod 信息移除后再将 Endpoints 对象发送给 kube-proxy。这一过程如图 7-7 所示。

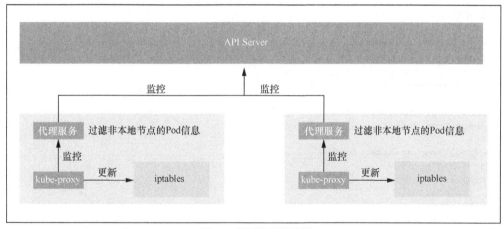

图 7-7　就近计算的过程

大多数边缘计算的开源项目都使用类似的方案来解决就近计算问题，当然在它们的文档中针对该能力的描述词汇是**流量闭环**。在 SuperEdge 中提供 ServiceGrid 对象来帮助用户实现该功能，SuperEdge 项目中针对 ServiceGrid 的官方演示案例如代码清单 7-3 所示。

代码清单 7-3　ServiceGrid

```
apiVersion: superedge.××/v1
kind: ServiceGrid
metadata:
  name: servicegrid-demo
  namespace: default
spec:
```

```
gridUniqKey: location
template:
  selector:
    appGrid: echo
  ports:
  - protocol: TCP
    port: 80
    targetPort: 8080
```

与 DeploymentGrid 和 Deployment 的区别一样，ServiceGrid 中大部分字段都是一个普通 Service 的标准配置字段，但 ServiceGrid 使用 gridUniqKey: location 来表达它的网络策略。

7.2.5 边缘灰度

灰度发布同样是边缘计算场景中一个比较重要的能力。假设用户在全国各地拥有 500 个边缘机房并在其中部署了非常重要的服务，服务的每次升级与更新都应该十分慎重，所以用户希望在更新过程中可以针对部分机房有不一样的更新策略，通过这样的形式可以完成灰度测试、A/B 测试等相关场景的建设。完成这样的设计有多种方法，SuperEdge 选择的是在 DeploymentGrid 中提供模板功能，通过该功能可以让部分 NodeUnit 使用不一样的模板进行部署，官方演示案例如代码清单 7-4 所示。

代码清单 7-4　边缘灰度

```
apiVersion: superedge.xx/v1
kind: DeploymentGrid
metadata:
  name: deploymentgrid-demo
  namespace: default
spec:
  defaultTemplateName: test1
  gridUniqKey: zone
  template:
    replicas: 1
    selector:
      matchLabels:
        appGrid: echo
    strategy: {}
    template:
      metadata:
        creationTimestamp: null
        labels:
          appGrid: echo
      spec:
        containers:
        - image: superedge/echoserver:2.2
          name: echo
          ports:
          - containerPort: 8080
            protocol: TCP
          env:
            - name: NODE_NAME
```

```yaml
            valueFrom:
              fieldRef:
                fieldPath: spec.nodeName
          - name: POD_NAME
            valueFrom:
              fieldRef:
                fieldPath: metadata.name
          - name: POD_NAMESPACE
            valueFrom:
              fieldRef:
                fieldPath: metadata.namespace
          - name: POD_IP
            valueFrom:
              fieldRef:
                fieldPath: status.podIP
        resources: {}
templatePool:
  test1:
    replicas: 2
    selector:
      matchLabels:
        appGrid: echo
    strategy: {}
    template:
      metadata:
        creationTimestamp: null
        labels:
          appGrid: echo
      spec:
        containers:
        - image: superedge/echoserver:2.2
          name: echo
          ports:
          - containerPort: 8080
            protocol: TCP
          env:
            - name: NODE_NAME
              valueFrom:
                fieldRef:
                  fieldPath: spec.nodeName
            - name: POD_NAME
              valueFrom:
                fieldRef:
                  fieldPath: metadata.name
            - name: POD_NAMESPACE
              valueFrom:
                fieldRef:
                  fieldPath: metadata.namespace
            - name: POD_IP
              valueFrom:
                fieldRef:
                  fieldPath: status.podIP
          resources: {}
  test2:
    replicas: 3
    selector:
```

```
        matchLabels:
          appGrid: echo
    strategy: {}
    template:
      metadata:
        creationTimestamp: null
        labels:
          appGrid: echo
      spec:
        containers:
        - image: superedge/echoserver:2.3
          name: echo
          ports:
          - containerPort: 8080
            protocol: TCP
          env:
            - name: NODE_NAME
              valueFrom:
                fieldRef:
                  fieldPath: spec.nodeName
            - name: POD_NAME
              valueFrom:
                fieldRef:
                  fieldPath: metadata.name
            - name: POD_NAMESPACE
              valueFrom:
                fieldRef:
                  fieldPath: metadata.namespace
            - name: POD_IP
              valueFrom:
                fieldRef:
                  fieldPath: status.podIP
          resources: {}
templates:
  zone1: test1
  zone2: test2
```

在代码清单 7-4 中，NodeUnit zone1 将会使用 test1 template，NodeUnit zone2 将会使用 test2 template，其余 NodeUnit 将会使用 defaultTemplateName 中指定的 template。

7.2.6 边缘存储

在开展边缘存储之前，数据需要通过上行带宽传输到云端进行存储。但如果企业需要面对海量的数据，将数据传输回云端存储的设计在网络带宽成本、响应延迟等方面都是无法接受的。这一点在本章开头就已经介绍过，相信大家现在已经了解了边缘计算的重要性。所以，设计边缘存储就成为非常重要的事情，它的常见使用场景如下。

- 作为数据源和云端存储之间的缓冲。在很多业务场景下，数据确实需要传递到云端进行统一存储和计算，但直接将原始数据传输到云端的成本非常高。为了解决这个问题，边缘存储作为缓冲层接收原始数据并实现临时性的存储，之后会有边缘服务对这些数据进行初步的处理，例如删除无效数据、重复数据或者对数据进行压缩等，其目的就是降低数据传输到云端的成本。

- 保存本地工作需要的数据。在此场景下，数据可以不用传输到云端处理，而是由边缘服务自行计算，例如在目前比较热门的 AI 领域，位于终端的摄像头在把视频流或者照片上传至边缘存储后，边缘算法服务器端会直接使用这些数据进行计算机视觉方面的识别工作。这应该是边缘计算最核心的场景了，数据和计算都在靠近终端设备的场所中。需要注意的是，在此场景中，边缘服务在对数据进行计算后，可能会把计算的结果传输到云端。

- 保存从云端下发的数据。有些边缘服务在启动时需要加载一些重要的数据，例如在 AI 领域启动推理服务时需要加载一个模型到内存中才能工作，这些模型占用的存储空间往往不小。如果每次服务的创建、回滚都需要从云端重新下载模型的话，将是一笔很大的开销。在此场景下，通常会在边缘存储中管理这些数据。

> **注意**
>
> 边缘存储和完全的私有化存储还是存在一定区别的，二者最大的不同在于边缘存储与云端存储之间存在一定的协同关系。边缘存储设备往往需要把边缘服务处理过的数据传输至云端，而云端有些时候也需要把一些数据下发到边缘存储中供边缘服务使用。

由于边缘存储和云端存储需要一定程度的数据交互，因此系统在网络方案上往往会架设云边隧道来保证数据传输的性能、安全性和可靠性。云边隧道的架构如图 7-8 所示。

传统的边缘计算需要在每个边缘处都部署对应的存储服务。但用户需要面对与 7.2.3 节所描述的相同的问题，也就是说，当边缘机房的数量达到一定的规模时，庞大的运维成本会给用户带来很大的负担。所以，使用 K8s 实现边缘计算项目时往往会把存储服务虚拟化到 K8s 中部署。

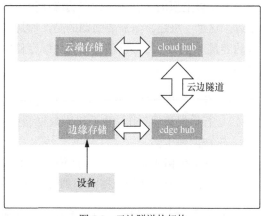

图 7-8　云边隧道的架构

7.2.7　小结

边缘计算的业务场景还是比较复杂的，本节仅介绍其中最为核心的设计。大家在面对边缘计算相关的系统时还需要仔细研究网络、安全等相关场景，这样才能设计出完善的测试方案。

7.3　核心测试场景

边缘计算的测试场景要充分考虑到业务和架构的特性，大多数测试人员的关注点都集中在业务流程上，反而会忽略边缘计算的核心能力验证。大家在遇到边缘计算场景时需要结合本章之前介绍的边缘计算知识来验证系统的相关能力。这里列举一些核心的测试点供大家参考。

7.3.1 边缘计算的容量测试

正常情况下云端的资源是十分充裕的，各个云厂商都会在云端部署一些冗余资源以防止业务压力突然增长，这是因为云端的用户非常多且运行的服务往往非常重要。为了保证云端的稳定，各个云厂商部署的资源往往都会比实际的资源使用高不少，并且在云端可以使用很多策略来提高资源利用率，例如厂商利用超卖机制提供资源来支撑更多的用户。

而边缘端的情况是完全相反的，边缘计算是就近计算，它十分不推荐不同的边缘之间共享资源，并且即便想要共享资源也可能会因边缘与边缘之间的网络问题而无法实现，所以边缘计算中很难通过调度策略来大范围地提高资源利用率。同时，边缘机房的数量可能会非常多，这些机房中都需要部署对应的服务和存储设备。这些因素造成了分配给每个边缘机房的资源都是十分紧张的。这也是在 K8s 的边缘节点中推荐使用 LocalPV 代替 hostPath 来实现本地存储的原因之一，引入 LocalPV 可以严格规定一个 Pod 可以使用的磁盘总量，不会因某个 Pod 数据短时间内的激增导致该磁盘上支持的所有服务崩溃。

基于以上原因，容量测试在边缘计算中显得更为重要。容量测试的具体方法在第 5 章详细介绍过，这里不赘述。但需要强调的是，对边缘存储的容量测试比较容易被忽略。边缘机房存储设备的容量是有限的，而设备上传到边缘存储中的数据却很多。所以，系统一般需要设置以下两种策略。

- *数据清理机制*。很多场景下比较旧的数据是没有利用价值的，所以可以设置定时任务来执行数据清理工作，也可以为数据设置 TTL（time to live，存活时间），由存储设备自身来完成清理工作。
- *把数据同步到云端*。对于不能定期清理的场景（例如数据后续还需要进行统计分析），可以选择异步地把数据同步到云端存储来减少边缘存储的压力。

在测试过程中，测试人员需要注意以下两点。

- 不论系统选择使用上面哪种策略来清理数据，测试人员都需要验证在正常的业务场景中，数据的清理速度要快于数据增长的速度，避免产品上线一段时间后磁盘空间被占满引起崩溃。
- 如果选择把边缘数据传输到云端保存，那么需要测试数据流的一致性，即会不会因为一些高可用的设计缺陷导致传输到云端的数据出现丢失或者重复的情况。

7.3.2 边缘计算的高可用测试

边缘计算的高可用测试除了要使用到第 4 章介绍的内容，还需要参考本章介绍的边缘自治以及分布式健康检查设计。基本上所有边缘计算项目都会针对 K8s 做出一定程度的改造，所以不能按照 K8s 默认的高可用行为来进行测试设计，测试人员需要调研并了解清楚自家系统在这方面的详细设计。需要注意的是,本章介绍的边缘计算的各种能力并不是每个边缘计算系统的标配,例如分布式健康检查在 SuperEdge 中是一个常规的能力,但在 OpenYurt 中并没有得到实现。所以,本章内容是供大家参考的,不是"金科玉律"。

回到边缘计算的高可用测试场景,这里再梳理一下边缘节点高可用的核心测试用例。在边缘自治场景中,当边缘节点与云端节点发生网络中断后,会出现以下情况。

- 节点可以被设置为 NotReady 状态或者 Unknown 状态,但是节点中的服务仍然可用,节点上面所有 Pod 的 IP 地址不会从 Endpoints 的可用 IP 地址列表中移除,即该边缘节点依然可以对外提供服务。此时测试人员除了查看 Endpoints 中的 IP 地址列表,还需要登录该节点,使用 docker 命令查看所有容器的状态(由于网络中断,kubectl 命令已经无法正确地查看该节点中容器的状态了)。
- 当节点与云端网络中断并且该节点中的容器发生重启时,重启后的容器仍然可以正常提供服务。此时测试人员需要登录该节点并模拟容器故障,验证容器是否会自动重启、重启后服务是否有异常。大家可参考第 4 章的相关内容来进行故障注入。
- 当多个边缘节点都出现与云端网络中断的情况时,依然可以保证服务正常运行。验证方法和上一条类似,只不过需要登录多个节点进行验证。
- 当一个或多个边缘节点在与云端网络中断的情况下又发生了节点重启时,测试人员需要验证 Pod 是否会被正常拉起并继续对外提供服务。

> **注意**
>
> 由于该场景与云端网络完全中断,它无法与边缘的 Chaos Daemon 通信来进行故障注入,因此第 4 章介绍的 Chaos Mesh 这类故障注入工具无法在该场景中使用。此时需要测试人员手动登录边缘节点执行故障的注入。这就是在第 3 章和第 4 章重点介绍如何手动注入故障的详细原因,在实际的工作中,我们总能遇到由网络或者权限相关的问题导致无法正常使用相关平台工具的情况。

上述 4 点可以算是网络中断场景下 P0 级别的测试用例。之所以说它们只是 P0 级别的测试用例,是因为测试人员还可以扩展出更加复杂的场景。例如当云边网络中断时,边缘节点本身出现故障的情况不仅有容器重启和节点重启,实际上还可能会出现 Docker 故障、kubelet 故障、内存负载、CPU 负载等情况,甚至还可能出现容器本身没有重启,但容器中的服务已经无法工作的情况。针对这些不同的情况要有不同的处理策略,因为目前该节点与 API Server 处于网络失联状态,K8s 已经无法感知到该节点出现的任何问题,所以前文中介绍的在 K8s 中的很多故障处理策略其实已经无法生效了。这就需要我们为产品自行设计处理方案。例如,为了兼容 Docker 故障可以打开 Docker 的 live-restore 参数,保证即便 Docker 进程故障容器依然可以正常工作。当然,也可以让系统选择不兼容此种故障,毕竟世界上没有 100%的高可用。

如果系统要加入分布式健康检查,则需要详细了解系统判断一个节点真正故障的条件以设计测试用例。下面列举一个用例设计的模板供大家参考,如表 7-1 所示。

表 7-1　用例设计模板

条件	云端判断正常	云端判断异常
边缘节点内部判断正常	节点正常状态	节点中的 Pod 不会被重新调度到其他节点,但新的 Pod 也不会调度到该节点
边缘节点内部判断异常	节点正常状态	节点中的 Pod 被重新调度到其他节点,Pod 的 IP 地址从 Endpoints 的可用 IP 地址列表中删除,该节点彻底被判断为异常状态

7.3.3　数据通信测试

在边缘计算场景中往往需要与云端进行数据上的交互,这一点在 7.2.6 节介绍边缘存储时曾经提过。在 AI 场景中每个边缘机房需要部署一套推理服务,这些服务主要用于执行计算机视觉的识别任务,例如人体属性识别、人体行为识别、人脸识别等。系统利用类似本章介绍的 SuperEdge 的调度能力可以完成每个边缘机房的服务部署。但系统还需要面对一个问题:这些服务需要依赖一个模型文件才能够启动,只有把模型加载到内存中这些服务才具备视觉识别能力,所以云端存储需要把模型文件下发到每个边缘存储设备中。而 AI 系统中的模型文件往往是非常庞大的,并且边缘机房的数量也很多。一旦触发了这种数据下发的操作,云边网络尤其是带宽将会面临非常大的压力。如果不加以限制,该场景往往会占满所有带宽资源从而影响正常的业务质量。一般来说,开发人员需要针对每个下载链接进行合理的限速,并且这个限速是可配置的,可以针对不同的集群规模、带宽上限和数据大小进行调整。而测试人员需要做的是,了解生产环境中边缘计算的规模(判断同时要向多少边缘机房下发文件)、带宽的瓶颈、数据的大小,以及期望的耗时,并根据这些信息模拟一个测试环境进行验证。这种测试类似性能测试,需要在不同的参数下测试出系统对应的表现,最终目的是验证在不同的网络情况和参数配置下,系统是否可以满足生产环境的需求,并且输出一份对应的列表,即验证在不同的网络质量、集群规模和数据规模下系统的表现情况。

注意

测试人员要善于利用故障注入的形式模拟不同的网络质量。在该测试场景中最重要的是模拟不同的带宽来进行测试,但是调整测试环境的带宽是很麻烦的,通常的做法是在负责模型下发的 Pod 中注入带宽限制故障来模拟低带宽网络环境。如果受网络或者权限等因素无法使用 Chaos Mesh,需要登录节点,则通过切换名字空间的形式进行故障注入。限制带宽最简单、有效的方法是利用 Linux 的 tc 命令行工具来完成。

测试人员需要考虑到数据下发时的各种异常情况和对应的处理逻辑,例如下发过程中某个边缘机房出现故障,系统是否针对这种部分任务成功、部分任务失败的情况有良好的业务流转逻辑,当故障恢复后能否实现断点续传,或者当一个新的边缘机房加入集群时是否会自动进行数据的下发,等等。这些都是需要进行详细测试的。

除了数据下发,边缘服务向云端存储上报数据也是一个比较重要的场景。不过该场景中上报的数据一般都比较少,所以很少会遇到数据下发那样大的网络瓶颈问题。然而数据下发属于一种短期的事件，数据上报却是一种持续的行为。边缘服务会不停从终端设备中采集数据，经过相应的过滤和计算后再传往云端。往往开发人员会选择一些分布式消息中间件或者通过 gRPC Streaming 来建立数据流通道，确保边缘数据可以源源不断地发往云端。在整个过程中数据会流经很多的服务最终传往云端，任何异常都可能导致数据丢失、乱序或者重复推送。尤其是在云边网络质量不可控制的背景下，如何保证边缘与云端的数据传输质量是一个非常有挑战的问题。大家是否还记得第 4 章中讲解高可用时介绍的幂等性设计及其应对的场景？为了避免因网络原因导致数据丢失，上报服务通常都需要增加重试逻辑来保证数据不会丢失，但重试逻辑无疑会增加数据重复推送的风险，所以数据接收方需要实现幂等设计来防止数据的重复推送。这一设计看似简单，但在分布式系统中，要保证服务多个副本之间的数据幂等性是非常困难的，往往需要加入分布式事务机制才可以完成。在完全断网的情况下还需要有缓冲队列的支持来保存数据，以便在网络恢复后继续向云端传输数据。不过不管开发人员通过什么原理来实现，测试人员都需要在数据流的各个节点注入故障，以验证数据的完整性和一致性。

需要注意的是，测试人员需要评估系统对数据的质量级别的要求，以及是否要求完全保证数据的无损。因为在这种类似流计算的场景中，保证数据无损付出的代价是非常大的，这要求数据流经过的每个服务都要有幂等甚至是分布式事务的支持。因此虽然数据无损是最好的，但需要根据业务特点来评估成本。事实上，确实有很多团队会在此场景中选择丢失一部分数据。所以，测试人员需要与团队所有成员在此问题上达成充分一致才可以开展工作。这一点非常重要，因为在我的工作经历中，开发人员往往在此问题上倾向于让系统存在数据丢失或其他的不一致风险，因为这样实现的代价是最小的，而产品人员由于不理解技术细节，因此常常忽视这个问题，此时测试人员需要根据业务的特点和用户的诉求来判断到底应该选择哪种方案，而不是被开发人员引导到错误的方向上去。这一直是我建议的工作方式，在项目中做出专业性的判断，而不是随波逐流。

7.3.4 调度测试

调度能力是边缘计算中主要的设计之一，测试人员需要十分详细地了解系统相关的边缘调度能力才能设计出完善的测试方案。虽然不同产品的调度设计略有不同，但相关的核心能力是相通的。7.2 节中提到 SuperEdge 为用户提供的调度框架，即通过 NodeUnit 和 NodeGroup 来完成对边缘节点的分类调度。实际上其他边缘计算框架的实现与之类似，例如 OpenYurt 项目中采用 NodePool 和 UnitedDeployment 对节点进行分类，虽然大家的叫法不同，但核心思路大同小异。为了方便描述相关的测试场景，这里以 SuperEdge 的 NodeUnit 和 NodeGroup 为背景进行讲解。

假设我们选择一个拥有两个 NodeUnit 的 NodeGroup，那么基本的批量调度场景如下。

- 正常提交调度请求，验证服务确实在两个 NodeUnit 中强制调度。
- 将 NodeUnitA 整体关机并提交调度请求，验证只有一套服务部署在了 NodeUnitB 中，另一套服务处于 Pending 状态。当 NodeUnitA 恢复后，处于 Pending 状态的服务会调度到 NodeUnitA 中。

NodeGroup 扩容和缩容场景下，测试人员需要先把服务调度到 NodeGroup 中，之后的验证步骤如下。

- 在 NodeGroup 中添加一个新的 NodeUnit，验证扩容完成后新 NodeUnit 会自动部署相关的服务。
- 在 NodeGroup 中移除一个 NodeUnit，验证被移除的 NodeUnit 会自动清理所有相关服务与资源。

7.3.5　小结

边缘测试场景十分复杂，真实的测试场景还需要从功能、性能、安全、存储等方面综合考虑，不同公司的业务都不太一样，所以这里只介绍了一些具有共性的测试场景。

7.4　本章总结

边缘计算是近几年兴起的新型业务，目前使用该技术的公司还不多，但是一些主流的云厂商都会提供相关的能力。随着物联网和 AI 等领域的发展，边缘计算的应用场景越来越多，容器和 K8s 的出现也让实现边缘计算的成本越来越低，所以有兴趣的读者可以多关注边缘计算行业的发展。

## 第 8 章

持续集成和持续部署

持续集成（continuous integration，CI）和持续部署（continuous deployment，CD）是微服务构建的重要环节，也是 DevOps 中推崇的方法论。在理论上，如何实现 CI/CD 并没有所谓的正确或者错误的路线，具体取决于团队的需求。就像代码的分支管理策略不是标准且统一的一样，不同的项目会根据其产品形态与团队习惯选择不同的策略。本章不会用大量的篇幅来讲解 CI/CD 有关的概念和流程，毕竟市面上已经有不少关于这方面内容的图书。本章将以测试人员的视角，讲解在云原生时代实现 CI/CD 系统主要会遇到哪些困难，以及测试人员在这个过程中如何发挥自己的作用。

8.1　构建 CI/CD 系统的关键

从理论上讲，软件行业发展到今天，CI/CD 技术本身已经没有太多的难点了，业界已经有非常成熟的方案和工具链。但在云原生时代，从业人员面对的软件架构更加复杂，服务的规模更加庞大，这无形中增加了 CI/CD 的实现成本。在本节中，我们将讨论在云原生时代应该如何实践 CI/CD。

8.1.1　CI/CD 与流水线

持续集成着重通过自动化手段，快速地确定开发人员提交的代码变更是否破坏了产品已有的能力，做到尽早发现并解决软件中潜在的缺陷。最直观的表现就在于开发人员提交了代码变更后，系统会自动获取最新的代码并执行一系列的代码扫描、单元测试、编译构建和集成测试等行为。行业中的理念是，软件缺陷越早被发现，定位和修复它的成本就越低，所以持续地集成与测试已经成为行业中的"金科玉律"。

总是有人会搞不清持续集成、持续交付和持续部署之间的区别。持续交付可以说是持续集成的下一个阶段，它的目的是通过一系列的集成与测试，达到可以随时获得足以发布到生产环境的交付物的目的。因为持续集成只是在测试环境中的活动，它部署的形态、运行的方式，以及依赖的数据、组件和库都与生产环境中有着很大的区别，所以软件通过了持续集成的考验并不能证明其已经达到交付标准。这也是很多团队都会有"预发环境"的原因，预发环境就是指软件在发布之前会在一个模拟生产环境中做最后一次验证。很多面向 B 端的软件要专门开展一种测试类型——部署测试，即在一个拟真的环境中验证产品的交付物是否能够正常运行。持续部署则是持续交付的下一个阶段，它的目标是把交付物持续发布到生产环境中运行。可以看出，持续集成、持续交付和持续部署只是在组织形态上存在区别，它们的底层技术是一致的，都是利用**流水线**达到各自的目的。

在传统模式下，不管是使用物理服务器还是使用虚拟机，都可以利用现有的开源工具完成 CI/CD 的搭建。而在云原生时代，软件从业者发现容器技术在实现持续集成方面有着天然的优势。这一点是毋庸置疑的，容器技术解决了软件开发中很多非常棘手的问题，它具体以下几个优势。

- 环境一致性。开发人员可以创建与其他应用隔离的可预测环境，共同将其用于保持开发环境的统一，可预测环境包括应用的编译语言运行时版本或其他软件库。相信工作经验较丰富的测试人员都曾被环境不一致的问题所困扰。
- 容易迁移。只需要制作好镜像，就可以在任何安装了容器服务的机器中运行。
- 隔离性。容器在操作系统级别虚拟化 CPU、内存等资源，提供在逻辑上与其他应用隔离的操作系统接口。

一条完整的 CI/CD 链中存在非常多的环节与步骤，它们可能要在不同的服务器上运行并把结果发送给下一个环节，所以才会形成"流水线"。在一些比较陈旧的项目中，CI/CD 仍然是通过一个巨大的脚本实现的，在这个脚本里会通过很复杂的方式在不同的服务器中切换并传递产出物来完成工作，虽然这样做可以达到 CI/CD 的目的，但随着项目越来越复杂，脚本也会越来越复杂，从而变得难以维护。所以流水线的概念被提了出来，与传统的脚本方式相比，流水线技术主要的优势有以下几个。

- 流水线中划分出了多个串行或并行的步骤，每个步骤都有自己独立的结果视图和日志收集模块。用户可以很方便地查看任意一个步骤的运行情况。
- 流水线技术会为用户提供在多台服务器之间运行应用程序的工具（甚至是在多个容器之间），每一步的产出物都可以很方便地传递和保存。
- 流水线技术往往会为用户提供非常丰富的工具链，以往用户需要自己编写代码来完成的工作被封装成工具，用户只需编写少量的代码或者进行少量的配置就可以轻松完成工作。
- 流水线技术往往会提供各种主流软件的插件，例如与各类单元测试框架和测试报告集成的插件，它们可以让用户更方便地执行测试并展示测试结果；流水线技术还会提供与 Docker 和 K8s 交互的插件，它们可以让流水线运行在容器或者集群中。

各个 CI 平台都会提供自己的流水线，它们都包含非常多的功能，不过在开源领域，最流行的还是 Jenkins。Jenkins 的流水线脚本如代码清单 8-1 所示。

代码清单 8-1　Jenkins 的流水线

```
library 'qa-pipeline-library'

pipeline{
    agent{
        label 'devops'
    }
}
stages{
    stage('环境部署'){
        steps{
            echo 'deploy'
        }
    }
    stage('拉取测试代码'){
        steps{
            checkout([$class: 'GitSCM', branches: [[name: '*/release/3.8.2']],
                    doGenerateSubmoduleConfigurations: false, extensions:
                    [[$class: 'LocalBranch', localBranch: 'xxx-sdk-test']],
                    submoduleCfg: [], userRemoteConfigs: [[credentialsId: '
                    gaofeigitlab', url: 'https://xxx/qa/xxx-sdk-test.git']]])
        }
    }
    stage('sdk 测试'){
        steps{

            sh """
            pip3 install -i http://xxx.example.com/xxx/dev/ --trusted-host
            pypi. example.com xxx-sdk[builtin-operators]'
            pip3 install -r requirement.txt
            cd test
            python3 -m pytest -n 5
            """

        }
    }
    stage('生成测试报告'){
        steps{
            allure commandline: 'allure2.13.1', includeProperties: false, jdk:
                        '', results: [[path: 'test/allure-results']]
        }
    }
}
post{
    always{
        sendEmail(xxx@ example.com')
    }
}
```

代码清单 8-1 展示了一个运行自动化测试的流水线，由于 Jenkins 2.0 开始推行流水线即代码

（Pipeline as Code）的理念，因此用户需要在这样一个脚本中编写对应的指令来完成工作。Jenkins 流水线提供了完整的工具链和插件，例如生成测试报告时使用的 allure 指令就集成了非常流行的开源测试报告组件 Allure，结尾使用的 sendEmail 指令则集成了邮件管理系统，在测试结束后它会负责发送邮件通知。在运行期间，Jenkins 会有完整的视图来展示每一步的运行状态，如图 8-1 所示。

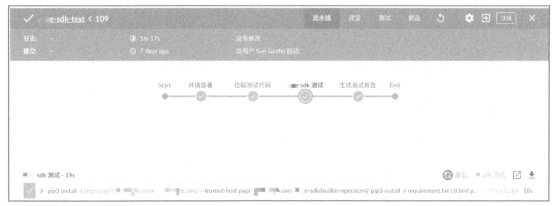

图 8-1　Jenkins 流水线的运行状态

可以说，流水线是构成 CI/CD 系统的关键技术。本章后续会详细介绍 Jenkins 流水线的使用，尤其会详细介绍 Jenkins 与 Docker 和 K8s 集成来构建 CI/CD 系统。

8.1.2　规模扩大带来的挑战

抛开工程文化不谈，单从技术角度分析，在一个不算复杂的项目中实现 CI/CD 并不是一件很难的事情（我认为在团队内推广统一的工程文化才是最难的。虽然现实中开发人员大多比较推崇 CI/CD 的工程文化，但总会因人力/项目进度或其他原因而无法实现）。现有的开源项目已经足够支撑一个小团队快速地搭建起一条较为稳健的工具链，例如 GitLab 可以作为代码管理软件，Jenkins 可以作为 CI 工具提供流水线，Docker 可以作为环境治理的技术选型（在小项目中很可能用不到 K8s 这样"重"的技术架构）等。一个拥有相关经验的技术人员可以利用现有的开源项目外加一系列脚本在短时间内构建起一个非常朴实有效的 CI/CD 系统，完成这个过程没有很高的门槛，这也给了不少人 CI/CD 很简单的错觉。

事实上，以前实现一个 CI/CD 系统大多数时候确实不困难，因为以前的软件架构没有那么庞大和复杂，也不需要那么多人来维护。但近些年微服务、分布式计算、云原生等架构兴起后，软件的架构和规模都到了很惊人的程度，在一些大型企业中，相关的从业人员需要面对动辄由成百上千个模块组成的系统。所以，当系统的规模庞大到一定程度后，构建 CI/CD 就不再是一件简单的事情了。系统的设计者在 CI/CD 的每个环节都需要考虑很多因规模扩大而带来的问题，如调度策略、稳定性、高可用性、资源的利用率等。

可以说，我们遇到的大部分问题都是由系统和团队规模扩大引起的，其中最典型的就是调度策略方面的问题。以前的团队中可能专门准备一台机器作为 CI/CD 系统的编译服务器，一开始它工作得非常顺利，流水线触发后会在该机器中进行编译并将产出物推送到对应的存储服务中，但随着团队规模和微服务架构的展开，系统中的模块变得越来越多，代码提交也越来越频繁，一台编译服务器已经无法满足在代码高频提交时间段对编译速度的要求了，甚至越来越多的模块派生了越来越多的编程语言及其对应的版本，在同一台机器中使用多种语言和对应的依赖库也变得越来越难。系统的设计者必须将编译服务器从一台扩展成多台，以应对这样的系统规模，而这并不是简单地去添加机器资源就行的，必须考虑将什么样的任务调度到哪台服务器中才能保持服务器之间的负载均衡，或者如何监控服务器的健康状况并在其中一台服务器发生故障后，把调度到该服务器的任务重新调度到其他可用服务器中运行。

同样的问题也发生在对测试环境的治理中。一个产品同时维护多个版本并行迭代已经是很常规的操作方式了，所以在系统中需要维护不同版本的流水线和对应的测试环境。对一个拥有成百上千个服务的系统来说，维护一个测试环境就已经很不容易了，它涉及很多的服务器和对应组件的调度规划，而多个测试环境并行更是为团队带来了巨大的挑战。我们需要选择何时使用实现容易但浪费资源的**物理隔离**方式，何时使用实现困难但节约资源的**逻辑隔离**方式。

正如前文所说，当团队和系统的规模扩大后，一切都变得不简单了。这也是很多人说微服务架构对测试人员和运维人员来说是一个噩梦的原因（微服务的特点是服务数量爆炸式增长）。事实上，在 Docker 和 K8s 出现之前，微服务架构几乎无法在中小团队中运转起来，因为他们负担不起如此高昂的维护成本。也正因为如此，引入云原生架构才会显得那么重要。无法想象如果一个使用了微服务架构的大型产品没有选择使用云原生，维护它的运转要花费多么高昂的人力成本。

8.1.3 高度自动化的工程能力

持续集成包含"持续"和"集成"两个部分。**持续**表示项目要保持一定的频率去触发流水线，这个频率不一定要非常高，可以使用代码提交后就触发的方式，也可以使用每日定时触发的"每日构建"（daily build）模式。每种触发模式都有其对应的场景，例如代码提交后就触发的方式适合单元测试、代码扫描和小规模集成测试场景，定时触发的模式适合更大的集成测试场景。**集成**则要求系统或子系统一定要**组装**起来进行运行验证，不能只通过单元测试的形式验证。这一点很容易被新手忽略，新手往往会在为项目配置了运行相关单元测试和静态代码扫描的能力后就宣称已经建立了持续集成系统，而忽略了只有把系统或子系统中所有的服务组装在一起正式地部署、运行和测试，才算是实现了完整的持续集成。经验表明，软件中的大部分缺陷都发生在组件的集成过程中。

持续地去**集成**系统中的所有服务是测试人员需要关注的，这非常考验团队的自动化能力，因为如果在持续集成的整个过程中没有全自动化的工程实践，持续集成是运转不起来的。试想一下，成百上千个服务的代码被提交、测试、扫描并在编译后产出对应的包，再将包集成到一个或多个环境中进行部署和集成测试，这其中有任何一个环节需要人工介入，就注定很难"持续"起来。所以现代的软件公司都相当注重自动化工程的建设，这里的建设包括以下几项内容。

- 自动化测试。作为持续集成的最后一个环节，自动化测试需要负责验收系统被集成后的质量情况。集成度越高的被测对象越难以保持自动化测试的稳定，因为它涉及太多的依赖服务和业务流程，只要产品需求发生变化或者测试环境有一点点"风吹草动"，都可能会导致自动化工程大范围的失败。有自动化工作相关经验的读者一定被自动化测试的稳定性困扰过，不论是基于 API 的自动化、基于 SDK 的自动化，还是基于图形界面的 UI 自动化项目，即便在系统没有缺陷的前提下，想要保证 95% 以上的通过率也是非常难的。这依赖测试人员有较强的代码设计功底来应对产品变化以及环境的不稳定，也依赖一个稳定的环境治理策略。
- 自动化部署。测试环境和生产环境的自动部署是非常重要的，如果环境部署做不到自动化，就无法把系统集成起来并进行后续的测试活动。
- 自动化运维。不管是测试团队还是运维团队，都无法抽出过多的人力来维护 CI/CD 系统级相关服务器的运行。但在现实中，我们又不得不面对数不清的流水线、构建任务、被测服务，以及测试环境的维护，所以出色的自动化运维能力也是必要的。

8.1.4　小结

构建 CI/CD 是一件庞大且琐碎的事情，在一个复杂的项目中，仅一条流水线可能就要面对几十种工具的使用。也有不少人质疑 CI/CD 与测试人员之间的关联，疑惑测试人员是否真的有必要了解 CI/CD 的细节。在一些大公司中确实会有专职人员负责 CI/CD 的建设，但他们大多只会负责相关工具的建设，具体流水线的编写仍然需要项目中的开发人员、测试人员和运维人员完成。CI/CD 并不是某一个角色的专属任务，它涵盖了从代码提交到发布的所有环节，涉及这其中每个角色之间的协作，所以团队中的任何人都应该去了解 CI/CD 的细节。

8.2　Jenkins 流水线

8.1.1 节简单叙述了 CI/CD 的关键技术在于流水线的设计，流水线不仅需要把一个烦琐的流程进行拆解管理，更重要的是针对团队在 CI/CD 中经常会用到的能力进行封装，如此才可以最大程度地简化项目成员的工作。每个大型公司可能都会根据自身的特点开发对应的 CI/CD 系统，而目前在业界比较流行的流水线工具主要是 Jenkins、GitLab 和 Bamboo，其中 Jenkins 因为其完全免费，而且支持了更多的特性并提供了与更多开源工具集成的能力，占据了较大的市场份额。因此这里主要以 Jenkins 流水线为基础介绍流水线的运作方式，以及 Jenkins 如何与 Docker 和 K8s 进行集成。

8.2.1 流水线基础

从单个模块考虑，持续集成的一般流程是：开发人员提交代码→触发流水线→拉取代码→Maven编译、打包→Docker 镜像制作→环境部署→集成测试→测试结果通知，如图 8-2 所示。根据具体的需求和技术能力，很多团队的流水线可能到编译/打包/镜像制作这一步就会结束，并不会执行后续的部署和测试。

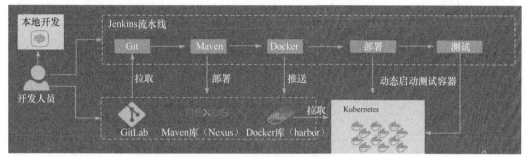

图 8-2　持续集成的一般流程

为了实现图 8-2 所示的效果，让我们先看一个最基本的流水线结构。代码清单 8-2 中列出的是 Jenkins 指令式流水线的基本结构。

代码清单 8-2　Jenkins 指令式流水线的基本结构

```
pipeline{
    agent{} // 指定流水线运行的服务器
    stages{ // 指定该流水线中都包含哪些阶段，阶段数量不受限制
        stage{ // 指定某个阶段的定义
            steps{ // 指定该阶段的执行步骤，可以直接执行 shell 命令，也可以调用其他命令
                // steps 下可以使用各种命令来完成该阶段所需的操作
                sh """
                    ls -l
                    mvn clean test -Dmaven.test.failure.ignore = true -
                    DsuiteXmlFile = testng-parallel.xml
                """
            }
        }
    }
    post{} // 指定当流水线运行结束后要执行的操作
}
```

在这种模式中用户通过 Jenkins 事先定义的一些指令来构建流水线，这种模式的学习成本较低，是目前比较推荐的流水线语法(另一种编程式的流水线会更为灵活，但是需要比较强的 Groovy 基础，所以学习成本比较高)。用户可以在 Jenkins 的用户界面中创建流水线类型的作业（job），并在脚本编辑器中编写流水线，如图 8-3 所示。

代码清单 8-2 中列出的指令多为流程控制指令，它们负责控制流水线整体的运行流程。这种指令只有 10 多个，非常容易学习，不熟悉这些指令的用户也可以通过 Jenkins 提供的指令生成器

来自动生成代码片段，如图 8-4 所示。

图 8-3　创建 Jenkins 流水线

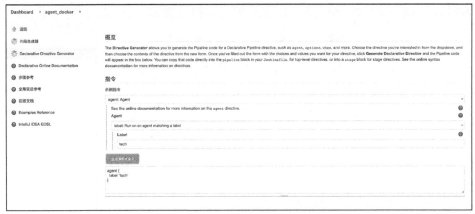

图 8-4　指令生成器

除了这些流程控制指令，用户还需要编写非常多的指令来填充每一个执行步骤。例如，从某个 GitLab 中拉取相关代码，需要使用 checkout 指令来完成，如代码清单 8-3 所示。

代码清单 8-3　checkout 指令

```
pipeline{
    ...
        stage{
```

```
        steps{
             checkout([$class: 'GitSCM', branches: [[name: '*/master']],
            doGenerateSubmoduleConfigurations: false, extensions: [[$class: '
            RelativeTargetDirectory', relativeTargetDir: 'techUI']],
            submoduleCfg: [], userRemoteConfigs: [[credentialsId: 'root',
            url: 'uiautomation.git 文件链接']]])
        }
    }
    post{}
}
```

　　代码拉取完毕后，可以使用代码清单 8-2 所示的 **sh** 指令来执行一个 shell 脚本，用来触发测试的执行。而测试结束后往往会生成相关的测试报告，如果项目中使用的是 **allure report** 框架，则可以在 Jenkins 中安装对应的插件后，使用 **allure** 指令生成测试报告，如代码清单 8-4 所示。

代码清单 8-4　allure 指令

```
pipeline{
    ...
    stage{
        steps{
            allure commandline: 'allure2.13', includeProperties: false,
            jdk: '', results: [[path: 'techUI/target/allure-results']]
        }
    }
    post{}
}
```

　　从代码清单 8-3 和代码清单 8-4 中可以看出，每个指令都有对应的参数，使用起来比较复杂，所以 Jenkins 也提供了这些指令的生成器——片段生成器，如图 8-5 所示。

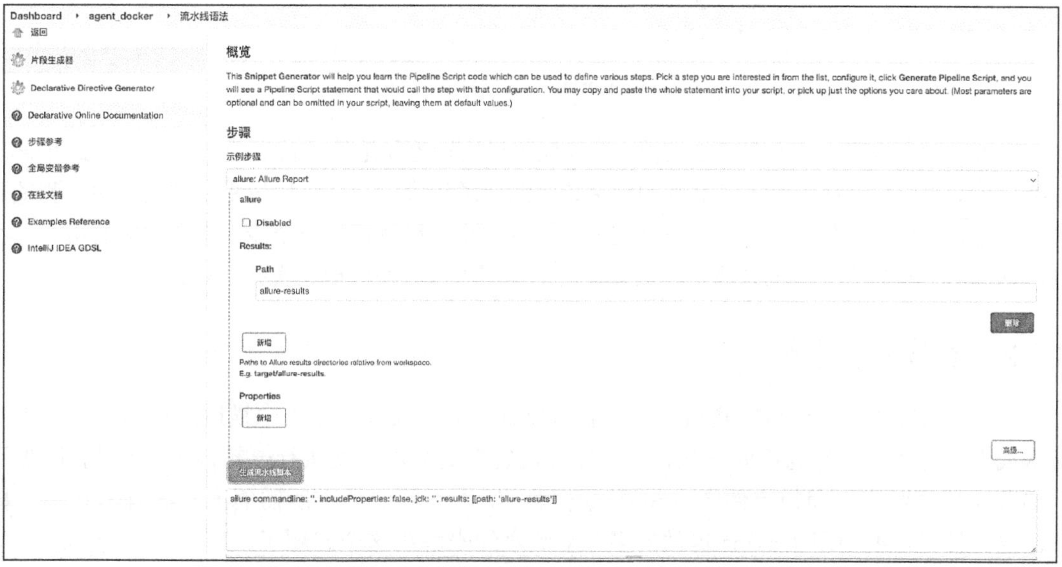

图 8-5　片段生成器

当然，流水线需要定义很多参数来让用户在运行时指定，设置这些参数也有专门的指令，如代码清单 8-5 所示。

代码清单 8-5 pipeline 中的参数

```
pipeline{
    parameters {
        choice(name: 'ENV', choices: ['http', 'https'], description: '环境协议')
        string(name: 'URL', defaultValue: '172.27.128.8:40126', description:
            '测试环境地址')
        booleanParam(name: 'IF_START', defaultValue: false, description:
            '是否初始化环境，适用于一个什么都没有的环境')
    }
    ...
}
```

具体的每种参数的使用方法仍然可以在指令生成器中找到，如图 8-6 所示。

图 8-6 pipeline 中的参数使用方法

掌握了以上内容，再配合官方文档，大家就可以比较容易地编写自己的流水线了。在 Jenkins 中编写流水线的关键在于对各种插件和相关指令的熟悉程度。在一个比较复杂的项目中，测试人员可能需要跟几十个甚至上百个指令打交道，毕竟在流水线里任何一个能力都有对应的指令。不过，Jenkins 同样提供了相关指令的生成器，所以编写流水线的门槛其实并不高。

8.2.2 多分支流水线

了解流水线的基本编写方式后，我们就可以探讨如何实现图 8-2 中描述的流程了，这需要流水线有能力监控代码仓库的变化，只要发现代码提交流水线就执行一轮构建。另外，因为不同的分支可能对应不同的软件版本和测试环境，所以不同的分支所需的流水线脚本是不一样的。这时候就需要使用 Jenkins 提供的多分支流水线来解决这个问题了。

首先，为了能够让 Jenkins 与 GitLab 顺利通信，需要在 Jenkins 中做以下配置。

- 安装 GitLab 插件。
- 在安全设置中添加 Jenkins 凭据，类型选择 GitLab API Token（获取方式为：在 GitLab 中使用自己的账户登录，在 User settings 中找到 Access Tokens，在这里创建一个令牌）。
- 复制上一步创建的令牌，将其保存到上一步说的 Jenkins 凭据中。

在 Jenkins 中创建一个作业，选择类型为多分支流水线。在 Git 中填写代码仓库地址、Jenkins 凭据和要监控的分支，如图 8-7 所示。

图 8-7　创建多分支流水线的配置

接着，到代码仓库中选择"Settings"→"Integrations"添加一个与 Jenkins 通信的 webhook，页面中要填写 Jenkins 作业的 URL（uniform resource locator，统一资源定位符），勾选 Push events，如图 8-8 所示。

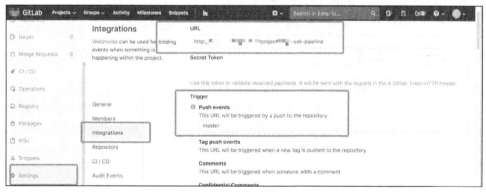

图 8-8　GitLab 中配置 webhook

注意

Jenkins 作业 URL 的格式是 http://JENKINS_URL/project/PROJECT_NAME。

通过上面的配置就可以实现 Jenkins 与 GitLab 通信，当用户提交编码变更后，系统会调用 webhook 通知 Jenkins 对应的作业。为了让不同的代码分支能有不同的实现，用户需要把 Jenkins 流水线的配置文件存放到代码仓库中，这样在构建流水线时就可以从对应的分支中获取流水线文件。例如，当开发人员在 develop 分支中提交了一段代码变更后会通过 webhook 通知 Jenkins 对应的作业触发流水线，而流水线则会从 develop 分支的固定路径获取流水线文件并执行。在 Jenkins 的概念中，该流水线文件叫 Jenkinsfile，在创建多分支流水线时需要指定 Jenkinsfile 的路径，如图 8-9 所示。

图 8-9　指定 Jenkinsfile 路径

至此，多分支流水线的关键配置就已经完成了。用户会发现 Jenkins 为每个符合规则的分支创建一个独立的子任务，用户可以在每个子任务下查看对应分支的运行结果，如图 8-10 所示。

图 8-10　各分支子任务演示

Jenkins 只会为符合规则的分支创建对应的子任务，它主要的规则如下：

- 该分支中指定的路径存在 Jenkinsfile；
- 该分支的名称符合任务中配置的分支名称规则。

8.2.3　Jenkins 共享库

随着流水线技术越来越成熟，越来越多的项目和代码仓库会接入流水线执行，这时势必需要封装一些通用的功能（例如执行结束后发送结果通知和测试报告）给不同的项目人员使用。虽然 Jenkins 已经为用户提供了非常多的指令，但遗憾的是这并不能满足每个项目的需求，所以在项目中通常需要编写一些通用的函数来提供相关的能力，这时候用户需要开发的就是 Jenkins 的共享库（share library）。

用户可以根据 Jenkins 的规则开发对应的函数并在流水线中调用这些函数。共享库通过库名称、代码检索方法（如 SCM[①]）、代码版本 3 个要素定义。在编写共享库的时候，用户需要遵循固定的代码目录结构，如图 8-11 所示。

---

① 源代码管理（source code management，SCM）。

```
(root)
+- src                       # Groovy source files
|   +- org
|       +- foo
|           +- Bar.groovy    # for org.foo.Bar class
+- vars
|   +- foo.groovy            # for global 'foo' variable
|   +- foo.txt               # help for 'foo' variable
+- resources                 # resource files (external libraries only)
|   +- org
|       +- foo
|           +- bar.json      # static helper data for org.foo.Bar
```

图 8-11　共享库的代码目录结构

　　一般用户编写的函数都会存放在 vars 目录中，resources 目录中会保存一些在流水线中用到的数据。当代码编写结束后，可以在 Jenkins 中通过选择 "Manage Jenkins" → "Configure System" → "Global Pipeline Libraries" 的方式添加一个或多个共享库。用户需要填写代码仓库的地址、账号信息和库名称等，如图 8-12 所示。

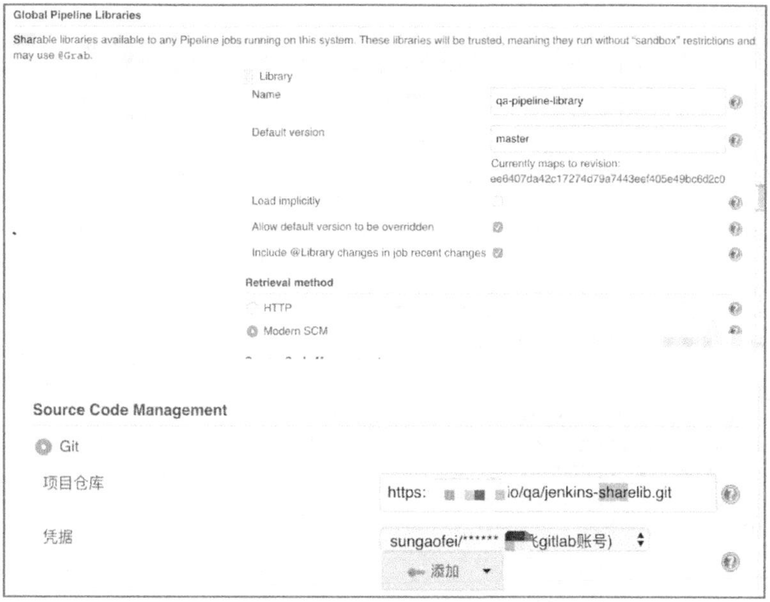

图 8-12　添加 Jenkins 共享库

　　通过图 8-12 中的配置就可以在 Jenkins 中添加一个共享库，接下来我们实现一个比较简单的函数。在代码仓库中的 vars 目录下创建一个名为 HelloWorld 的 Groovy 文件，其中包含一个名为 call 的函数，如代码清单 8-6 所示。

代码清单 8-6　共享库的 HelloWorld 程序

```
def call(){
    println("hello world")
}
```

将 HelloWorld 文件提交后，用户可以在流水线文件开头声明共享库的引用，在这之后就可以随意使用相关的函数了，如代码清单 8-7 所示。

代码清单 8-7　在 pipeline 中调用共享库中的函数

```
library 'qa-pipeline-library'
pipeline{
    ...
    steps{
        HelloWorld()
    }
}
```

共享库是使用 Groovy 语言编写的，大家可以把 Groovy 当成 Java 的进阶版，如果有 Java 基础可以很快上手编写，如果没有 Java 基础也不用担心，编写 Jenkins 共享库并不会用到很复杂的语法和库，只要有编程经验就可以在短时间内学会如何编写。这里列举一个在流水线结束后，通过读取 allure report 的 API 来获取测试结果并发送邮件的函数示例，如代码清单 8-8 所示。

代码清单 8-8　发送邮件的函数

```
@Grab(group = 'org.codehaus.groovy.modules.http-builder', module = 'http-builder',
    version = '0.7')

import groovyx.net.http.HTTPBuilder

import static groovyx.net.http.ContentType.*


import static groovyx.net.http.Method.*
import groovy.transform.Field

// 全局变量
@Field jenkinsURL = "http://xxx.example.com"
@Field failed = "FAILED"
@Field success = "SUCCESS"
@Field inProgress = "IN_PROGRESS"
@Field abort = "ABORTED"

@NonCPS
def String checkJobStatus() {
    def url = "/view/API/job/${JOB_NAME}/${BUILD_NUMBER}/wfapi/describe"
    HTTPBuilder http = new HTTPBuilder(jenkinsURL)
    String status = success
    http.get(path: url) { resp, json ->
        if (resp.status != 200) {
            throw new RuntimeException("请求 ${url} 返回 ${resp.status} ")
        }
        List stages = json.stages

        for (int i = 0; i < stages.size(); i + +) {
            def stageStatus = json.stages[i].status
            if (stageStatus == failed) {
```

```
                        status = failed
                        break
                }
                if (stageStatus == abort) {
                        status = abort
                        break
                }
            }
        }
    }
    return status;
}

@NonCPS
def call(String to) {
    println("邮件列表：${to}")

    def sendSuccess = {
        def reportURL = "${jenkinsURL}/view/API/job/${JOB_NAME}/${BUILD_NUMBER}
                        /allure/"
        def blueOceanURL = "${jenkinsURL}/blue/organizations/jenkins/${JOB_NAME}
                          /detail/${JOB_NAME}/${BUILD_NUMBER}/pipeline"

        def fileContents = ""
        def passed = ""
        def failed = ""
        def skipped = ""
        def broken = ""
        def unknown = ""
        def total = ""
        HTTPBuilder http = new HTTPBuilder('http://×××.example.com')
        // 根据响应数据中的 Content-Type header，调用 JSON 解析器处理响应数据
        http.get(path: "/view/API/job/${JOB_NAME}/${BUILD_NUMBER}/allure/widgets
                    /summary.json") { resp, json ->
            println resp.status
            passed = json.statistic.passed
            failed = json.statistic.failed
            skipped = json.statistic.skipped
            broken = json.statistic.broken
            unknown = json.statistic.unknown
            total = json.statistic.total


        }

        println(passed)

        emailext body: """
<html>
  <style type = "text/css">
  <!--
  ${fileContents}
  -->
  </style>
  <body>
  <div id = "content">
  <h1>Summary</h1>
  <div id = "sum2">
```

```
        <h2>Jenkins Build</h2>
        <ul>
        <li>作业地址 : <a href = '${BUILD_URL}'>${BUILD_URL}</a></li>
        <li>测试报告地址 : <a href = '${reportURL}'>${reportURL}</a></li>
        <li>流水线流程地址 : <a href = '${blueOceanURL}'>${blueOceanURL}</a></li>
        </ul>

        <h2>测试结果汇总</h2>
        <ul>
        <li>用例总数 : ${total}</li>
        <li>pass 数量 : ${passed}</li>
        <li>failed 数量 :${failed} </li>
        <li>skip 数量 : ${skipped}</li>
        <li>broken 数量 : ${broken}</li>
        </ul>
    </div>
    </div></body></html>
    """, mimeType: 'text/html', subject: "${JOB_NAME} 测试结束", to: to

    }

    def send = { String subject ->
        emailext body: """
<html>
  <style type = "text/css">
  <!--
  -->
  </style>
  <body>
  <div id = "sum2">
      <h2>Jenkins Build</h2>
      <ul>
      <li>作业地址 : <a href = '${BUILD_URL}'>${BUILD_URL}</a></li>
      </ul>
</div></body></html>
    """, mimeType: 'text/html', subject: subject, to: to
    }

    String status = checkJobStatus()
    println("当前作业的运行状态为: ${status}")
    switch (status) {
        case ["SUCCESS", "UNSTABLE"]:
            sendSuccess()
            break
        case "FAILED":
            send("作业运行失败")
            break
        case "ABORTED":
            send("作业在运行中被取消")
            break
        default:
            send("作业运行结束")
    }

}
```

8.2.4 小结

本节讲解了 Jenkins 流水线的核心内容,相关细节大家可以在实践的过程中配合官方文档进行学习和练习。

8.3 K8s 中的 CI/CD

云原生的崛起给 CI/CD 带来了十分重大的变化,而团队选择使用云原生架构便意味着所有团队成员的工作都围绕着容器进行,并且之前的很多实践都需要迁移到容器生态中。本节介绍在 Jenkins 中如何利用 Docker 和 K8s 来提升 CI/CD 的体验。

8.3.1 Jenkins 与 Docker

在传统架构中,每个模块的发布都依赖流水线在构建时编译出的一个可供生产环境部署的包,但在云原生架构中,模块需要以镜像的形式发布,所以流水线需要频繁与 Docker 进行交互来完成镜像的制作和推送,此时需要 Jenkins 先与 Docker 建立起通信的渠道,甚至需要 Jenkins 本身就是由 Docker 部署起来的。用户可以选择让流水线运行在安装了 Docker 服务的机器中并直接使用 docker 命令进行通信,也可以通过安装 Docker 和 Dockerfile 相关的插件后,在流水线中调用对应的指令,如代码清单 8-9 所示。

代码清单 8-9 调用指令

```
pipeline{
    agent any
    stages{
        stage('test1'){
            agent { label 'tech' }
            steps{
                sh """
                    echo 1
                """
            }
        }
        stage('test2'){
            agent {
                docker { image 'python:3.10-rc-slim' }
            }
            steps{
                sh 'python --version'
            }
        }
    }
}
```

agent 命令在流水线中可以出现多次,它常用于在流水线中切换要执行的服务器。同时在代理中也可以通过 docker 命令启动一个容器来充当执行机器的角色。在代码清单 8-9 中,第二个 stage

使用了 docker 命令来动态启动一个容器，这样该 stage 中的所有步骤都会在该容器中执行。用户也可以利用 Dockerfile 来动态地生成一个容器，还可以在流水线中使用 Dockerfile 制作镜像并将其推送到某个镜像仓库中。这里需要注意的是，这些命令都需要安装对应的插件并进行配置，例如 Docker Slaves 需要在 Jenkins 的配置管理中进行配置，如图 8-13 所示。

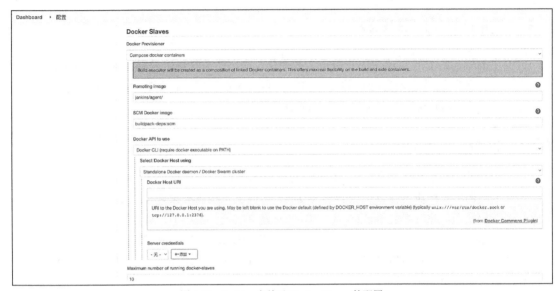

图 8-13　Jenkins 中关于 Docker Slaves 的配置

8.3.2　Jenkins 与 K8s

由于实际的工作场景一般都比较复杂，因此直接使用 Jenkins Docker 插件的场景并不多，业界中的团队更多会选择使用 K8s 的能力来优化流水线的实践方法。8.1.2 节中提到过规模扩大后带来的一系列挑战，这些挑战在一个规模较大的团队中尤为明显。这些团队的 CI/CD 系统可能要面对每日成千上万次的构建，需要一个集群性质的基础设施来提供相应的支持才能满足性能、监控、高可用性等方面的需求。Jenkins 可以通过对从服务器设置各种标签来提供类似集群的能力，例如用户可以在 Jenkins 中给 5 台从服务器都设置名为 compile 的标签并在流水线中通过 agent 命令来指定任务在拥有 compile 的从服务器中执行。这样 Jenkins 可以把构建任务比较均匀地分布在这些从服务器中执行，当某台从服务器发生故障后，也可以把任务调度到其他服务器中执行。

Jenkins 的这种特性依然无法满足大型项目的需求，因为它毕竟不是一个完整的集群管理软件，它的负载均衡算法和监控能力都比较薄弱。例如，它的计算机器负载的算法是简单地通过任务的数量来衡量负载，无法判断服务器和任务较为真实的资源使用，在监控方面也无法实现较为完善的健康检查机制，只要该从服务器中对应的代理还存活，Jenkins 就会判断该服务器是可用的，并不会考虑到该服务器的实际情况。同时 Jenkins 缺少自动化运维能力，也无法自动回收没有在使用的服务器（目前已知如果 Jenkins 中注册的从服务器过多，会严重影响 Jenkins 的性能），当面对的机器规模较大时，它在性能和稳定性方面也不尽如人意。所以实施规模较大的项目的团队（尤其是已经使用到 K8s 的团队），往往会选择 K8s 来优化 CI/CD 系统。

用户可以选择安装对应的 K8s 插件，以便在 Jenkins 流水线中调用相关命令动态地启动 Pod 来充当 Jenkins 从节点的角色。

图 8-14 展示了 Jenkins 与 K8s 集成的架构，它利用 K8s 的 API 在流水线运行时动态地在集群中创建一个 Pod。这个 Pod 中会带有一个名为 jnlp 的容器，它使用 Jenkins 的 jnlp 动态地将自己注册为一个 Jenkins 从节点，流水线会在该 Pod 中执行并在执行结束后自动销毁该 Pod。这种按需启动从节点并在执行结束后自动回收的特性能最大程度地缓解 Jenkins 在性能上的压力，并且 K8s 足够强大的高可用和自动化运维能力也能够减少技术人员大量的维护工作。

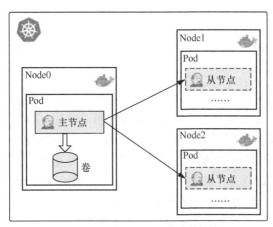

图 8-14　Jenkins 与 K8s 集成的架构

用户需要事先在 Jenkins 中安装 K8s 的插件并在 pipeline 中调用 K8s，如代码清单 8-10 所示。

代码清单 8-10　在 pipeline 中调用 K8s

```
pipeline{
    parameters {
        choice(name: 'PLATFORM_FILTER', choices: ['python352', 'python368',
            'python376','all'], description: '选择测试的 Python 版本')
    }
    agent{
        kubernetes{
            yaml """
            apiVersion: v1
            kind: Pod
            metadata:
              labels:
                qa: python3
            spec:
              containers:
              - name: python352
                image: python:3.5.2
```

```
                    command:
                    - cat
                    tty: true
                """
            }
        }
        stages{
            stage('执行测试'){
                steps{
                    container(params.PLATFORM_FILTER){
                        sh """
                        pytest
                        """
                    }
                }
            }

        }
        post{
            always{
                echo 'done'
            }
        }
    }
```

在代码清单 8-10 中通过 K8s 指令可以编写 Pod 的相关定义。需要注意的是，用户在编写 Pod 的定义时并不知道 jnlp 容器的任何信息，这是因为 Jenkins 自身会维护一个 Pod 的模板，在这个模板中会维护 jnlp 容器的信息，而最终提交到 K8s 集群中的 Pod 是该模板和用户的定义融合的结果，所以用户在编写 Pod 定义时只关注自己需要的能力即可。例如，执行代码清单 8-10 中的 pipeline 后，K8s 集群中会创建一个代码清单 8-11 所示的 Pod。

代码清单 8-11　Jenkins 在 K8s 中创建的 Pod

```
apiVersion: v1
kind: Pod
metadata:
  annotations:
    buildUrl: http://47.93.32.161:5003/job/agent_k8s/12/
    runUrl: job/agent_k8s/12/
  labels:
    jenkins: slave
    jenkins/label: agent_k8s_12-sqj2j
    jenkins/label-digest: b1b8afe695a7ba82fbeeb449e0b3d12251babbe2
    qa: python3
  name: agent-k8s-12-sqj2j-tbm3z-w78p0
  namespace: jenkins
spec:
  containers:
  - command:
    - cat
    image: python:3.5.2
```

```
      imagePullPolicy: IfNotPresent
      name: python352
      resources: {}
      terminationMessagePath: /dev/termination-log
      terminationMessagePolicy: File
      tty: true
      volumeMounts:
      - mountPath: /home/jenkins/agent
        name: workspace-volume
      - mountPath: /var/run/secrets/kubernetes.xx/serviceaccount
        name: default-token-25rck
        readOnly: true
    - env:
      - name: JENKINS_SECRET
        value: 0b3b84d7395bc9064453268adb5e7fa0ec20adde9283532325d2426a642d59a6
      - name: JENKINS_AGENT_NAME
        value: agent-k8s-12-sqj2j-tbm3z-w78p0
      - name: JENKINS_NAME
        value: agent-k8s-12-sqj2j-tbm3z-w78p0
      - name: JENKINS_AGENT_WORKDIR
        value: /home/jenkins/agent
      - name: JENKINS_URL
        value: http://47.93.32.161:5003/
      image: jenkins/inbound-agent:4.11-1-jdk11
      imagePullPolicy: IfNotPresent
      name: jnlp
      resources:
        requests:
          cpu: 100m
          memory: 256Mi
      terminationMessagePath: /dev/termination-log
      terminationMessagePolicy: File
      volumeMounts:
      - mountPath: /home/jenkins/agent
        name: workspace-volume
      - mountPath: /var/run/secrets/kubernetes.××/serviceaccount
        name: default-token-25rck
        readOnly: true
    nodeSelector:
      kubernetes.××/os: linux
...
```

从代码清单 8-11 可以看到，提交到 K8s 集群中的 Pod 比用户定义的多了以下配置。

- 一个名为 jnlp 的容器，负责与 Jenkins 通信，将自己注册为 Jenkins 从节点。
- 一个名为 workspace-volume 的卷，负责保存 Jenkins workspace 中的数据，同时所有容器都会挂载此卷，这样不论用户选择在哪个容器执行指令都能够访问 workspace 中的数据。

用户也可以选择自己定义 jnlp 的实现来适应自己的项目，例如在 jnlp 镜像中切换成 root 用户以避免后续流水线中出现权限问题，或者配置一些语言的执行环境。事实上，用户可以定义多个容器来达到不同的目的，在执行时只需要像代码清单 8-10 中一样使用 container 指令就可以选择运行的容器。这一能力在类似兼容性测试的场景中格外有用，例如一个项目的 Python SDK 测试，该项目要求测试该 SDK 是否可以在不同的 Python 版本中正常运行，所以可以在 Pod 定义中创建多个 Python 版本的容器，如代码清单 8-12 所示。

代码清单 8-12　Python SDK 的兼容性测试

```
library 'qa-pipeline-library'

pipeline{
    parameters {
        choice(name: 'PLATFORM_FILTER', choices: ['python352', 'python368',
                'python376','all'], description: '选择测试的 Python 版本')
    }
    agent{
        kubernetes{
            yaml """
            apiVersion: v1
            kind: Pod
            metadata:
              labels:
                qa: python3
            spec:
              containers:
              - name: python352
                image: python:3.5.2
                command:
                - cat
                tty: true
              - name: python368
                image: python:3.6.8
                command:
                - cat
                tty: true
              - name: python376
                image: python:3.7.6
                command:
                - cat
                tty: true
              - name: jnlp
                image: ××××.××××.×××××/tester_jenkins_slave:v1
              imagePullSecrets:
                - name: ×××××××
            """
        }
    }
    stages{
        stage('环境部署'){
            steps{
                echo 'deploy'
```

```
        }
    }
    stage('拉取测试代码'){
        steps{
            checkout([$class: 'GitSCM', branches: [[name: '*/release/3.8.2']],
            doGenerateSubmoduleConfigurations: false, extensions: [[$class:
            'LocalBranch', localBranch: '×××-sdk-test']], submoduleCfg: [],
            userRemoteConfigs: [[credentialsId: 'gaofeigitlab', url: 'https:
            //gitlab.example.io/qa/×××-sdk-test.git']]])
        }
    }
    stage('××× SDK 功能测试 '){
        when { anyOf {
                expression { params.PLATFORM_FILTER != 'all' }
            } }
        steps{
          container(params.PLATFORM_FILTER){
              sh """
              pip3 install -i http://pypi.example.com/xxxx/dev/ --trusted-host
              pypi.example.com ×××-sdk[builtin-operators]'
              pip3 install -r requirements.txt
              cd test
              python3 -m pytest -n 5
              """
          }
        }
    }
    stage('××× SDK 兼容性测试'){
        matrix {
            when { anyOf {
                expression { params.PLATFORM_FILTER == 'all' }
            } }
            axes {
                axis {
                    name 'PLATFORM'
                    values 'python352', 'python368','python376'
                }
            }
            stages{
                stage('兼容性测试开始 '){
                    steps{
                        container("${PLATFORM}"){
                            echo "Testing platform ${PLATFORM}"
                            sh """
                            pip3 install -i http://pypi.example.com/×××/dev/ --
                            trusted-host pypi.example.com ×××-sdk[builtin-
                            operators]'
                            pip3 install -r requirements.txt
                            cd test
                            python3 -m pytest -n 5
                            """
                        }
                    }
                }
            }
        }
    }
```

```
        }
    }
    post{
        always{
            allure commandline: 'allure2.13.1', includeProperties: false, jdk: '',
            results: [[path: 'test/allure-results']]
            sendEmail(××××@example.com')
        }
    }
}
```

在代码清单 8-12 中，我在 Pod 中分别定义了 3 个 Python 版本的容器，这些容器使用的镜像都来自 Python 官方。之后定义一个参数让用户选择在哪个 Python 版本中执行测试，其中选项 all 表示需要在所有版本中执行测试。当用户选择了 all 后会通过 matrix 指令遍历所有的版本，在这个过程中会使用 container("${PLATFORM}")取出参数值并切换到对应的容器中，如图 8-15 所示。

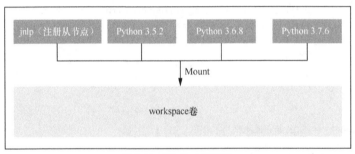

图 8-15　K8s Pod 的结构

在 Jenkins 中配置 K8s 集群的通信会稍微有些麻烦，如果 Jenkins 本身就部署在 K8s 集群中，那么只需要按照官方给定的文档进行部署就可以了。但大部分团队并不会在一开始就使用云原生技术栈，所以 Jenkins 往往是在一台虚拟机中独立部署的，这时就需要一些额外的配置让 Jenkins 与 K8s 进行通信，具体步骤如下。

（1）在 K8s 集群中创建一个名字空间，用于启动 Jenkins 的 Pod。

（2）在该名字空间中创建对应的 RBAC，该配置主要用于给予 Jenkins 权限创建对应的 Pod，可以参考代码清单 8-13 中的命令。

代码清单 8-13　为 Jenkins 创建 RBAC

```
kubectl create namespace jenkins && kubectl create serviceaccount jenkins
--namespace = jenkins && kubectl describe secret $(kubectl describe serviceaccount
jenkins --namespace = jenkins | grep Token | awk '{print $2}') --namespace
= jenkins && kubectl create rolebinding jenkins-admin-binding --clusterrole
= admin --serviceaccount = jenkins:jenkins --namespace = jenkins
```

在 Jenkins 的 Configure Clouds 选项中创建一个 K8s 类型的云配置。在该配置中需要创建一个保密文本（secret text）类型的凭据，这个凭据中的 Secret 字段需要填写上一步中创建的名为 jenkins 的服务账号（代码清单 8-13 中包含创建服务账号的步骤）的令牌，如图 8-16 所示。

图 8-16　在 Jenkins 中配置 K8s 的信息

Jenkins 与 K8s 的通信中的鉴权方式仍然使用的是在 3.5.4 节介绍的令牌机制，通过 RBAC 来为服务账号赋予对应的权限后，再把该服务账号中的令牌信息写入 Jenkins 的配置中。这样 Jenkins 就可以顺利地通过与 K8s 通信动态地创建从 Pod。

8.3.3　小结

流水线与云原生的结合在业界已经慢慢普及，尤其是已经在大型公司中拥有完善的基础设施，团队利用这些基础设施可以比较容易地将 CI/CD 与云原生结合起来。

8.4　环境治理

环境部署是 CI/CD 的基础，毕竟集成可以理解为把产品部署并运行起来。在产品多版本、多分支同时迭代的前提下，团队需要维护多个环境来满足不同的项目需求，这些环境需要对不同的软件版本、分支、流水线、人员角色等提供支持。因为每个环境可能都要部署数以百计的服务，所以维护这些环境不是一件非常容易的事情。

8.4.1　环境的隔离级别

当团队需要同时维护数个测试环境时，一般需要考虑资源成本和人力成本带来的问题，尤其是在微服务架构盛行的今天，每个环境都很复杂且需要投入较多的资源。

在环境治理方案中一直有物理隔离和逻辑隔离之分，当团队同时维护多个环境时往往需要选择其中一种策略来搭建环境治理系统。下面分别看一下它们的特点。

- 物理隔离：环境与环境之间完全从物理层面进行隔离，例如使用完全不同的服务器、网络、存储服务等，没有任何交叉的地方。它的实现方式较为简单，但这种彻底的隔离方式意味着放弃了所有提升资源利用率的手段。团队需要更多的资源成本和人力成本来实现物理隔离。
- 逻辑隔离：环境与环境之间共享一部分基础设施，例如，共享同一个数据库、K8s 集群、监控系统等。技术团队会从架构层面保证环境之间在一定程度上不会互相冲突。例如，虽然使用了同一个 Hadoop 集群，但团队为每个环境分配了一个独立的队列（queue），并为每个队列设置了各自的资源配额，不同的环境在各自的队列中提交任务以保证互不影响。逻辑隔离希望能够保证一定程度的隔离性，同时最大程度地提高资源利用率。选择逻辑隔离的团队可以用更少的资源成本来维护更多的环境，但是这种逻辑隔离往往需要从软件架构方面进行改造，实现成本较高，而且它隔离得不够彻底，某些共享的基础设施出现问题时会直接导致所有环境都受到影响，例如超卖策略带来的风险，这在逻辑隔离方案中经常出现。为了提高资源的利用率，逻辑隔离方案经常会对模块实施资源超卖，而一旦超卖得不够合理导致服务器因为资源问题崩溃，就可能会影响到所有的环境。

物理隔离和逻辑隔离各有优缺点，团队需要根据自己的需求来选择实现方案。不过，在系统规模越来越大的今天，越来越多的团队都无法接受物理隔离方案带来的资源开销，因而纷纷投向了逻辑隔离的怀抱。

8.4.2　K8s 中的资源隔离

资源隔离是逻辑隔离方案中非常重要的一环，它要求不同的环境在共享相同的基础设施时也能做到一定程度上的资源隔离，以保证环境的稳定性。之所以说是一定程度上的隔离而不是完全隔离，是因为团队选择逻辑隔离方案的主要目的是节省资源的开销，而且为了进一步提高资源利用率，很多团队还会选择在测试环境中将资源进行一定程度的超卖。通过前面的学习，相信大家已经发现 K8s 非常适合逻辑隔离方案，为容器设置 limit 和 request 可以很好地执行隔离与超卖。同时，在 K8s 中可以针对某个名字空间设置一定的资源配额，如代码清单 8-14 所示。

代码清单 8-14　名字空间的资源配额

```
apiVersion: v1
kind: ResourceQuota
metadata:
  name: compute-resources
  namespace: spark-job
```

```
spec:
  hard:
    pods: "20"
    requests.cpu: "20"
    requests.memory: 100Gi
    limits.cpu: "40"
    limits.memory: 200Gi
```

用户可以通过在某个名字空间下创建 ResourceQuota 对象来完成针对整个名字空间的资源配额的设置。例如在代码清单 8-14 中，用户为 spark-job 创建了一个资源配额，该配额要求 spark-job 这个名字空间中的 Pod 数量不能超过 20，所有容器的 CPU 的 request 总和不超过 20，内存 request 总和不超过 100 GB，并且所有容器的 CPU 的 limit 总和不超过 40，内存 limit 总和不超过 200 GB。

K8s 还准许用户配置更加详细的限制策略，例如可以限制某些对象能被创建的数量，如代码清单 8-15 所示。

代码清单 8-15 对象数量限制

```
apiVersion: v1
kind: ResourceQuota
metadata:
  name: object-counts
  namespace: spark-cluster
spec:
  hard:
    configmaps: "10"
    persistentvolumeclaims: "4"
    replicationcontrollers: "20"
    secrets: "10"
    services: "10"
    services.loadbalancers: "2"
```

在实际的工作场景中，限制对象数量的策略应用得比较少，技术人员还是喜欢由自己来控制这些对象的数量。但是对资源的限制一般是必要的，因为如果不加以限制，团队成员很可能会疯狂地"吃掉"集群中的资源。除了限制名字空间的资源配额，还要防止容器出现没有设置 request 和 limit 的情况，这种容器可以无限制地使用服务器中的资源。技术团队往往通过 LimitRange 对象来为容器设置默认的资源配额，如代码清单 8-16 所示。

代码清单 8-16 LimitRange

```
apiVersion: v1
kind: LimitRange
metadata:
  name: mem-limit-range
spec:
  limits:
  - default:
      memory: 5Gi
      cpu: 5
    defaultRequest:
```

```
        memory: 1Gi
        cpu: 1
    type: Container
```

在代码清单 8-16 中，default 表示默认的 limit 值，defaultRequest 表示默认的 request 值，如果用户没有为容器设定资源配额，则会根据此配置为容器设置默认的值。所以，在 K8s 中部署多个测试环境，一般需要为不同的环境创建对应的名字空间，并为这些名字空间设定对应的资源配额。

在一些特殊的项目（如机器学习产品）中，除了 CPU 和内存资源，还存在一些特殊的资源需求，如 GPU。这些资源是无法通过 K8s 原生的机制进行管理的，这时就需要利用 K8s 提供的 Device Plugin，通过安装对应的 GPU 插件来让 K8s 拥有管理 GPU 资源的能力。这样用户只要在 Pod 的配置里面声明某容器需要的 GPU 个数，K8s 就为容器准备对应的 GPU 设备和对应的驱动目录，如代码清单 8-17 所示。

代码清单 8-17　GPU 管理

```
apiVersion: v1
kind: Pod
metadata:
  name: cuda-vector-add
spec:
  restartPolicy: OnFailure
  containers:
    - name: cuda-vector-add
      image: "k8s.gcr.××/cuda-vector-add:v0.1"
      resources:
        requests:
          nvidia.×××/gpu: 1
```

8.4.3　在 K8s 中实现逻辑隔离

除了资源相关的策略，在 K8s 中实现逻辑隔离一般还需要通过其他步骤来进一步节省资源的开销。例如，可以让多个环境共享一些基础服务，这样的场景往往出现在一些私有化交付的场景中，也就是需要把整个产品部署在客户的机房。这样，在环境的部署与实现上就需要加入整个 K8s 集群以及各项基础服务的部署方法，如果不加以改造，这种方法就变成了标准的物理隔离手段。所以，在环境部署策略中，往往需要准备两种实现方案，除了完全独立的部署策略，还需要加入一种可以对接现有系统（K8s 集群、数据存储服务、消息中间件、监控系统等）的方案。例如，以 Prometheus 为主的监控系统和以 ELK 为主的日志收集系统，它们都是供整个集群使用的基础服务，团队可以考虑在软件架构上让所有的环境共享这些基础服务，而不是为每个环境都独立部署一套。

在实际场景中，技术团队往往会为这些基础服务在 K8s 中创建独立的名字空间，测试环境中的业务模块通过"名字空间 + 服务名称"的形式可以与这些基础服务进行交互。如果是数据存储类的服务，则需要隔离不同环境之间的数据，例如创建不同的库、队列、主题来区分不同的测试环境，这需要系统支持可配置的管理方式，而不是直接将其"写死"在代码中。

测试环境很多时候会通过对外暴露节点端口的形式为用户提供服务，但当一个 K8s 集群中拥有非常多的测试环境后，通过"IP 地址 + 节点端口"对其进行访问就会变得混乱，团队成员需要维护一个比较庞大的列表来记录某个端口对应哪个环境的哪个服务。为了解决这个问题，可以利用 K8s 的 ingress 服务通过域名进行访问。ingress 并不只是为了提供域名解析而存在的，它更多的是作为一种负载均衡器，只不过在当前场景里我们主要关注的是其域名解析能力。

在使用 ingress 之前需要先安装 ingress 控制器，大家可以在 GitHub 上找到它的安装配置，也可以参考代码清单 8-18 列出的内容。

代码清单 8-18　ingress 控制器

```
kind: ConfigMap
apiVersion: v1
metadata:
  name: nginx-configuration
  namespace: ingress-nginx
  labels:
    app.kubernetes.××/name: ingress-nginx
    app.kubernetes.××/part-of: ingress-nginx
---
apiVersion: extensions/v1beta1
kind: Deployment
metadata:
  name: nginx-ingress-controller
  namespace: ingress-nginx
  labels:
    app.kubernetes.××/name: ingress-nginx
    app.kubernetes.××/part-of: ingress-nginx
spec:
  replicas: 1
  selector:
    matchLabels:
      app.kubernetes.××/name: ingress-nginx
      app.kubernetes.××/part-of: ingress-nginx
  template:
    metadata:
      labels:
        app.kubernetes.××/name: ingress-nginx
        app.kubernetes.××/part-of: ingress-nginx
      annotations:
        ...
    spec:
      serviceAccountName: nginx-ingress-serviceaccount
      containers:
        - name: nginx-ingress-controller
          image: quay.××/kubernetes-ingress-controller/nginx-ingress
                            -controller:0.20.0
          args:
            - /nginx-ingress-controller
            - --configmap = $(POD_NAMESPACE)/nginx-configuration
            - --publish-service = $(POD_NAMESPACE)/ingress-nginx
            - --annotations-prefix = nginx.ingress.kubernetes.xx
          securityContext:
            capabilities:
              drop:
```

```
                - ALL
            add:
                - NET_BIND_SERVICE
        runAsUser: 33
    env:
        - name: POD_NAME
          valueFrom:
            fieldRef:
              fieldPath: metadata.name
        - name: POD_NAMESPACE
        - name: http
          valueFrom:
            fieldRef:
              fieldPath: metadata.namespace
    ports:
        - name: http
          containerPort: 80
        - name: https
          containerPort: 443
```

ingress 控制器本质上是一个 Nginx 服务，当用户创建了 ingress 对象后，这个 Nginx 服务的配置文件就会被更新并用于解析目标服务，如代码清单 8-19 所示。

代码清单 8-19　创建 ingress 对象

```
def create_ingress_yaml(config):
    document = """
apiVersion: extensions/v1beta1
kind: Ingress
metadata:
  name: %s
  annotations:
    nginx/client_max_body_size: 10240m
    nginx.×××/client-max-body-size: "10240m"
    ingress.kubernetes.××/proxy-body-size: 10240m
spec:
  rules:
  - host: %s.testenv.example.io
    http:
      paths:
      - path: /
        backend:
          serviceName: %s
          servicePort: 8888
  - host: %s.preditor.testenv.example.io
    http:
      paths:
      - path: /
        backend:
          serviceName: %s
          servicePort: 8090
  - host: %s.history.testenv.example.io
    http:
      paths:
      - path: /
        backend:
          serviceName: %s
          servicePort: 18080
```

```
""" % (config.pht_pod_name, config.name_prefix, config.pht_pod_name,
        config.name_prefix, config.pht_pod_name,
        config.name_prefix, config.pht_pod_name)
data = yaml.load_all(document)
with open(config.ingress_conf_path, 'w') as stream:
    yaml.dump_all(data, stream)
```

代码清单 8-19 展示的是我曾经编写过的部署工具中的一段代码。在 ingress 对象中通过 host 字段匹配用户访问的域名信息，然后转发给对应的服务和端口。为了能够实现用户完全通过域名对环境进行访问，需要配合 DNS 的泛域名解析能力。例如，运维人员在 DNS 配置一个泛域名解析，将凡是以 testenv.example.io 结尾的域名都解析为 K8s 集群中的 ingress 控制器的 IP 地址和端口号。这样用户就能用不同的域名访问到 ingress 控制器，而 ingress 控制器中的 Nginx 也能通过对域名的解析，把用户的请求转发到不同的服务中。通过域名访问环境的整个过程如图 8-17 所示。

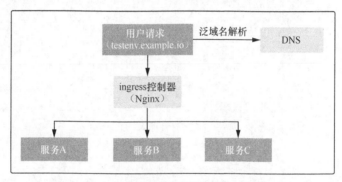

图 8-17　通过域名访问环境的整个过程

ingress 服务是很多团队在治理环境时都会用到的，只不过官方提供的 ingress 控制器使用起来还是略有些烦琐，需要用户创建 ingress 对象才能实现解析与转发，在涉及跨名字空间的访问时，还需要在 ingress 对象所在的名字空间创建 external 类型的服务。所以，很多团队会选择开发自己的 ingress 控制器来优化整个流程，感兴趣的读者可以参考网上的资料来拓展知识。

8.4.4　Helm

在 K8s 中一般是通过提交对应的 YAML 配置文件来创建服务的，而不是通过命令行，这使得服务的维护工作变得简单可靠。但正如之前提到的，当服务的规模扩大到一定程度时，大量的配置文件也会让人颇为头疼。在部署或者更新环境时，工作人员需要修改大量的配置文件以应对不同的基础设施或版本更新。这些改动往往是重复且枯燥的，例如当用户希望把一个子系统部署在某个特定的名字空间中时，就需要修改这个子系统所有服务的配置文件，这无疑是效率非常低的工作方法。如果可以给用户提供一种模板工具，把需要动态修改的内容提取成参数并在必要时统一替换，就可以在很大程度上简化用户的工作，这就是开源项目 Helm 的作用。

Helm 是 K8s 应用的包管理工具，有点类似于 Linux 中的 apt 或 yum。Helm 通过定义名为 Chart 的对象（可以理解为一系列 YAML 配置文件的模板），可以让用户以更加简单的方式在 K8s 上查找、安装、升级、回滚和卸载应用。第 4 章中介绍的开源混沌工程工具 Chaos Mesh 就是使用 Helm 进行部署的，在这里我们可以看一下 Chaos Mesh 的 helm 目录结构与模板文件。

在 Chaos Mesh 的源码中专门有一个 helm 目录，如图 8-18 所示，其中的 templates 目录保存了 Helm 所有服务的模板文件。模板文件本质上描述的仍然是提交到 K8s 中的配置文件，只不过在模板中通过 {{}} 定义了若干语句用于在运行时进行动态修改。例如，通过在 namespace 字段中定义 {{.Release.Namespace|quote}} 告诉系统该对象的 namespace 字段会在运行时被替换成用户指定的值，通过在 annotations 字段中定义 {{- if .Values.dashboard.securityMode}}（这是一个条件控制语句）告诉系统在运行时如果用户指定了 values（一个参数文件，后面会讲到）对象中的 dashboard.securityMode 字段就采取后续配置。

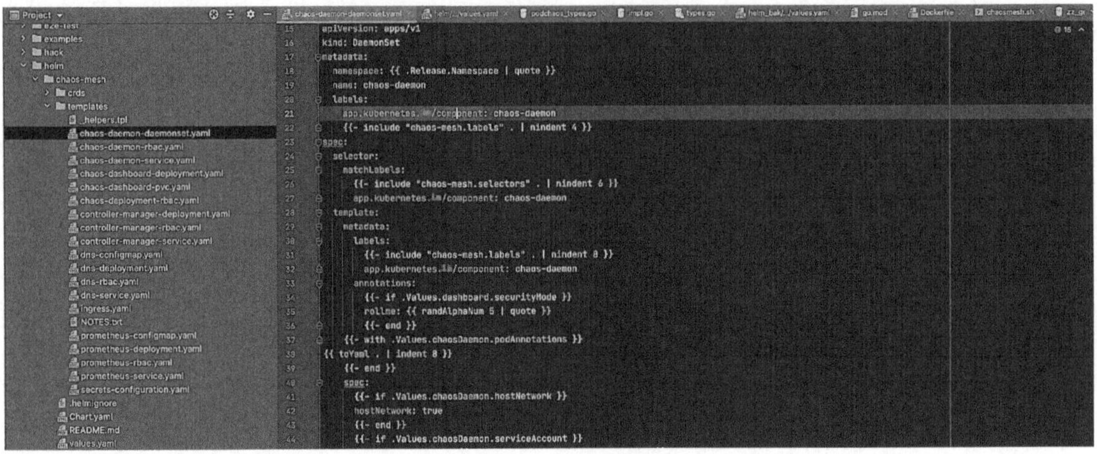

图 8-18 helm 的目录结构与模板文件

Helm 把服务的配置文件模板化后，提供一个 values 文件来定义这些参数的值。

图 8-19 展示的是 helm 的目录结构与 values 文件。helm 目录下的所有模板文件中定义的动态参数都会在运行时被 values 文件中的参数替换。用户也可以在使用 helm 命令进行部署时动态地指定相关参数，例如部署 Chaos Mesh 的命令为 helm install chaos-mesh --namespace = chaos-testing --set dashboard.securityMode = false chaos-mesh。当用户把这些文件通过 helm 命令打包后就形成了一个 Chart，用户可以把 Chart 上传到对应的 helm 仓库中，这样其他人就可以通过 helm 命令进行在线安装。当然，用户也可以抛开 helm 仓库直接使用图 8-19 所示的目录进行提交。

网上对于 Helm 的解释比较复杂，很多人通常会把 Helm 和 Linux 的软件包管理工具 yum、apt 放在同等的位置上。虽然当 Helm 把相关的 Chart 推送到仓库中后，用户通过仓库来安装应用的行为确实很像 yum 和 apt 的行为，但 Helm 的重点在于模板文件，简单地把它比喻成 yum 和 apt 其实不利于初学者理解 Helm 的使用场景。

Helm 作为当前流行的模板工具之一，经常被应用于各类环境部署场景中。测试人员需要非常熟悉它的使用方式，不仅是因为在很多团队中测试人员需要执行环境部署的操作（部署测试环境或执行部署测试），而且有些时候测试团队的一些服务（如业务巡检服务）也需要被编排到产品的部署包中一起发布，所以测试人员需要按照项目的规范编写 Helm 模板文件。

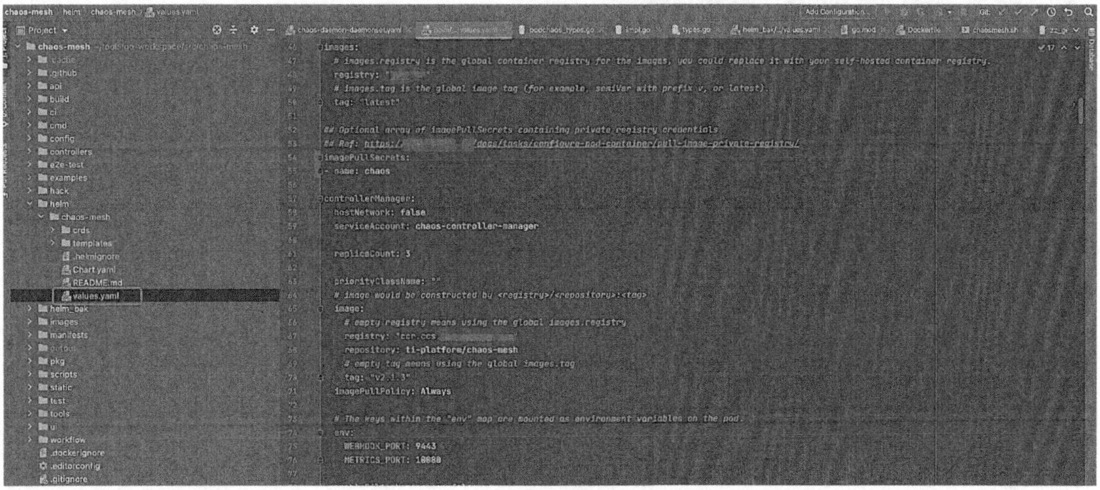

图 8-19　helm 的目录结构与 values 文件

8.4.5　小结

环境治理是一个比较大的话题，本节描述了一些测试人员需要关注的技术事项。当然，环境治理中还有一个非常重要的环节就是稳定性与监控。本章开头提到环境的稳定性决定了 CI/CD 的效率，如果经常因环境问题导致测试用例使用失败，那么慢慢就不会再有人关注测试结果了。所以，在测试环境中需要配置完善的监控体系来收集稳定性数据，并根据数据推进团队的环境治理。这部分内容已经在第 5 章和第 6 章介绍了，这里不赘述。

8.5　本章总结

云原生架构的兴起无疑是 CI/CD 领域的"福音"。从技术角度看，实现 CI/CD 最关键的是有一套完善且有效的工具链，流水线、Docker 和 K8s 只是这条工具链中的一部分。大家在实际的工作中需要大量地学习和实践相关技术。

第9章

云原生与大数据

近些年由于 K8s 的盛行,众多大数据处理框架纷纷选择加入 K8s 的"大家庭",像 Spark on K8s 和 Flink on K8s 这样的解决方案被越来越多的团队所接受。本章将介绍一些大数据技术在 K8s 中的应用和一些特别的测试场景。

9.1 什么是大数据

大数据本身是一个十分庞大且复杂的领域,把其包含的任意一门技术的相关内容拎出来单独成书都不过分。大数据的业务五花八门,市面上很多科普大数据的图书和文章都在尽可能地介绍更多大数据的业务形态,反而容易忽略向读者介绍大数据技术的基本原理,这导致很多读者学习完依旧不理解大数据到底是什么,它与传统的数据处理技术有什么不一样。为了方便讲述大数据的测试点,本节只介绍其中最为核心的部分,并且更多地从技术角度来剖析大数据的原理,探究它的运作方式,以及为什么使用这样的运作方式可以处理海量的数据,十分熟悉大数据技术的读者可以直接略过本节的内容。

9.1.1 大数据的 4 个特征

在讲解云原生与大数据技术的关系之前需要先阐释清楚大数据的定义,按业界最早的定义来看,大数据具备以下 4 个特征。

- 数据体量大。之所以叫大数据,就是因为其数据体量大。大数据的起始计量单位可能是 PB(1000 TB)、EB(100 万 TB)或 ZB(10 亿 TB)。
- 数据具有多样性。大数据的数据类型繁多,如网络日志、视频、图片、地理位置信息等,并且它的数据来源多、数据之间的关联性也较强。
- 价值密度低。尽管企业拥有大量数据,但是发挥价值的可能仅是其中非常小的部分。大数据真正的价值体现在可以从大量不相关的各种类型的数据中,挖掘出对未来趋势与模式预测分析有价值的数据,并通过机器学习、AI 或数据挖掘对其进行深度分析,并将其运用于农业、金融、医疗等各个领域,以创造更大的价值。
- 对数据处理速度有高要求。和传统的数据挖掘技术不同的是,众多的大数据场景都对数据处理速度有着很高的要求，例如流计算场景中对数据的处理是准实时级别的。这也是众多大数据计算框架要攻克的难题——尽力提升计算速度。

接下来，我们会对大数据的存储原理（分布式存储）、计算原理（分布式计算）、常用计算框架（批处理和流计算）和使用场景（大数据生态）分别进行介绍。

9.1.2 分布式存储

现今大数据的蓬勃发展仰仗的是互联网时代的红利。在 10 多年前互联网迸发出了惊人的潜力，大量的用户涌入互联网，数据的规模呈现井喷式增长。在此情况下，企业要面临的第一个问题就是如此大量的数据要如何进行存储。根据第 4 章中介绍的数据库架构可知，传统的数据存储大多采用的是集中式的存储方案，虽然它们都拥有集群式的高可用架构，但都需要把完整的数据保存在单台机器中，而单台机器的容量是无法满足大数据时代的需求的。

单机存储的瓶颈成为困扰企业的难题，于是人们开始探索分布式存储技术，目前流行的分布式文件系统 HDFS 就是其中之一。这些分布式存储系统的原理用 4 个字概括就是**分而治之**，既然单机存储不了如此庞大的数据，就把数据切成很多分片，并将这些数据分片存储在不同的机器中。例如一个文件的大小是 100 TB，系统把这个文件切成 10 等份，这样每份 10 TB 的数据分片将保存在 10 台不同的机器中。系统会记录好这个文件的元数据（如数据切片信息、每个数据保存在哪台机器的哪个路径下等），当用户需要读取这个文件时，系统再把分布在多台机器中的数据分片进行整合并将整合结果返回给用户。一个典型的分布式存储系统大概的架构如图 9-1 所示。

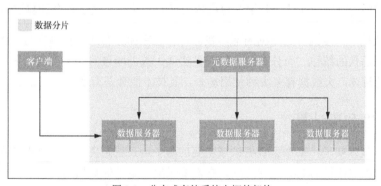

图 9-1　分布式存储系统大概的架构

在分布式存储系统中用户其实感知不到文件已经被切分成很多个分片并保存在了不同的机器中，在用户视角下始终是针对同一个路径对文件进行读写操作的。例如在 HDFS 中，用户始终通过一个类似 hdfs://×××.×××.×××.×××:9000/data/z.txt 的路径操作 z.txt 文件，至于针对该文件的切分以及合并等复杂的流程都由 HDFS 的客户端和服务器端来完成。

目前市面上流行多种分布式存储系统，有传统的 HDFS，也有近几年很流行的 Ceph 和 GlusterFS。但不管是哪种，大体都采用的是图 9-1 所示的这种**分而治之**的设计思路。

9.1.3　分布式计算

在解决大数据量的存储之后，企业就要面对另一个问题——如何更有效率地针对庞大的数据进行计算。这个问题比较容易理解，既然单机存储都已经无法满足大数据时代的需求了，那么单机计算的性能也势必无法被企业接受，所以分布式存储系统被开发出来之后，对应的分布式计算系统也必须配套完成开发。

分布式计算同样本着**分而治之**的原则，系统需要把针对一个大文件的计算任务进行拆分。这个流程主要分为以下几个步骤。

（1）把文件拆分成若干个数据块，并根据规则把这些数据块传输到不同的机器中。

（2）在数据块所在的机器中启动对应数量的数据计算任务，每个计算任务只计算其中一个数据块。

（3）当所有数据块对应的计算任务结束后，系统会对每个任务的计算结果进行合并。

（4）如果计算任务产生了新的数据并需要保存这些数据，那么会遵循分布式存储的规则对其进行落盘存储。

从上述步骤可以看出，分布式计算不仅需要把数据切分成若干份，同样需要把计算任务切分成若干份并调度到多台机器上并行执行，这样每个计算任务只需要处理一小部分数据即可，最后合并所有的计算结果。这样的方式对比以往的单进程顺序处理整个文件的机制，非常明显地减少了整体计算所需要的时间，并且也利用多台机器的资源，从而加速了整个计算过程。

如果单纯从技术角度剖析大数据的话，我们可以把它和分布式计算画等号。大数据是一系列基于大规模数据场景的统称，而分布式计算则是实现大数据场景的技术手段。所以，不管业界对大数据有怎样的解读，大数据有多少种使用场景，其技术原理是万变不离其宗的。

9.1.4　批处理和流计算

如果只探讨技术实现，整个大数据领域主要的两个场景就是离线的批处理和在线的流计算。其中批处理比较类似传统的数据挖掘流程，它需要采集一定量的数据后再将计算请求提交到集群中来对数据进行计算，是一种可一次性处理大批量数据的应用。它并不要求程序做出实时的反馈，有些应用场景甚至准许程序运行数小时甚至数天的时间。批处理程序往往为企业提供了商业智能（business intelligence，BI）、AI、隐私计算等场景的关键技术方案。它的计算过程与分布式计算相同，这里不赘述。

然而批处理程序的缺陷是无法快速地给予用户反馈，在很多场景下无法满足企业和用户的需求。为了保证数据处理的实时性，流计算被设计成与批处理截然不同的计算方式。如果说批处理是一次性处理大批量数据，那么流计算就是一次计算只处理非常少量的数据（极端情况下一次计算只处理一条数据），一旦数据计算完成就会进行反馈。流计算程序会不停地从数据源头读取数据并对其进行计算，保证数据在产生后以最快的速度对其进行计算并将结果反馈给用户。这里通过计算网站页面浏览量（page view，PV）这个非常简单的案例来解释流计算的整个过程，如图 9-2 所示。

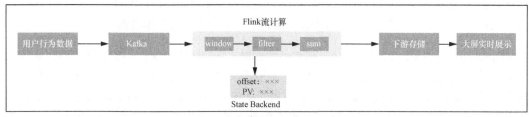

图 9-2　流计算案例

图 9-2 中描述的是使用 Flink 框架搭建的流计算处理过程。在这个过程中，用户的行为数据会源源不断地推送到类似 Kafka 这样的分布式存储系统中，接着由 Flink 这样的流计算框架从中消费并进行计算。需要注意的是，在 Flink 中会提供数据计算的各种算子，图 9-2 中的 window（窗口）、filter（过滤）和 sum（累加）都是 Flink 提供的算子，它们负责针对数据流进行串行或者并行的处理。一个算子计算完成后会把计算的结果发送给下一个算子，根据算子的前后关系用户可以设计一个较为复杂的工作流，即设计一个有向无环图（directed acyclic graph，DAG）。大家可以想象一下，在这个过程中数据就像水流一样一条条地经过每个算子，也许这正是称这个过程为流计算的原因。

在图 9-2 中，window 算子决定了一次计算的数据量，例如用户可以使用 count window 定义当数据累积到一定数量后开始执行一次计算，或者可以使用 time window 规定每次收集固定时间间隔的数据后开始执行一次计算（例如每次收集最近 5 分钟内的数据）。通过这样的机制，程序可以每次只计算非常少量的数据并将计算结果更新到下游存储中，此时用户就可以查看最新的计算结果。

注意

在图 9-2 中 State Backend 负责存储流计算的中间结果，例如从 Kafka 中消费的 offset 编号以及当前的计算结果。Flink 的检查点（checkpoint）机制会周期性地对重要数据进行持久化，这对故障恢复是至关重要的。

9.1.5　大数据生态

在谈及大数据技术的时候，往往都离不开对一些分布式计算框架和集群的讨论，下面先来看一下这两者之间的关系。在实际应用中 Spark 和 Flink 都更偏重于构建分布式计算框架，它们提供了把任务进行切分并开展并行计算的机制和各种算子。而 Hadoop 和 K8s 这类集群软件则更偏重资源调度、机器维护、容灾处理等，可以看作一种资源管理器，分布式计算框架需要向它们申请资源来执行任务。虽然 Spark 和 Flink 也可以通过自身的能力搭建起一个集群，但这并不是它们的强项。在实际应用中几乎没有人会这么做，大多数团队选择的仍然是将 Spark 和 Flink 部署在 K8s 或者 Hadoop 集群中进行调度。

从历史角度看，当今大部分的大数据技术都起源于谷歌在早些年发布的名为 MapReduce：Simplified Data Processing on Large Clusters 的论文，论文中介绍了在谷歌内部如何构建大数据处理系统，这让全世界的从业者了解到原来数据还可以这么操作。由此为基础，开源社区 Apache 率先开启了"大数据时代"，围绕 Hadoop 的大数据生态应运而生：HDFS 在最开始专门为了向 Hadoop 提供分布式文件系统而存在，同时与 MapReduce 同名的第一代分布式计算框架诞生。

MapReduce 作为第一代分布式计算框架已经实现了它的历史意义，毕竟它将软件行业带入了大数据时代。但它自身的一些设计缺陷也让它慢慢无法满足越来越复杂的场景需求，因此在后续出现了很多开源项目尝试取代 MapReduce。目前最为流行的就是 Spark 和 Flink 这两个开源项目。Spark 和 Flink 本身的侧重点也不一样，Spark 在批处理场景的表现更加优秀，而 Flink 目前在流计算方面几乎处于统治地位。

在分布式存储领域，HDFS 也不再只服务于 Hadoop，越来越多的团队开始选择 K8s 或其他软件作为 Spark 和 Flink 的运行载体，它们会把计算结果保存在 HDFS 中，这使得 HDFS 可以脱离 Hadoop 而独立存在。同时 HDFS 也存在一定的局限性，例如它的设计是专门为超大数据准备的，所以内部实现上会默认以 128MB 为一个分片进行存储，即便用户的数据不足 128MB 也会按照 128MB 进行存储和计算。这意味着，对海量小数据场景来说 HDFS 不再是一个合适的选择。基于种种原因，像 Ceph 和 GlusterFS 这样的分布式存储项目也慢慢流行了起来。对此感兴趣的读者可以自行在网络中搜索相关资料。

9.1.6　小结

随着互联网的普及，大数据技术的重要性已经被越来越多的企业所认可，数据挖掘、隐私计算、AI 等都需要大数据技术作为基础，相应地，对测试人员的需求也越来越多，感兴趣的读者可以深入学习这个领域的知识。不过大数据是一个十分复杂的领域，所以本书只针对必要的内容进行介绍，这些内容足以让大家理解本章要讲解的云原生与大数据架构的结合。

9.2　K8s 中的分布式计算

在传统的技术实现中，技术团队需要搭建独立的 Hadoop 集群来支持分布式计算程序的运行。用户使用时只有将由 Spark、MapReduce 和 Flink 等构建的应用程序打成一个可执行的包，然后使用客户端把这个包上传到 Hadoop 集群中才能运行分布式计算程序。所有数据都存储在 HDFS 集群中，应用程序想要读写文件时也需要调用对应的客户端来完成。在相当长的一段时间里，大部分团队都使用这种模式来支持大数据业务。但大数据的业务越来越复杂，人们逐渐发现了这种模式的一些弊端，这里简单列举两个比较明显的弊端。

- K8s 与 Hadoop 扮演的角色重叠。从某些角度分析，Hadoop 和 K8s 负责的事情非常类似。分布式计算的核心逻辑是由 Spark 和 Flink 这样的框架完成的，Hadoop 集群更像是一种管理机器资源的软件。例如，在使用 spark-submit 工具向 Hadoop 集群提交 Spark 程序时需要指定并行度、执行器数量、CPU 以及内存等参数，相当于通知 Hadoop 需要多少资源来完成本次的分布式计算，而 Hadoop 就会协调集群内的机器资源，根据配置分配一台或多台机器执行本次任务。不知大家是否已经意识到，K8s 在某种程度上也在做这样的事情，用户提交一个任务到 K8s 中，K8s 也会根据相关参数协调集群资源并进行调度。所以，如果团队需要同时维护 K8s 和 Hadoop 集群，将会大大提升系统的复杂度，无疑是一种资源的浪费。Hadoop 集群和 K8s 集群分属两套不同的系统，它们之间无法共享资源，无法利用各种策略来提升资源利用率。而 Hadoop 作为一个比较旧的集群软件，它在各项调度策略和资源策略上相比 K8s 都略有不足。

- 底层存储的兼容能力。大数据领域发展至今天已经不再是 HDFS 一家独大了，各种优秀的存储项目崭露头角。很多团队在为客户提供大数据能力时都需要对接客户现有的存储系统（如 Ceph、GlusterFS 和 HDFS 等），这使团队每次对接新的存储系统时都不得不对代码做出非常大的改动。这是因为针对不同的存储系统，开发人员需要在代码中显式调用对应的客户端和接口，并且每种存储系统可能有不同的逻辑需要处理。所以，存储与计算分离的架构越来越多地被从业人员提起。

基于以上原因，近几年大数据技术与 K8s 的融合变得越来越流行，其中 Spark On K8s 和 Flink On K8s 比较常见，它们的官方团队推出了各种机制来完善在 K8s 中调度大数据程序的解决方案，K8s 官方团队也陆续与各大分布式存储厂商合作，使得在 K8s 中对接各种分布式存储系统的方式变得更加统一和便捷。

9.2.1　K8s 中的存储

为了消除上文列举的第二个弊端，系统需要向用户提供一种统一的文件操作方式，这种方式可以兼容大多数的存储设备。对此，K8s 的解决方案是把所有的存储设备都以卷的形式挂载到容器中，这样在应用的视角中，它只是对本地文件进行读写操作，并不关心挂载的卷是 Ceph 的还是 NFS（network file system，网络文件系统）的。通过这种方式就可以对应用和存储设备进行解耦，后续对接客户不同的存储设备时，只需要修改 K8s 中对应的配置而无须修改程序代码。

用户在创建 Pod 时可以声明不同类型的卷，在 Pod 中的每个容器都可以把卷挂载到容器的某个目录中，如代码清单 9-1 所示。

代码清单 9-1　K8s 中的卷

```
apiVersion: v1
kind: Pod
metadata:
  name: test-pod
spec:
  containers:
  - image: busybox
```

```
    name: test-hostpath
    command: [ "sleep", "36000" ]
    volumeMounts:
    - mountPath: /root/data
      name: test-volume
volumes:
- name: test-volume
  hostPath:
    path: /data
    type: Directory
```

代码清单 9-1 中在 Pod 维度声明了一个 hostPath 类型的卷，该类型的卷的功能与 Docker 的-v
参数的类似，主要用于用户宿主机目录的挂载。在 Pod 中的容器可以通过 volumeMounts 字段显式
地把该卷挂载到容器目录中。而在 K8s 中主要存在以下 4 种类型的卷。

- emptyDir：一种简单的空目录，常用于临时存储需求，在 Pod 被销毁后该目录会被清理掉。
  它主要应用于在一个 Pod 中的多个容器之间共享临时文件，例如通过共享日志文件来让
  filebeat 容器进行日志的收集。
- hostPath：将主机某个目录挂载到容器中，常用于对容器中的数据进行持久化。不过需要
  注意的是，该策略把数据全部持久化在固定的一个节点中，所以使用 hostPath 类型的卷经
  常需要配合调度策略把 Pod 固定在一个节点中。
- ConfigMap 和 Secret：特殊类型的卷，将 K8s 特定的对象类型挂载到 Pod 中。
- persistentVolumeClaim：K8s 的持久化存储类型，它是本节重点介绍的内容。

在 K8s 中想要将数据进行持久化最简单便捷的方式就是使用 hostPath 类型的卷，这一点与
Docker 的使用场景是一致的。hostPath 类型的卷的缺点是它将数据保存在了固定的节点中，不过
目前很多分布式存储系统都支持直接挂载到 Linux 系统中。例如 Ceph 支持以核心驱动（kernel
driver）和 FUSE（一种用户空间的文件系统）的形式挂载在 Linux 中的某个目录上，从用户的视
角来看这个目录跟本地目录没有什么区别，只不过该目录下所有的文件都是保存在 Ceph 中的。这
样用户只需要在 K8s 集群中的每个节点的相同路径下都进行挂载，就可以解决使用 hostPath 类型
的卷必须与固定节点绑定的问题了，如图 9-3 所示。

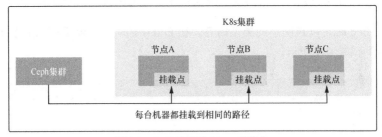

图 9-3　Ceph 挂载到 Linux 系统中

很多团队在初期都会选择使用图 9-3 中描述的方案，因为它足够简单，不需要增加额外的能
力。但事实上随着项目的发展，几乎所有团队都会选择弃用该方案，因为该方案虽然解决了 hostPath

类型的卷与固定节点绑定的问题，但它仍然有其他的缺陷，具体如下。

- 数据安全问题。没有权限控制机制，任何挂载了目录的 Pod 都可以拥有读写权限，甚至登录节点的用户也可以对数据进行任意操作。
- 容量规划问题。hostPath 类型的卷无法限制 Pod 能够使用的磁盘空间大小。
- 运维成本问题。该方案需要在集群中所有节点的相同路径下进行挂载，一旦集群规模很大，将十分麻烦。

为了让用户能有更好的体验，K8s 提供了基于 Persistent Volume（以下简称 PV）和 Persistent Volume Claim（以下简称 PVC）的持久化存储概念。其中 PV 描述的是持久化存储卷，这个对象主要定义的是一个持久化存储的相关配置。例如，当用户需要使用 NFS 存储时，可以向 K8s 提交代码清单 9-2 中描述的文件。

代码清单 9-2　NFS 的 PV

```
apiVersion: v1
kind: PersistentVolume
metadata:
  name: nfs
spec:
  storageClassName: manual
  capacity:
    storage: 10Gi
  accessModes:
    - ReadWriteMany
  nfs:
    server: 10.222.10.44
    path: "/"
```

PV 可以看作一种卷资源的声明，它一般由运维人员事先创建好。需要注意的是，它是不能被 Pod 直接使用的。当用户需要的时候可以创建一个名为 PVC 的对象进行申请，如代码清单 9-3 所示。

代码清单 9-3　PVC

```
apiVersion: v1
kind: PersistentVolumeClaim
metadata:
  name: nfs
spec:
  accessModes:
    - ReadWriteMany
  storageClassName: manual
  resources:
    requests:
      storage: 10Gi
```

代码清单 9-3 中描述的 PVC 想要与 PV 进行绑定需要遵循一些规则，具体如下。

- PV 和 PVC 中的 spec 字段需要匹配，例如 PV 中定义的存储大小需要满足 PVC 申请的要求。
- PV 和 PVC 的 storageClassName 字段内容必须相同（这个字段的作用后面会详细讲解）。

在成功地将 PVC 和 PV 进行绑定后，Pod 就可以像使用 hostPath 类型的卷一样进行挂载工作了，用户需要做的是在 volumes 字段中声明一个 persistentVolumeClaim 类型的卷，如代码清单 9-4 所示。

代码清单 9-4　文件挂载

```
apiVersion: v1
kind: Pod
...
spec:
  containers:
  - name: server
    image: nginx
    volumeMounts:
        - name: nfs
          mountPath: "/usr/share/nginx/html"
  volumes:
  - name: nfs
    persistentVolumeClaim:
      claimName: nfs
```

事实上，PV 在 K8s 中作为持久化卷方案，它在卷挂载方面与 "hostPath 类型的卷 + 宿主机" 挂载远程存储方案的作用是一样的。当一个 Pod 被调度到一个节点后，该节点的 kubelet 进程就会在宿主机中为 Pod 创建对应的 volumes 路径，规则如代码清单 9-5 所示。

代码清单 9-5　kubelet 挂载卷的规则

```
/var/lib/kubelet/pods/<PodID>/volumes/kubernetes.××~<Volume Type>/<Volume Name>
```

接下来，kubelet 进程会根据卷的类型执行不同的操作，在当前的案例中使用 NFS 存储，NFS 存储的过程比较简单，kubelet 进程会直接使用 mount -t nfs <NFS 服务器地址> <卷目录>这样的形式创建一个远程 NFS 目录的挂载点。从这个角度看，PV 和图 9-3 所描述的方案其实是相似的，只不过在 PV 的方案里挂载点的创建与销毁是由 K8s 自身维护的，当 Pod 被重新调度到新节点时，K8s 会清理旧节点中的卷并在新节点中创建同样的卷，整个过程无须用户参与。

PV 一般只有由运维人员或开发人员事先创建好后 Pod 才能够使用，这样的流程在一个庞大的系统里是非常麻烦的，所以用户在创建 PVC 来申请资源的时候，系统是否能自动创建对应的 PV 与之绑定呢？为了解决这个问题，K8s 提供了一套名为 Dynamic Provisioning 的机制。该机制的核心是一个名为 StorageClass 的对象，大家可以把它理解为一个创建 PV 的模板。用户创建 PVC 时会指定某个 StorageClass（storageClassName 或 annotation 字段），而 K8s 对应的控制器就会根据 StorageClass 的配置为 PVC 创建 PV 并与之进行绑定。一个 NFS 的 StorageClass 如代码清单 9-6 所示。

代码清单 9-6　StorageClass

```
apiVersion: storage.k8s.xx/v1
kind: StorageClass
metadata:
  name: nfs
provisioner: example.com/external-nfs
parameters:
  server: 10.222.10.44
  path: /share
  readOnly: "false"
```

在 K8s 中，对接不同的存储服务需要使用不同的插件，K8s 目前已经拥有 20 多种内置的存储插件，大多数情况下不需要额外安装。如果遇到了不支持的存储服务，用户可以访问对应服务的官方网站来下载对应的插件，也可以根据容器存储接口（container storage interface，CSI）开发自己的插件。

至此，K8s 存储能力的核心内容介绍完毕，这种模式的优点是在项目中只需要个别开发人员和运维人员维护 CSI 插件和 StorageClass（远程存储的复杂配置和操作都在这里维护）时，应用的开发人员只需要像对待本地存储一样对其进行开发即可。

9.2.2　Spark Operator

在 K8s 中，提交 Spark 任务主要有以下 3 种方式。

- 在 K8s 中部署 Spark Cluster，通过正常的方式将 Spark 任务提交到集群中。
- 利用 spark-submit 命令把 Spark 任务提交到 K8s。这利用了 Spark 原生的能力，需要下载支持 K8s 特性的 Spark 安装包。
- 在 K8s 中部署 Spark Operator，用户创建该 Operator 定义的 CRD 来提交 Spark 任务。

上述 3 种方式中，大多数团队会更倾向于部署 Spark Operator，这也是本节主要介绍的方式，对其他两种方式感兴趣的读者可以查看 Spark 官方网站的相关内容。

在 K8s 中部署 Spark Operator 比较简单，可以通过 helm 仓库进行安装，如果因为网络原因导致镜像下载受阻，可以考虑从国内的镜像仓库中下载镜像并将其上传到私有镜像仓库，然后修改 Spark Operator 的配置文件即可。大家可以在 GitHub 搜索 Spark Operator 的开源项目，里面有详细的安装文档，这里不赘述。

部署好 Spark Operator 后，用户可以提交一个名为 SparkApplication 的自定义对象，其定义如代码清单 9-7 所示。

代码清单 9-7   SparkApplication 的定义

```yaml
apiVersion: "sparkoperator.k8s.××/v1beta2"
kind: SparkApplication
metadata:
  name: pyspark-pi
  namespace: default
spec:
  type: Python
  pythonVersion: "3"
  mode: cluster
  image: "gcr.××/spark-operator/spark-py:v3.1.1"
  imagePullPolicy: Always
  mainApplicationFile: local:///opt/spark/examples/src/main/python/pi.py
  sparkVersion: "3.1.1"
  restartPolicy:
    type: OnFailure
    onFailureRetries: 3
    onFailureRetryInterval: 10
    onSubmissionFailureRetries: 5
    onSubmissionFailureRetryInterval: 20
  driver:
    cores: 1
    coreLimit: "1200m"
    memory: "512m"
    labels:
      version: 3.1.1
    serviceAccount: spark
  executor:
    cores: 1
    instances: 1
    memory: "512m"
    labels:
      version: 3.1.1
```

代码清单 9-7 所示是一个提交 PySpark（通过该库可以使用 Python 编写的 Spark 程序）任务的官方案例，其中大部分字段看名字就可以知道其含义。需要说明的是，驱动程序和执行器是 Spark 内部的概念，主要用来设置分布式计算的资源配额，其中每个执行器都会对应创建一个 Pod 来执行任务，Spark 正是通过这种机制将一个大任务拆分成多个小任务并将它们分布在集群内的多个节点中来加速计算过程的（即分布式计算的原理）。更详细的内容会在 9.3 节中介绍。

在 Spark 程序执行时，如果需要加载远程存储的数据或代码，可以利用 PVC 来进行目录挂载，如代码清单 9-8 所示。

代码清单 9-8   程序执行时挂载外部数据

```yaml
...
spec:
  volumes:
    - name: spark-data
      persistentVolumeClaim:
        claimName: my-pvc
```

```
      - name: spark-work
        emptyDir: {}
  driver:
    volumeMounts:
      - name: spark-work
        mountPath: /mnt/spark/work
  executor:
    volumeMounts:
      - name: spark-data
        mountPath: /mnt/spark/data
      - name: spark-work
        mountPath: /mnt/spark/work
...
```

提交 SparkApplication 后可以在 K8s 中看到一个名为 spark-pi-driver 的 Pod 和一个名为 spark-pi-executor 的 Pod，它们分别是 Spark 运行任务的驱动程序和执行器。程序运行结束后，执行器 Pod 被销毁，驱动 Pod 会变成 Completed 状态。

9.2.3 小结

本节主要通过 Spark on K8s 的案例来简单介绍一下如何在 K8s 集群中运行大数据任务，实际上 K8s 只起到资源管理的作用，关键的能力还是需要由分布式计算框架实现。

9.3 Spark 基础

在传统的测试实践中，测试人员更加偏向黑盒的测试方法，虽然很多测试类型需要编写代码，但这些测试类型的思路仍然是黑盒测试的思路，从事白盒测试工作的测试人员较少，毕竟白盒测试的门槛和成本都较高。在大部分的团队中都偏向于让开发人员来完成这部分工作，测试人员则更多从用户视角来验证整个产品的业务流程，这就造成了开发人员和测试人员发展出几乎完全不同的技术路线。相当多的测试人员认为不需要懂得开发的技术内容也可以很好地完成工作，这也确实是符合大部分事实的说法。但在某些领域，这个说法并不是完全正确的。在大数据领域就是如此，由于场景中数据量十分庞大，测试人员需要用大数据技术构建测试数据、设计场景用例以及验证数据结果等，例如以下场景。

- 产品在生产环境中每天会生成超过 1TB 甚至更多的数据，测试人员要如何保证这部分数据的质量？通用的思路应该是编写一个脚本去一行一行地扫描这些数据，在脚本中定义一些规则来检测数据是否出现异常。但问题是用一个串行的脚本去处理数量如此庞大的数据需要多久？
- 很多商业大数据产品都需要对接市面上大部分的数据库类型，从客户的各种数据源中采集数据是构建数据仓库或者数据湖必要的步骤。所以，测试人员需要模拟在各种数据源中创建海量的数据以测试产品的功能和性能。那么测试人员要如何构建如此庞大的数据？

- 在隐私计算、大数据、机器学习等领域的业务中，测试人员经常需要测试各种算子的性能表现，那么影响大数据程序性能的因素都有哪些？哪些种类的数据会给产品带来毁灭性的打击？测试人员要如何设计对应的测试场景？

毫无疑问的是，测试人员同样需要掌握大数据技术来应对上述的各种问题。

9.3.1 搭建本地环境

搭建 Spark 的学习环境很简单，因为 Spark 支持本地运行模式，所以无须事先搭建 K8s 或者 Hadoop 集群，这也为初学者提供了非常便利的学习方式。大家只需要从官方网站下载对应版本的包并对其进行解压即可，执行 bin/pyspark 后就可以进入 Spark 的 Python shell，可以通过运行代码清单 9-9 所示的内容来验证环境是否正常。

代码清单 9-9 第一个 PySpark 程序

```
lines = sc.textFile("README.md")
print lines.first()
```

代码清单 9-9 中通过 sc.textFile 方法读取一个 Markdown 格式的文件并输出文件的第一行。PySpark shell 是一个使用起来非常方便的工具，但如果大家还是习惯使用 IDE 编写代码，可以选择按照以下步骤在 PyCharm 中配置 PySpark shell 的运行环境。

（1）在 PyCharm 找到 "Project Structure" 并添加解压后的 Spark 目录中的 Python 目录。

（2）选择 "Run" → "Edit Configurations"，分别添加 SPARK_HOME 环境变量为解压后的 Spark 目录，以及 PYTHONPATH 环境变量为 Spark 目录中的 Python 目录。

通过上述步骤就可以在 PyCharm 中运行 Spark 程序了。

9.3.2 Spark 的运行机制

在 Spark 的程序中需要一个全局的驱动（driver）程序在集群中发起并行的多个操作，它负责分析应用代码，准备 Spark 应用的运行环境，维护全局的上下文配置，与集群通信以申请资源，以及实施对任务的监控等工作。而具体执行分布式计算则是执行器（executor）的责任，驱动程序会根据用户提交任务时填写的参数在集群中创建对应数量的执行器，并把任务拆分后分配到不同的执行器中运行。Spark 在向集群提交任务时需要指定驱动程序和执行器的数量、CPU、内存等参数，这也对应了代码清单 9-7 中的配置参数。

用户在提交任务时填写的执行器数量并不代表任务执行的并行度，因为执行器中并不是只运行一个任务，Spark 会根据数据的分片数量来启动同样数量的任务（task）。而决定数据分片数量的因素比较多，用户可以手动指定，也可以根据不同的算子特性分片。数据分片的数量会在很大程度上影响整个任务的执行性能。这部分内容后文会详细讲解，图 9-4 描述了它们之间的关系。

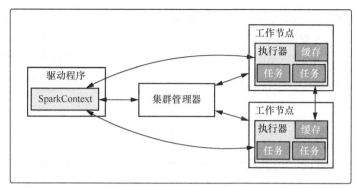

图 9-4　Spark 的运行机制

代码清单 9-10 描述了一个 Spark 程序的代码片段，其中 SparkContext 负责维护 Spark 运行环境的上下文。

代码清单 9-10　PySpark 案例

```python
from pyspark import SparkContext, SparkConf

logFile = "/Users/cainsun/tools/spark-3.0.3-bin-hadoop2.7/README.md"
conf = SparkConf().setMaster("cluster").setAppName("My App")
sc = SparkContext(conf = conf)
logData = sc.textFile(logFile)

numAs = logData.filter(lambda s: 'a' in s).count()
numBs = logData.filter(lambda s: 'b' in s).count()
temp = logData.first()

print(temp)
print("Lines with a: %i, lines with b: %i" % (numAs, numBs))
```

当驱动程序在解析代码清单 9-10 中的代码时，会发现程序通过 sc.textFile 从某个路径加载文件生成了一个弹性分布式数据集（resilient distributed dataset，RDD），并使用 filter 方法进行过滤后通过 count 方法计算数据的行数。所以，驱动程序会根据这个 RDD 的分区数量在所有执行器启动同样数量的任务，每个任务只负责一个分区的计算工作。当所有执行 filter 操作的任务执行完毕后再开始使用 count 方法计算行数，并将每个任务计算的行数累加在一起得到最终结果。

以上就是一个 Spark 程序在集群中执行的流程了，请大家牢记这个流程，在后续讲解测试场景和造数工具时都需要对该流程有深刻的理解。

9.3.3　RDD 基础

RDD 是 Spark 定义的分布式数据集，可以暂时理解为一个 RDD 就对应一份数据。之所以把它定义为分布式数据集，是因为每个 RDD 都由多个分区组成，这些分区可能保存在不同的机器中。影响一份数据到底会被划分为多少个分区的因素有很多，在 Spark 读取一份数据时默认会按 64 MB

划分一个分区（当数据不足 64 MB 时也会按 64 MB 进行保存），用户可以手动指定分区的数量。这个设计是标准的分布式存储的解决思路，读者可以暂时将其理解为每个分区就是一个小的数据文件，所有的分区可以汇聚成一个完整的分布式数据集。分区的概念十分重要，其数量决定了 Spark 程序的并行度（在资源充足的前提下），所以设计 Spark 程序时需要充分考虑分区的情况，这在性能测试时尤为重要。

在 Spark 中，用户可以使用以下两种方式创建 RDD。

- 通过类似 sc.textFile 的方式从存储设备中读取一个文件并生成 RDD。代码清单 9-9 使用的就是这种方式。
- 通过内存中的一个列表初始化 RDD，这通常用于单元测试或者构建测试数据。例如，通过 lines = sc.parallelize(["pandas", "i like pandas"]) 初始化一个名为 lines 的 RDD。

RDD 被初始化后就可以使用各种算子去处理并分析数据，这些算子被分为 transformation 和 action 两种类型。

- transformation：transformation 算子会返回一个新的 RDD 而不是在原有的 RDD 上进行更改，这一点非常重要。在 Spark 中 RDD 是无法被更改的，只能从原有 RDD 的基础上派生新的 RDD。大多数 transformation 算子都是逐行处理的，例如在代码清单 9-10 中使用的 logData.filter(lambda s: 'a' in s)，该算子会遍历 RDD 中的每一行，并把所有包含字母 a 的数据过滤出来生成新的 RDD。
- action：与 transformation 算子不同的是，action 算子主要用于计算最终结果，它并不返回新的 RDD，而是直接输出一个计算结果。例如，在代码清单 9-10 中的 logData.filter(lambda s: 'a' in s).count()，其中 count 方法就是一个 action 算子。

区分 transformation 算子和 action 算子最简单的方法就是查看该算子是否返回一个 RDD，如果返回 RDD 则是 transformation 算子，返回其他结果的就是 action 算子。区分这两者也是比较重要的，因为 Spark 使用的是延迟计算，也就是说 Spark 在运行时解析到 transformation 算子时并不会真正执行这段逻辑，而是记录这个 RDD 的计算轨迹。用户可以针对一个 RDD 调用数个 transformation 算子，这些都不会让驱动程序触发真正的计算过程，直到该 RDD 碰到第一个 action 算子才会开始真正执行，这是 Spark 的一种优化手段。

常见的 transformation 算子有 map（逐行处理）、filter（过滤）、groupby（分组）等，其中 map 算子在本章占据非常重要的地位，因为它是造数工具的核心算子。map 算子的使用方法如代码清单 9-11 所示。

代码清单 9-11　map 算子的使用方法

```
nums = sc.parallelize([1, 2, 3, 4, 5 ,6])
squared = nums.map(lambda x: x * 2)
```

在代码清单 9-11 中，map 算子将会根据参数中的 lambda 逐行处理数据并返回一个新的 RDD：[2, 4, 6, 8, 10, 12]。常见的 action 算子多用于对最终结果的处理，包括 count（计算总数）、reduce（合并计算）、first（返回第一条数据）、saveAsTextFile（文件保存）等。

9.3.4 小结

Spark 本身是一门非常艰深的技术，但它不是本书的重点，所以这里只讲解了 Spark 与后续造数工具和性能测试相关的内容。

9.4 典型测试场景介绍

大数据产品的测试场景与传统产品的有诸多不同，而传统的测试方法在庞大的数据量面前已经无能为力。例如，在传统的测试场景中测试人员通常会向被测程序输入固定的数据，然后通过详细检查程序输出的每个数据来判断程序是否符合预期。而在大数据的场景中，不论是输入的数据的数量还是输出的数据的数量都可能以千万甚至亿为单位，此时想要详细检查每一行的数据是否符合预期就变得不太现实了。在本节，我们将介绍一些典型的测试方法。

9.4.1 shuffle 与数据倾斜

混洗（shuffle）是所有分布式计算中非常核心的概念，也是决定计算任务性能的关键因素之一。开发人员都会在程序中尽量避免使用会触发混洗的操作，因为混洗是业界公认的性能杀手。

在讲解混洗之前需要了解大多数场景下 RDD 可以拥有自己的 schema 定义，如果把 RDD 看作一张表，那么 schema 就是这张表的列信息。普通的 RDD 是不带有 schema 属性的，用户需要创建键值对类型的 RDD 或者将 RDD 转换成 DataFrame（可以理解为一种特殊的 RDD）。这些 RDD 可以使用对应的 transformation 算子来根据列信息对数据进行处理，如代码清单 9-12 所示。

代码清单 9-12　countByKey 的使用方法

```
rdd = sc.parallelize(['book', 'map', 'book', 'map', 'map'])
print(rdd.map(lambda x: (x, 1)).countByKey())
```

在代码清单 9-12 中，RDD 通过 map 算子生成了一个键值对形式的 RDD，于是该 RDD 便可以使用 countByKey 去进行聚合计算。该代码的运行结果是{'book': 2, 'map': 3}。除了 countByKey，Spark 还提供了很多内置算子来实现类似的操作，如 reduceByKey 和 groupByKey。大家是否有思考过 Spark 是通过何种机制来实现数据的分组计算的？例如使用 groupByKey 针对 RDD 数据进行分组时，Spark 内部是如何优化这个计算过程的？这便涉及混洗的概念。

对分布式计算来说，网络通信的开销是十分昂贵的。所以，Spark 在开始真正的计算之前便把拥有相同键的数据汇聚到了同一个分区中，这样算子在计算时就会发现需要的数据都保存在了本地，因此可以节省很多的网络开销。例如，当代码清单 9-12 中的 RDD 执行 groupByKey 时，Spark 会把所有键为 book 的数据分配到分区 A 中，而将键为 map 的数据分配到分区 B 中，如图 9-5 所示。

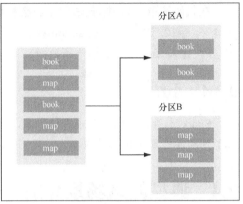

混洗出现的本意是提升分布式计算的执行效率，但其特性会带来数据倾斜的问题。大家试想一下，根据混洗的特性，所有拥有相同键的数据都会集中在一个分区中，那如果一份数据中键的分布并不均匀会发生什么现象？这势必会让各个分区中的数据量相差甚大。例如，在一份用户数据中男性占比为 10%，女性

图 9-5 混洗的过程

占比为 90%，这时如果针对性别这一列执行 groupByKey，在 Spark 中就会出现一个分区只拥有 10% 的数据（男性）而另一个拥有 90% 的数据（女性）。这种数据分布已经违反了分布式计算的初衷，因为分布式计算的优势是**分而治之**，把一个大数据拆分成若干小数据分布在不同的机器运行才能发挥分布式计算的优势。这种由数据分布不均匀导致的情况我们称为**数据倾斜**，在混洗执行后会出现大部分分区中的数据很少，少部分分区中的数据很多的情况。这样在执行后续计算时即便数据量少的分区可以很快执行完成，但它们都需要等待数据量大的分区执行完毕，此时便出现了**长尾现象**。

数据倾斜是分布式计算的性能杀手，在极端情况下几乎会让程序变成**单机计算**。但数据倾斜又是不可避免的，所以开发人员都会尽力地避免调用会产生混洗行为的算子，也会通过其他各种方法减少混洗带来的影响。不少测试人员也会反馈，明明在测试环境中没有发现问题，但一到生产环境就出现了性能瓶颈。这是因为很多测试人员在测试时没有考虑到数据的分布，只是单纯构造了一个随机的数据集或者随意地从生产环境中采集了一部分数据。所以，测试人员需要调研清楚生产数据的实际分布情况并结合产品特点创建测试数据集，熟悉自家产品数据分布的特点是每个数据领域的测试人员必备的能力。

9.4.2 分区对性能的影响

在本章前面的内容中总是会见到分区的影子，因为它确实非常重要。目前，大家已经知道分布式存储和计算的原理是分而治之，系统需要把一个大文件拆分成若干小文件并将它们保存在不同的机器中，而分区就可以暂且理解为那一个个的小文件。分区的数量决定了 Spark 程序的并行度，有多少分区，Spark 在计算时就会启动多少个任务进行计算。同时，分区中的数据如果分布不均匀（造成数据倾斜）也会严重影响 Spark 的运行速度，所以分区实际上与 Spark 的性能是息息相关的。

那么基于以上理论，请大家思考一下是否分区的数量越多，Spark 的执行性能就越高呢？答案是否定的。虽然分区数量的增多可以增加任务的并行度，但也增加了各种资源的开销。如果分区数量过多会导致每个分区中的数据非常少，这样就不值得让 Spark 专门分配一个独立的任务进行

处理了（提升的收益会低于维护任务的成本）。如果一个只有 1 万行数据的文件被拆分到了 1 万个分区中，也就是一个分区只有一行数据，那么执行计算时会在集群中启动 1 万个任务，每个任务处理一行数据。很明显这种情况不仅没有提升计算速度，还可能导致集群卡死。所以分区的数量需要规划成一个比较合适的值，但比较遗憾的是，分区数量并不是完全受用户控制的。影响分区数量的因素有很多，这里列举几个主要的因素。

- Spark 读取数据时默认按 64 MB 划分一个分区，数据不足 64 MB 也会按一个分区处理。
- 受原来的存储系统影响，有些文件在保存时就已经被切分成很多个小文件了。按照第一条规则，这些小文件不足 64 MB 也会被当作一个分区，系统并不会自动将小文件合并。
- 用户可以显式地调用 repartition 算子重新规划分区。
- 创建 RDD 时可以指定分区的数量。
- 混洗操作会导致新的分区分布产生，会产生多少分区取决于原始文件的数据分布情况，例如有 1 万个键，那就会生成 1 万个分区。

在执行一个分布式计算任务的前后，都需要检查分区的数量是否合理，如果存在过多的小文件则需要执行相关的程序对其进行合并。过多的小文件不仅会浪费计算资源，还会浪费存储资源，很多分布式存储都有一个最小的存储单位，例如 HDFS 中的 block 默认的大小为 128 MB，即便文件实际占用很少的存储资源也会按 128 MB 处理，这也是 HDFS 不适合海量小文件场景的原因。测试人员也需要构建海量的小文件来验证产品是否有能力处理好这种场景。

9.4.3 多种数据源的对接

对企业来说，构建数据仓库和数据湖是很常见的需求，企业的管理者希望能从海量的数据中提取具有商业价值的信息以帮助自己进行决策。例如需求会从最初非常粗放的了解"昨天的收入是多少""上个月的页面浏览量是多少"，逐渐演化到非常精细和具体的用户分析，如"20～30 岁女性用户在过去 5 年的第一季度化妆品类商品的购买行为与公司进行的促销活动方案之间的关系"。这类非常具体且能够对公司决策起到关键性作用的数据，基本很难从业务数据库中调取出来，主要原因可能有以下 3 点。

- 业务数据库中的数据结构是为了完成交易而设计的，不是为了查询和分析的便利而设计的。
- 业务数据库大多是读写优化的，既要读（查看商品信息），也要写（产生订单、完成支付），并且其能够存储的数据量是有局限性的，所以对于大数据的读取和分析能力的支持是不足的。
- 企业需要大量的数据来进行分析，但这些数据不都是存在于关系数据库中的，数据可能来自消息中间件也可能来自日志系统，所以企业在分析的时候需要对接多种数据源。

综上所述，在这个阶段的企业不会再用 MySQL 这种关系数据库来构建数据仓库，而会使用对应的分布式计算技术来构建数据仓库（例如 Hive 是业界非常常用的构建数据仓库的技术）。一般的大数据产品都会提供构建数据仓库的能力，而构建数据仓库的第一步就是考虑如何从各种数据源中把业务数据导入数据仓库,这其中还需要清洗和过滤数据、多表拼接、规范 schema 等 ETL (extract-transform-load,提取-转换-加载)流程。而测试人员需要保证这个过程的功能、性能、可用性等。因为团队需要在测试环境中构建很多种数据源,每种数据源还有不同的版本和配置,所以在这么多的数据源中构建庞大的数据集是十分耗时耗力的。

9.4.4 功能测试与数据质量监控

之所以把功能测试与数据质量监控放在一起进行介绍,是因为它们的测试方法是类似的——**通过编写程序去扫描数据是否符合预设的规则**。这个方法既适用于批处理也适用于流计算,只不过根据场景的不同,扫描程序的编写方式和技术选型不太一样,可以使用 Spark 来针对离线数据进行扫描,也可以编写 Flink 这样的流计算程序去监控在线数据质量,如果数据量足够小,只编写一个单线程的脚本也是可以接受的。

ETL 是大数据业务中常见的逻辑,不管用户是需要进行数据分析,还是需要为机器学习任务提取特征,都需要使用 ETL 程序对原始数据进行处理。这里以 ETL 场景为例进行介绍。一般来说,在测试中输入一份数据,经过 ETL 程序处理后,再验证输出的数据是否被正确处理是典型的黑盒测试思路,只不过某些场景中数据量过于庞大,导致传统的验证数据的方法行不通。

面对上述场景,项目中常用的方案是根据业务逻辑指定若干验证规则,再将这些规则编写成扫描程序进行模糊的验证。例如,在机器学习的业务中存在一个用于数据拆分的 ETL 程序,它的逻辑可能是按一定的规则把数据拆分成训练集和验证集。这条规则可以由用户制定,常用的方法是以某个时间点为基准,早于这个时间点的数据作为训练集,晚于这个时间点的数据作为验证集。此时,测试人员需要编写对应的扫描程序来根据这条规则判断数据集是否拆分正确。数据扫描的自动化测试用例的代码片段如代码清单 9-13 所示。

代码清单 9-13 数据扫描的自动化测试用例

```
@Features(Feature.ModelIde)
@Stories(Story.DataSplit)
@Description("使用 PySpark 验证随机拆分中的分层拆分")
@Test
public void dataRandomFiledTest(){
    String script = "# coding: UTF-8\n" +
        "# input script according to definition of \"run\" interface\n" +
        "from trailer import logger\n" +
        "from pyspark import SparkContext\n" +
        "from pyspark.sql import SQLContext\n" +
        "\n" +
        "\n" +
        "def run(t1, t2, context_string):\n" +
        "    # t2 为原始数据, t1 为数据拆分算子根据字段分层拆分后的数据\n" +
        "    # 由于数据拆分是根据 col_20 这一列进行的,因此在这里分别\n" +
        "    # 对这两份数据进行分组并统计每一个分组的计数。由于这一列是 label\n" +
```

```
"        # 因此其实只有两个分组，分别是 0 和 1\n" +
"        t2_row = t2.groupby(t2.col_20).agg({\"*\" : \"count\"}).cache()\n" +
"        t1_row = t1.groupby(t1.col_20).agg({\"*\" : \"count\"}).cache()\n" +
"        \n" +
"        \n" +
"        t2_0 = t2_row.filter(t2_row.col_20 == 1).collect()[0][\"count(1)\"]\n" +
"        t2_1 = t2_row.filter(t2_row.col_20 == 0).collect()[0][\"count(1)\"]\n" +
"        \n" +
"        t1_0 = t1_row.filter(t1_row.col_20 == 1).collect()[0][\"count(1)\"]\n" +
"        t1_1 = t1_row.filter(t1_row.col_20 == 0).collect()[0][\"count(1)\"]\n" +
"        \n" +
"        # 数据拆分算子是根据字段按照 1：1 的比例对数据进行拆分的，所以 t1 和 t2\n" +
"          的每一个分组中的数据量\n" +
"        # 都应该只有原始数据量的一半\n" +
"        if t2_0/2 - t1_0 >1:\n" +
"            raise RuntimeError(\"the 0 class is not splited correctly\")\n" +
"        \n" +
"        if t2_1/2 - t1_1 >1:\n" +
"            raise RuntimeError(\"the 1 class is not splited correctly\")\n" +
"\n" +
"        return [t1]";
```

业内经常讨论的数据质量监控实际上是同样的原理——**根据业务特点来编写一些规则去检查是否出现异常的数据**。这种场景多发生在产品的数据采集模块，例如在机器学习的业务中，为了能及时地更新模型，需要每天都从生产环境中采集最新的数据并加入模型训练，产生的新模型会替换旧模型为用户提供服务。在机器学习中这种典型的**自学习**场景还是非常常见的，如图 9-6 所示。

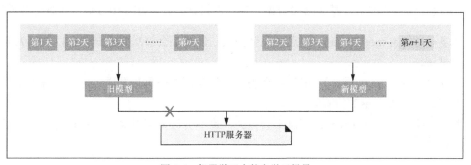

图 9-6　机器学习中的自学习场景

在这样的**自学习**场景中，测试人员需要保证每天采集到的数据的质量是没有问题的，否则错误的数据会让模型的效果有极大的偏差。此时就需要构建数据质量监控机制，及时地反馈数据异常。

9.4.5　流计算与数据一致性

数据一致性是流计算中比较典型的测试场景了，本质上它属于高可用测试的一种。测试人员需要验证在整个数据流中，这些服务的设计能否最大程度地保证数据最终的完整性和一致性，尤其是在故障场景下。

在讲解这种测试场景之前先回顾一下 Kafka 在数据一致性方面的设计（参见第 4 章），在生产者向代理推送数据的时候，用户可以设置一定次数的重试机制来防止因为网络抖动造成数据的丢失。但使用重试机制会遇到图 4-1 所示的问题。

在图 4-1 中，生产者向代理推送数据是成功的，但是在代理将数据保存后返回对应的消息给生产者时却失败了。此时如果生产者向代理发起重试请求，则会造成数据重复。为了解决该问题，Kafka 提供了幂等性生产者。幂等性生产者会在消息中加入 ProducerID 和 SequenceNumber。

- ProducerID：在每个生产者初始化时，会分配到一个唯一的 ProducerID，这个 ProducerID 对客户端使用者而言是不可见的。
- SequenceNumber：对于每个 ProducerID，生产者发送数据的每个主题和分区都对应一个从 0 开始单调递增的 SequenceNumber 值。

基于此特性，Kafka 可以判断出当前推送来的消息是否重复，从而保证数据不会被重复提交。但是它只能保证单分区上的幂等性，即一个幂等性生产者能够保证某个主题的一个分区上不出现重复消息，它无法实现多个分区的幂等性。另外，它只能实现单会话上的幂等性，不能实现跨会话的幂等性。这里的会话可以理解为生产者进程的一次运行。当重启生产者进程之后，这种幂等性保证就丧失了。所以，Kafka 后续又提供了分布式事务型生产者，这种事务型生产者能够保证跨分区、跨会话间的幂等性。

事务型生产者看上去很好，但比起幂等性生产者，它的性能要差得多，所以在实际项目中开发团队需要进行适当的取舍。基于这些数据一致性的设计，在 Kafka 中分成了 3 种一致性语义。

- 最多一次（at most once）：消息可能会丢失，但绝不会被重复发送，可以理解为完全放弃重试策略。
- 至少一次（at least once）：消息不会丢失，但有可能被重复发送，可以理解为使用了重试策略，但不保证绝对的幂等性。
- 精准一次（exactly once）：消息不会丢失，也不会被重复发送，可以理解为使用了事务型生产者。

这 3 种一致性语义不仅在 Kafka 中存在，事实上这是分布式系统通用的设计之一，很多场景就是围绕这 3 种语义开展测试方案的。需要澄清的是，不是所有场景都要保证精准一次的一致性语义，毕竟实现它的难度和性能开销还是很大的，测试人员需要找到真正适合产品的策略。

Kafka 是目前业界流计算领域最为流行的技术选型，我们可以从它在数据一致性上的设计学习到很多东西。在图 9-2 展示的流计算处理过程中，Kafka 是作为数据存储来连接用户行为数据与 Flink 的。在这个过程中，不仅 Kafka 需要保证数据的一致性，在整个数据流中都需要这样的设计，因为其中任何一个节点出现问题都可能会造成数据的不一致。

以 Flink 的设计为例，为了防止数据丢失，Flink 引入了检查点机制。检查点机制是在分布式计算中常用的容灾机制。在图 9-2 中，Flink 会按一定的策略周期性地触发检查点，把关键数据（从 Kafka 消费的 offset、当前的计算结果等）持久化到 StateBackend 服务中。当 Flink 任务因故障重启后，会从 StateBackend 中取回最近一次检查点的数据并继续进行计算。假设当前策略是每隔 5 秒触发一次检查点，整个故障恢复的过程如下。

- 在 T1 时刻，Flink 的任务触发检查点，检查点编号为 100。当前 Flink 已经从 Kafka 中消费到 offset 为 1000 的数据，所以本次检查点将 offset 编号进行持久化。
- 在 5 秒之后的 T2 时刻，Flink 的任务再次触发检查点，检查点编号为 101。当前 Flink 已经从 Kafka 中消费到 offset 为 1100 的数据，所以本次检查点将 offset 编号进行持久化，检查点执行后任务继续执行。
- 在 T3 时刻，Flink 任务由于故障重启。在故障时刻，Flink 的任务已经消费到 offset 为 1200 的数据，重启后读取最近一次的检查点结果，即 T2 时刻编号为 101 的检查点记录，从 offset 为 1100 处开始恢复计算。

想必细心的读者已经从上述步骤中看出了问题，在 T3 时刻发生故障时，Flink 任务已经计算的 offset 编号是 1200，而故障恢复时从检查点处取回的是编号为 1100 的数据。也就是说，编号 1100 到 1200 的这 101 条数据在故障发生之前就已经计算过一次并被推送到下游存储，当故障恢复后 Flink 又从 1100 开始计算，这就造成了数据的重复计算。

很遗憾的是，Flink 自身并不能完全解决这种不一致问题，这种问题需要上下游服务共同来解决，这也是数据一致性不容易解决的原因。作为测试人员，我们需要在端到端的数据流场景中在每个环节都模拟对应的故障，以此来验证系统的一致性设计。在 Flink on K8s 的方案中，Flink 的 JobManager 和 TaskManager 都会以 Pod 的形式调度在 K8s 集群中，所以大家可以使用在第 4 章介绍的工具进行故障注入。

9.4.6 小结

大数据领域的测试场景是非常繁杂的，针对不同的企业和场景都会有相应的业务流程和技术实现，并不是用一节的内容可以描述清楚的。这里只是讲解一些通用的测试手段供大家参考。

9.5 造数工具

在大数据的测试场景中，测试人员往往需要构建庞大的数据来验证产品的性能和稳定性，而在规定的时间内创建出符合预期规模的数据是很困难的。传统的造数方式在效率上无法保证满足大数据测试场景的需求，所以测试人员需要利用大数据技术来构建大规模的数据。在本节，我们将演示如何构建大量数据。

9.5.1 造数的难点与解决方案

在大数据产品的测试场景中，测试人员需要构建非常多不同类型、不同规模以及不同分布的数据。但构建这些数据对传统的测试人员来说是非常具有挑战性的，具体如下。

- 构建大数据。在大规模数据集的构建场景中，需要考虑造数工具本身的性能是否能够满足要求，如果需要创建 10 亿行、1 万列的数据表，测试人员是否能在短时间内把这样的数据创建好。
- 对接多种数据源。正如 9.4.3 节所描述的，要测试数据源种类较多的场景，需要针对每种数据源创建大规模的测试数据，而每种数据源的造数方式是不一样的，针对性地编写造数工具是一个成本很高的工作。
- 多种数据格式、分布和类型。在 9.4.1 节和 9.4.2 节提到，数据的分布和分区的数量都会影响计算性能，所以测试人员需要模拟数据倾斜和具有海量小文件的场景，同时还需要针对不同的文件类型（TXT、CSV、Parquet 等）、不同的字段类型和不同的列规模（宽表测试）等进行模拟。

本章前面对造数工具做了一个铺垫，造数工具是一个比较典型的用大数据来测试大数据的场景。基于目前学习的内容，我在这里提出一个比较靠谱的实现方案，如图 9-7 所示。

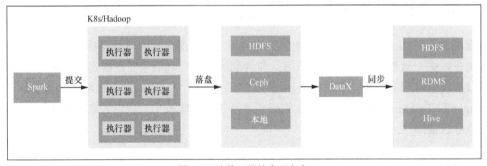

图 9-7　造数工具的实现方案

针对图 9-8 描述的造数工具的实现方案，需要做出以下说明。

- 造数工具的核心是利用 Spark 提交一个造数任务，这样可以利用分布式计算的优势提升造数的速度。这个方案不局限于 K8s 集群，大家的环境中如果以 Hadoop 为主，同样可以达到造数目标。
- 数据可以保存到不同的存储服务中，使用 9.2.2 节介绍的 K8s 存储机制可以达到对接不同存储服务的目的。
- 为了实现使用一种造数工具就可以对接多种数据源，可以选择使用类似 DataX 的数据同步工具，这样我们只需在一种存储介质中进行造数即可，然后可以使用工具把数据同步给其他数据源。

9.5.2 代码实现

在 9.3.3 节中介绍过在 Spark 中通过内存中的列表来生成 RDD 的方式常用于单元测试或构建测试数据，通过这样的方式可以在内存创建一个空的或者只有一列序号的列表，然后通过 map 算子逐行地把列表中的每个元素扩展成一行数据。造数的过程如图 9-8 所示。

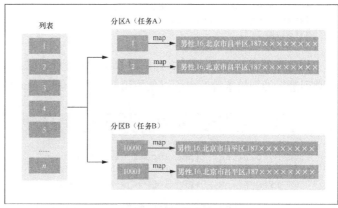

图 9-8 造数过程

造数过程的实现如代码清单 9-14 所示。

代码清单 9-14 通过列表进行造数

```
from pyspark import SparkContext, SparkConf, SQLContext

conf = SparkConf().setMaster("local").setAppName("My App")
sc = SparkContext(conf = conf)
rdd = sc.parallelize(range(1000))
print(rdd.map(lambda x: '%s,%s' % ('男', '16')).collect())
```

在代码清单 9-14 中，先通过 range 函数生成一个拥有 1000 个元素的列表（如果使用的是 Python 2 则需要使用 xrange 函数节省内存空间），然后调用 map 算子逐行处理，把每个元素扩展成一行数据。通过这种方式可以生成一个拥有 1000 行数据的 RDD，后续只需要调用保存算子就可以落盘到存储介质中。当然这只是最原始的状态，我们还需要针对这段代码进行优化才能让工具变得更加好用。例如，可以把 RDD 转换成 DataFrame，DataFrame 不仅可以调用特殊的算子，落盘时选择更多的数据格式，还可以让数据拥有**列属性**，如代码清单 9-15 所示。

代码清单 9-15 把 RDD 转换成 DataFrame

```
from pyspark import SparkContext, SparkConf, SQLContext
from pyspark.sql import Row

conf = SparkConf().setMaster("local").setAppName("My App")
sc = SparkContext(conf = conf)
sqlContext = SQLContext(sc)
//第一种创建 DataFrame 的方法
dicts = [{'col1': 'a', 'col2': 1}, {'col1': 'b', 'col2': 2}]
dataf = sqlContext.createDataFrame(dicts)
dataf.show()
//第二种创建 DataFrame 的方法
dicts = [['男', 16], ['女', 26], ['男', 36]]
rdd = sc.parallelize(dicts, 3)
dataf = sqlContext.createDataFrame(rdd, ['name', 'age'])
dataf.show()
```

```
//第三种创建 DataFrame 的方法
rows = [Row(col1 = 'a', col2 = 1), Row(col1 = 'b', col2 = 2)]
dataf = sqlContext.createDataFrame(rows)
dataf.show()
```

代码清单 9-15 中列举了 3 种创建 DataFrame 的方法，如果需要使用 Spark 来管理列信息（包括对列进行类型检查等）也可以使用第四种方法创建 DataFrame，如代码清单 9-16 所示。

代码清单 9-16　DataFrame 的创建

```
from pyspark import SQLContext
from pyspark.sql.types import StructType
from pyspark.sql.types import StructField
from pyspark.sql.types import StringType, IntegerType, DoubleType

conf = SparkConf().setMaster("local").setAppName("My App")
sc = SparkContext(conf = conf)
sqlContext = SQLContext(sc)
schemaList = [StructField('gender', StringType(), True), StructField('age',
                          IntegerType(), True)]
schema = StructType(schemaList)
dicts = [['男', 16], ['女', 26], ['男', 36]]
rdd = sc.parallelize(dicts)
df = sqlContext.createDataFrame(rdd, schema)
df.show()
```

最后，利用 DataFrame 的 write 算子就可以把数据保存到磁盘中，如代码清单 9-17 所示。

代码清单 9-17　数据落盘

```
dataf.write.csv(path = "/Users/cainsun/Downloads/test_spark", header = True, sep
                = ",", mode = 'overwrite')
```

DataFrame 的 write 算子可以选择使用 CSV、TXT、Parquet 等格式对数据进行保存。这里需要强调的是，在生成 RDD 时用户可以指定数据的分区数量，如代码清单 9-18 所示。

代码清单 9-18　指定分区数量

```
rdd = sc.parallelize(dicts, 3)
```

通过代码清单 9-18 所示的方式会生成一个拥有 3 个分区的 RDD，并且数据在最终落盘时，也会保存到 3 个文件中。这个参数对造数工具来说是十分重要的，因为分区的数量决定了 Spark 任务的并行度。同时还需要明确，通常一个分区对应一个 Spark 的任务，而一个任务对应一个 vCore（虚拟核心，表示逻辑 CPU）资源，之所以对应 vCore 资源是因为很多资源管理器（如 Hadoop）拥有 vCore 的设计，可以把一个 CPU 虚拟成多个 vCore。所以，在提交造数任务时，除了要注意分区的数量，还需要考虑当前集群的资源情况。如果当前集群剩余的 vCore 资源的数量是 10，那么分区即便设置成 100，这个任务的并行度也是 10，其余的任务会陷入排队等待的情况。

最后介绍一下 DataX，这是一个开源的数据同步工具，该工具专门负责在不同的数据源之间进行数据同步工作。它的使用方式很简单，只需要下载对应的包便可以通过 JSON 文件配置数据同步任务的参数，如代码清单 9-19 所示。

代码清单 9-19　DataX 的任务配置文件

```
{
    "job": {
        "setting": {
            "speed": {
                "channel": 3
            }
        },
        "content": [
            {
                "reader": {
                    "name": "hdfsreader",
                    "parameter": {
                        "path": "/pdms/benchmark/streamjob/case_1y150c_csv/*",
                        "defaultFS": "hdfs://172.27.128.9:8022",
                        "column": ["*"],
                        "fileType": "csv",
                        "encoding": "UTF-8",
                        "fieldDelimiter": ","
                    }

                },
                "writer": {
                    "name": "oraclewriter",
                    "parameter": {
                        "username": "SDPTEST",
                        "password": "12345",
                        "column": ["*"],
                        "preSql": [
                            "delete from sync_case_1y150c"
                        ],
                        "connection": [
                            {
                                "jdbcUrl": "jdbc:oracle:thin:@m7-qa-test03:49161:",
                                "table": [
                                    "sync_case_1y150c"
                                ]
                            }
                        ]
                    }
                }
            }
        ]
    }
}
```

代码清单 9-19 所示的是一个标准的 DataX 的任务配置文件，其中的 reader 负责从数据源中读取数据，writer 负责把数据写入另一个数据源。所以，在 DataX 中内置了很多类型的实现 reader 和 writer 的插件，例如该案例中使用 hdfsreader 和 oraclewriter 来把 HDFS 中的数据同步到 Oracle 数据库中。如果内置插件无法满足需求，那么也可以根据 DataX 的文档定制化开发插件来满足场景需求。

9.5.3 非结构化数据的构建

所谓结构化数据，可以理解为数据可以构建成一张表，有明确的行和列。而非结构化数据包括图像、音频、视频等。要构建这样的数据其实并没有什么特别好的方法，大部分场景下都是通过现有的数据进行复制或者扩展。例如针对图像数据，如果是为了满足测试算法效果类需求，可以选择通过OpenCV 库对图像进行灰度、翻转、折叠等生成新的图像并对其进行扩展。如果是为了创建海量的图像数据来评估存储服务的性能，对图像内容没有要求，则只需要根据现有图像复制出海量数据即可。

很明显针对这些需求，用户不能再用 Spark 这种处理结构化数据的框架来完成造数任务。这时可以利用 K8s 的能力来构建一个简易的分布式计算场景，如图 9-9 所示。

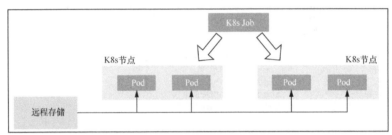

图 9-9　K8s Job 构建分布式计算场景

假设需要创建 2 亿幅图像，用于评估某个存储系统的性能，则可以采用图 9-10 描述的方案。该方案利用分布式计算的思路，通过提交 K8s Job 把创建数据的 Pod 调度到集群中的不同节点。只要规划好集群资源、Pod 数量和每个 Pod 需要创建的数据量，就可以达到短时间内创建大量数据的目的。

需要注意的是，很多造数场景的瓶颈在于磁盘 I/O，所以即便在一个节点中启动非常多的任务来并行执行，很可能也无法提升造数速度。为了提升造数的速度，需要谨慎评估磁盘性能和并发量之间的关系，最大程度地利用磁盘 I/O 性能。如果集群中使用了高性能的 SSD，建议使用异步I/O 技术来编写造数程序。这里从容易理解的角度说明一下同步 I/O 和异步 I/O 的区别。

- 同步 I/O：可以理解为程序需要启动多个线程并对它们进行处理，当遇到 I/O 操作时该线程就会陷入阻塞状态，需要一直等待 I/O 操作完成，这个时候 CPU 会切换上下文到其他线程继续工作。
- 异步 I/O：可以理解为程序在遇到 I/O 操作时不会进入阻塞状态，而是在任务队列里拿出下一个任务去执行，该任务之前的 I/O 操作结束会通知系统，系统再把它放入任务队列中等待被执行。运行这种模式的程序通常叫作协程。

异步 I/O 可以节省大量的用于 CPU 上下文切换的开销，所以它能够用更少的线程支撑更大的并发量。如果使用"同步 I/O + 多线程"的模式则很可能还没有达到 I/O 的上限，就因为频繁的 CPU 上下文切换而遇到 CPU 的瓶颈。每种语言都有各自的异步 I/O 库可以使用，这里推荐使用 Go 语言。因为 Go 语言所有的 I/O 操作都是在底层被 epoll（异步 I/O 的一种实现技术）优化过的,所以用户只需要使用常规的 I/O 接口就可以达到异步 I/O 的效果,与其他语言需要引入十分复杂的开源库相比,Go 语言在这方面就简单了很多。通过复制图像而扩充数据量的代码片段如代码清单 9-20 所示。

代码清单 9-20　Go 语言的造数程序

```go
...
func copyFile(src, dst string) ([]byte, int64, error) {
    var input []byte
    if data, ok := sourceFileCache.Load(src); ok {
        input = data.([]byte)
    } else {
        data, err := ioutil.ReadFile(src)
        if err != nil {
            return []byte{}, 0, err
        }
        input = data
        sourceFileCache.Store(src, input)
    }

    err := ioutil.WriteFile(dst, input, 0644)
    if err != nil {
        return []byte{}, 0, err
    }

    fi, err := os.Stat(dst)
    if err != nil {
        return []byte{}, 0, err
    }

    return input, fi.Size(), nil
}

func copyFiles(wg *sync.WaitGroup) {
    defer wg.Done()
    for i := 0; i < copyNumber; i + + {
        // 随机种子
        rand.Seed(time.Now().UnixNano())

        // 从源文件中选择一个文件进行复制
        sourceFileCount := len(sourceFiles)
        sourceFilePath := sourceFiles[rand.Intn(sourceFileCount)]

        // 生成随机的文件名称
        fileName := GetRandomString(30) + ".jpg"
        destFilePath := path.Join(destDir, fileName)

        data, size, err := copyFile(sourceFilePath, destFilePath)
        if err != nil {
            fmt.Printf("copyFile file from %s to %s err, the message is %s",
                    sourceFilePath, destFilePath, err.Error())
        }
    }
}

func main() {
    var wg1 sync.WaitGroup
    wg1.Add(10)
    for i := 0; i < 10; i + + {
```

```
        go copyFiles(&wg1)
    }

    // 等待所有复制文件的协程结束
    go func() {
        wg1.Wait()
        // 关闭通道，通知插入数据的协程，文件都已经复制完毕
        close(fileQueue)
        fmt.Println("关闭通道")
    }()
    fmt.Println("数据生成完毕")
}
```

9.5.4 小结

造数是大数据产品测试中非常重要的一环，这种产品中大部分的业务逻辑都是围绕着用户的数据治理的相关场景运转的。当然造数的方式有很多，本节只是使用比较常用的技术来进行数据构建，大家在实际场景中只需借鉴其思路，不必"照本宣科"。

9.6　本章总结

大数据是一个非常有价值的领域，并且在业界很多人认为云原生与大数据结合是未来的主流方向。事实上，不仅是大数据领域，AI 领域也出现了大量的云原生实践案例。作为测试人员，我们需要紧跟技术潮流，不能因为技术原因掉队。